广 联 达 BIM 系 列 教 程

广联达 广厦   强强联合   凝结BIM实训精华

结构BIM应用教程

吴文勇　杨文生　焦　柯　主编

U0249404

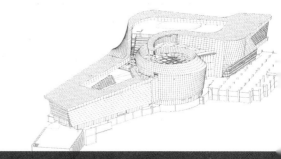

 化学工业出版社
·北京·

本书内容涵盖了结构 BIM 应用和教学的各个环节，主要介绍结构 BIM 的概念，柱、梁、板、墙的设计，框架和剪力墙结构的设计、算量和下料，结构设计参数的合理选取，Revit 下结构 BIM 的建立，并附加了课程设计内容。

　　本书适合高等院校土木工程、工程造价、工程管理、建筑工程技术、工程监理、房地产管理、水利水电工程、工程力学和机械工程等专业要学习力学的本科或大专学生，也可作为力学培训用书。

图书在版编目（CIP）数据

结构 BIM 应用教程/吴文勇，杨文生，焦柯主编 . —北京：
化学工业出版社，2016.9（2019.2重印）
ISBN 978-7-122-27976-7

Ⅰ.①结…　Ⅱ.①吴…　②杨…　③焦…　Ⅲ.①建筑
结构-计算机辅助设计-应用软件-教材　Ⅳ.①TU311.41

中国版本图书馆 CIP 数据核字（2016）第 208585 号

责任编辑：吕佳丽　　　　　　　　　　　　　　　文字编辑：汲永臻
责任校对：王　静　　　　　　　　　　　　　　　装帧设计：张　辉

出版发行：化学工业出版社（北京市东城区青年湖南街 13 号　邮政编码 100011）
印　　装：大厂聚鑫印刷有限责任公司
787mm×1092mm　1/16　印张 19　字数 500 千字　2019 年 2 月北京第 1 版第 2 次印刷

购书咨询：010-64518888　　　　　　　　售后服务：010-64518899
网　　址：http://www.cip.com.cn
凡购买本书，如有缺损质量问题，本社销售中心负责调换。

定　　价：58.00 元

编审委员会名单

主 任　陶　忠　昆明理工大学

副主任　高　杨　广联达科技股份有限公司

　　　　孟文清　河北工程大学

　　　　王全杰　广联达科技股份有限公司

委　员　（排名不分先后）

　　　　陶　忠　昆明理工大学

　　　　高　杨　广联达科技股份有限公司

　　　　孟文清　河北工程大学

　　　　王全杰　广联达科技股份有限公司

　　　　赵永生　聊城大学

　　　　张　新　山东建筑大学

　　　　杜二霞　河北大学

　　　　李　骏　云南农业大学

　　　　昝文枭　云南外事外语职业学院

　　　　张灵辉　嘉应大学

　　　　李巧燕　防灾科技学院

　　　　侯敬峰　北京建筑大学

　　　　谈一评　广东工业大学

　　　　陈贤川　深圳大学

　　　　李晓光　内蒙古科技大学

　　　　韦　良　广西大学

　　　　梁　美　郑州工业应用技术学院

　　　　戚乐磊　甘肃农业大学

　　　　陈剑佳　广东省建筑设计研究院

　　　　吴桂广　广东省建筑设计研究院

　　　　赖鸿立　广东省建筑设计研究院

　　　　付　饶　深圳市广厦科技有限公司

　　　　陈贤林　深圳市广厦科技有限公司

　　　　许　福　湘潭大学

编写人员名单

主　编　吴文勇　深圳市广厦科技有限公司
　　　　杨文生　北京交通职业技术学院
　　　　焦　柯　广东省建筑设计研究院
副主编　徐仲莉　广联达科技股份有限公司
　　　　童慧波　深圳市广厦科技有限公司
　　　　谢　伟　中国矿业大学徐海学院
参　编　（排名不分先后）
　　　　曹筱琼　海南职业技术学院
　　　　段　旻　重庆大学城市科技学院
　　　　周　明　宁波工程学院
　　　　卜万奎　菏泽学院
　　　　郑　恒　山东职业学院
　　　　孙兆英　北京交通职业技术学院
　　　　闫志红　北京交通职业技术学院
　　　　李文平　石家庄铁道大学
　　　　董　博　云南民族大学
　　　　纳　娜　云南开放大学
　　　　张秀萍　云南开放大学
　　　　张丽华　华北科技学院
　　　　刘庆林　深圳信息职业技术学院
　　　　陈永辉　广东交通职业技术学院
　　　　赵甲荐　仲恺农业工程学院
　　　　董　璞　惠州学院
　　　　古娟妮　广东省城市建设技师学院
　　　　乔俊飞　内蒙古农业大学职业技术学院
　　　　吴淑杰　内蒙古兴安职业技术学院
　　　　郭志峰　内蒙古建筑职业技术学院
　　　　陈远川　重庆文理学院
　　　　王松岩　山东建筑大学
　　　　李　静　华南理工大学
　　　　张亚鹏　河北工程大学
　　　　王延宁　徐州中国矿业大学建筑设计咨询研究院有限公司
　　　　顾孟德　中煤科工集团南京设计研究院有限公司
　　　　谈一评　广东工业大学
　　　　陈贤川　深圳大学
　　　　李晓光　内蒙古科技大学

建筑信息模型（BIM）技术近年来发展迅速，应用范围不断扩展，使得建设行业正在进行一次行业革命。结构专业作为建筑工程中的重要一环，也是 BIM 模型应用的重要组成部分。建筑结构的 BIM 要求统一的墙、柱、梁和板模型贯穿于力学计算、施工图绘制、钢筋混凝土算量、钢筋下料和碰撞检查 5 个过程。结构 BIM 技术的应用将大大提高工程质量和建造效率，进而提高建设行业的经济效益。

目前，国内各高校正积极开设结构 BIM 的教学课程，将先进的结构 BIM 技术应用于结构教学，使基础课程更加形象生动，也提高了学生的实际工作能力。BIM 技术在教学中的应用代表了所在高校的教学水平。将结构 BIM 的教学内容纳入到教学工作中，可达到以下目的：

① 掌握 BIM 技术已成为国内先进的建筑设计、施工企业以及地产公司的核心竞争力，对毕业生来讲，掌握 BIM 技术也将成为个人职业发展的基本能力；

② 有趣生动地完成专业基础课的实际应用训练，实训的基础课覆盖材料力学、结构力学、结构施工图识图、钢筋算量及计价、混凝土算量及计价和钢筋下料等。

广东省建筑设计研究院、深圳市广厦软件有限公司和广联达科技股份有限公司合作编制了《结构 BIM 应用教程》、课件 PPT 和配套教学软件，并协助各高校培训授课教师，解决在结构 BIM 教学课程中的各种问题，提高教学效果，将推动结构 BIM 技术走进高校课堂。

本教材授课对象为土木工程、工程造价、工程管理、建筑工程技术、工程监理、房地产管理、水利水电工程、工程力学和机械工程等专业要学习力学的本科或大专学生。为满足"教、学、做"的要求，教材包括教师讲课内容和学生上机实习内容，教师讲课内容已做成课件 PPT，教师可根据本校和本课程具体情况使用或修改后使用。

本教材共分 10 章，内容涵盖了结构 BIM 应用和教学的各个环节，第 1 章讲述结构 BIM 的概念，第 2~5 章讲柱、梁、板、墙的设计，第 6 章和第 7 章讲述框架和剪力墙结构的设计、算量和下料，第 8 章讲结构设计参数的合理选取，第 9 章介绍 Revit 下结构 BIM 的建立，第 10 章是课程设计，由浅入深地让学生实践整个结构 BIM 的应用过程。

8 类课程老师应用本教材的方法如下。

(1) 材料力学老师的实训课

第 2 章柱设计的力学计算包括了柱的受压、受扭和受剪弯的手工计算和软件计算，老师讲完每节受压、受扭和受剪弯课后，让学生按本教材的上机内容完成软件计算工作，帮助学生完成材料力学课程实际应用训练。

（2）结构力学老师的实训课

第3章梁的力学计算包括了门结构的手工计算和软件计算，老师讲完结构力学的位移法后，让学生按本教材的上机内容完成软件计算工作，帮助学生完成结构力学课程实际应用训练。

（3）结构施工图识图老师的实训课

第2~5章包括了柱、梁、板和墙的钢筋、施工图表示法和上机绘制施工图，老师讲完每节柱、梁、板和墙施工图课后，学生可在网站www. gscad. com. cn的"文档下载"中下载"结构BIM应用教程的算例"，利用已有柱、梁、板和墙的结构计算模型，按本教材的上机内容完成施工图自动绘制工作，并在广联达钢筋算量软件中查看三维钢筋，帮助学生完成结构施工图识图课程实际应用训练。

（4）钢筋和混凝土算量老师的实训课

第6章和第7章包括了框架结构和剪力墙结构的钢筋和混凝土手工算量和软件算量，老师讲完每节柱、梁、板和墙钢筋和混凝土算量课后，学生可在网站www. gscad. com. cn的"文档下载"中下载"结构BIM应用教程的算例"，利用已有框架和剪力墙的结构计算模型，按本教材的上机内容完成施工图自动绘制、钢筋算量和混凝土算量工作，帮助学生完成钢筋和混凝土算量课程实际应用训练。

（5）钢筋下料老师的实训课

第6章和第7章包括了框架结构和剪力墙结构的手工钢筋下料和软件钢筋下料，老师讲完每节柱、梁、板和墙钢筋下料课后，学生可在网站www. gscad. com. cn的"文档下载"中下载"结构BIM应用教程的算例"，利用已有框架和剪力墙的结构计算模型，按本教材的上机内容完成施工图自动绘制、钢筋算量和钢筋下料工作，帮助学生完成钢筋下料课程实际应用训练。

（6）已开设结构设计课程老师的实训课

本教材除第6章和第7章算量下料的内容外，包括了柱、梁、板、墙、框架结构和剪力墙结构等设计内容，让学生按本教材的上机内容完成建模、计算和施工图绘制工作，帮助学生完成结构设计课程实际应用训练。

（7）结构设计课程老师的16学时授课和16学时实训课

本教材除第6章和第7章算量下料的内容外，包括了柱、梁、板、墙、框架结构和剪力墙结构等设计内容，老师按本教材讲解16学时设计内容，每项内容讲完让学生按本教材的上机内容完成建模、计算和施工图绘制工作，帮助学生完成结构设计课程实际应用训练，建议学分3个。

（8）结构BIM应用课程老师的16学时授课和16学时实训课

本教材包括了力学计算、施工图绘制、钢筋混凝土算量、钢筋下料和碰撞检查5个过程内容，老师按本教材讲解16学时设计内容，每项内容讲完让学生按本教材的上机内容完成建模、计算、施工图绘制、钢筋混凝土算量和钢筋下料工作，帮助学生完成结构BIM应用课程实际应用训练，建议学分3个。每一章需要的学时如下。

授课：结构 BIM 应用的发展和现状 1 学时，柱的设计 2 学时，梁的设计 2 学时，板的设计 2 学时，墙的设计 2 学时，框架结构的设计、算量和下料 2 学时，剪力墙结构的设计、算量和下料 2 学时，结构设计参数的合理选取 2 学时，Revit 中结构 BIM 模型的建立 1 学时。

上机：柱的设计 2 学时，梁的设计 2 学时，板的设计 1 学时，墙的设计 1 学时，框架结构的设计、算量和下料 2 学时，剪力墙结构的设计、算量和下料 2 学时，Revit 中结构 BIM 模型的建立 2 学时，课程设计 4 学时。

本教材用到的规范和规程都用简化名称，如《抗规》指《建筑抗震设计规范》（GB 50011—2010），《混规》指《混凝土结构设计规范》（GB 50010—2010），《高规》指《高层建筑混凝土结构技术规程》（JGJ 3—2010）。

限于作者水平，书中难免有不足和疏漏，请广大读者批评指正，以便再版修订和完善。联系电子邮箱：bjgscad@163.com。网站 www.gscad.com.cn 的"文档下载"中可下载与本教材配套的结构 BIM 应用教程的课件 PPT 和结构 BIM 应用教程的算例，"教学演示"中可下载与本教材配套的结构 BIM 技术在教学中的应用培训视频。广联达结构 BIM 教师群：QQ208010883。

编者
2016 年 6 月

目录

结构BIM应用教程 JIEGOUBIMYINGYONGJIAOCHENG

CONTENTS

目
录

结构BIM应用教程

CONTENTS

JIEGOU BIM YINGYONG JIAOCHENG

目录

CONTENTS

结构BIM应用教程

JIEGOUBIMYINGYONGJIAOCHENG

第1章
结构BIM的发展和现状

BIM 是当前建筑行业的一项革命性技术，随着信息化数字技术在建筑行业的推广应用，掌握 BIM 技术已成为国内先进的建筑设计、施工企业以及地产公司的核心竞争力，对工程师来讲，掌握 BIM 技术也将成为个人职业发展的基本能力。

通过本章的学习，你将能够：

了解什么是 BIM，BIM 有什么特点，BIM 是如何发展起来的，BIM 在目前设计行业中的应用情况如何。你将对 BIM 有一个整体的认识，从而更好地理解本课程的学习内容。

1.1 BIM 的定义和特点

BIM（建筑信息模型）技术是当前建筑设计数字化的革命性技术，在全球的建筑设计领域正掀起一场从二维设计转向三维设计的变革。由于 BIM 概念的内涵丰富，外延广阔，因此不同国家、不同组织对 BIM 尚未有统一的定义。

在《建筑工程设计信息模型交付标准》中，将 BIM 分为两个层次。

1）名词 "Building Information Model"，即建筑信息模型，包含建筑全生命期或部分阶段的几何信息及非几何信息的数字化模型，建筑信息模型以数据对象的形式组织和表现建筑及其组成部分，并具备数据共享、传递和协同的功能。

2）动词 "Building Information Modeling"，即建筑信息模型的应用，在项目全生命期或各阶段创建、维护及应用建筑信息模型进行项目计划、决策、设计、建造、运营等的过程（图 1-1）。

从上述定义中可以看出 BIM 的要素是信息化数字技术在建筑行业的应用，并强调信息在各阶段的共享与传递，使建筑工程在其整个进程中显著地提高质量、效率和大量地减少风险。而从一名工程技术和企业管理人员的工作与 BIM 建立关系的角度去理解，BIM 大概可以被定义为简洁的八个字：聚合信息，为我所用。

与 BIM 的两个层次相对应，结构 BIM 可分为两个层次。

1）建筑信息模型为结构的几何、荷载和材料的信息模型。

2）建筑信息模型的应用为结构信息模型在力学计算、施工图绘制、工程算量、施工管理、协同设计和运营中的应用。

一般认为，BIM 具有可视化、协调性、模拟性、优化性和可出图性五大特点。

① 可视化：BIM 模型本身具有几何可视化的属性，同时模型中的信息也可以通过可视化的方式表现出来，因此具有信息可视化的特性。

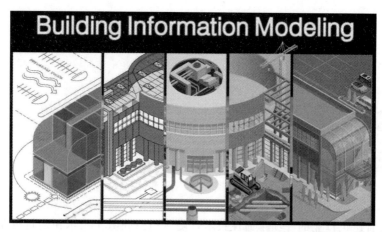

图 1-1　建筑全生命期计划、决策、设计、建造和运营的 BIM 示意图

② 协调性：BIM 模型将不同专业、不同参与方的模型与信息集成在一个虚拟数字模型中，进行整合与协调，发现并消除冲突。

③ 模拟性：BIM 模型除了包含与几何图形及数据有关的数据模型外，还包含与管理有关的行为模型，两者相结合赋予数据不同的意义，因而可用于模拟施工过程，实现虚拟建造的行为。

④ 优化性：BIM 模型与信息能有效协调建筑设计、施工和管理的全过程，促使加快决策进度、提高决策质量，从而提高项目质量，增加投资收益。

⑤ 可出图性：BIM 模型与专业表达是相兼容的，基于 BIM 模型可以进行符合专业习惯的表达。但由于传统的表达习惯并非基于三维，且目前各种 BIM 软件的本地化程度有限，各专业的成熟度差别也较大，因此从 BIM 模型直接出图目前仍未完全实现。一方面需要软件本身或本地化二次开发进行改进；另一方面，也需要对传统的表达习惯作出变革，以适应信息化时代新技术的推广应用。

1.2　BIM 的发展概况

BIM 的概念起源于 20 世纪 70 年代，于 2002 年正式提出，发展至今已超过 10 年。与之前单纯技术变革不同的是，BIM 能搭建综合性的系统平台，向项目投资者、规划设计者、施工建设者、监督检查者、管理维护者、运营使用者乃至改扩建、拆除回收等不同业内的从业者提供时间范围涵盖工程项目整个周期的各类信息，并使这些信息具备联动、实时更新、动态可视化、共享、互查、互检等特点。随着不断增多的工程案例实施及新的行业标准和规范的制定，BIM 全方位、多维度地影响着建筑业，可以说是建筑行业的又一次变革。

目前，在美国、英国、挪威、芬兰、澳大利亚、新加坡等国家，BIM 技术已在建筑设计、施工以及项目建成后的维护和管理等领域得到广泛应用，BIM 技术也成为国外大型设计和施工单位承接项目的必备应用能力。随着信息技术的发展及工程项目的实践，BIM 的应用软件不断成熟完善，各国还根据 BIM 在建筑工程中的应用情况制定了 BIM 标准和规范，推动 BIM 技术在本国的发展。

在中国"十一五"期间，BIM 已经进入国家科技支撑计划重点项目，BIM 技术研究和应用得到了快速的发展。在《2011—2015 年建筑业信息化发展纲要》中明确提出："十二五期间要加快建筑信息模型（BIM）、基于网络的协同工作等新技术在工程中的应用"。2015

年住建部专门发布《关于推进建筑信息模型应用的指导意见》，从政府层面提出明确的推进目标、工作重点与保障措施。各省市也纷纷制定具体的实施措施或导则。随着地方标准的制定，政府投资项目首先成为强制性应用 BIM 的项目；部分行业，如地铁、航空、电信、电力等已开始部署系统内部的 BIM 应用体系与技术标准。

在国家政策的支持下，国内先进的建筑设计、施工企业以及地产公司积极响应，开始进行 BIM 技术各方面的研究与试点应用。同时应注意到，分别从业主、设计、施工这三个相关的子行业角度来看 BIM 技术，会发现由于实施目的、应用需求、技术路线、保障措施等各方面因素的不同，实施效果与发展速度也有显著区别。

① 业主方：许多成熟的地产商经历过 BIM 的试用阶段，认识到 BIM 技术的价值，开始对设计方、施工方的 BIM 能力提出要求；当前业主方提出的 BIM 应用需求已经远超出设计阶段，更着重于建造过程的项目管理及后期维护。但业主本身对 BIM 技术往往并不熟悉或不够专业，越来越多的项目开始寻找第三方的 BIM 专业顾问或咨询服务，以满足业主对建设成本与项目管理日益严格的把控。

② 设计方：BIM 最早发端于设计阶段的应用，设计企业也是最早对 BIM 寄予厚望、投入最多的一方，应用的项目数也最多。但经历了早期的快速起步后，目前发展速度滞后于业主方和施工方。

③ 施工方：BIM 技术在施工阶段的应用晚于设计阶段，但近几年却得到快速的发展。因其避开了三维设计在图面表达等方面的短板，专注于用信息化集成的技术来辅助项目的实施，对软件选择也有更大的灵活性，因此更能发挥它的优势。在施工阶段，BIM 的应用包括工程量统计、碰撞检查、施工过程三维动画展示、预演施工方案、管线综合、虚拟现实、施工模拟、模板放样和备工备料等多个方面，并还在不断扩展当中。

总体来说，不管是设计、施工还是运维，我国的 BIM 技术应用仍处于起步阶段，BIM 技术还远未发挥出其真正的全生命周期的应用价值。可以预见 BIM 应用是今后长时期内工程建设行业实施管理创新、技术创新，提升核心竞争力的有力保障。

1.3　结构 BIM 应用的现状

关于 BIM 如何实施的问题，目前行业内尚有争论。大体上讲，目前主流的观点可以分为两种，简称为：IFC-BIM 与 P-BIM。IFC-BIM 基于面向对象开发技术，将建筑环境项目视为由众多相互关联的对象（如墙、梁、板等）组成的一个庞大集合，将 IFC 作为建筑产品数据表达的标准，代表软件有 Revit、Bently 等。P-BIM 是基于工程实践的 BIM 实施方式，强调尊重现有设计人员习惯与工具、尊重目前的施工专业分工方式、尊重现有政府管理流程、尊重工程技术人员多年积累的工作经验，通过制定符合中国工程实际的数据标准和完善现有软件，使得各部门在工作中能获取到各自需要的信息。从工程实践的角度上看，P-BIM 更贴合中国实际情况，具有更强的可操作性。

在结构 BIM 应用方面，基于 IFC-BIM 思想，目前国内被广泛应用的是 Revit 软件，常用的结构计算软件（如广厦、YJK、PKPM 等）基本都能与 Revit 进行数据交换，但基本仅局限于几何模型的数据交换，距离结构设计的全过程应用还有一定的距离。

本书的编写基于 P-BIM 的观点，以 BIM 的实用性和可操作性为出发点，重点介绍 P-BIM 下结构专业的 BIM 实施过程。结构 BIM 应用的实现流程如图 1-2 所示。

通过广厦计算、广厦自动成图、广联达钢筋和混凝土算量、广联达钢筋下料和 Revit 碰撞检查，完成了如下 5 个建造过程（图 1-3）BIM 模型共享。

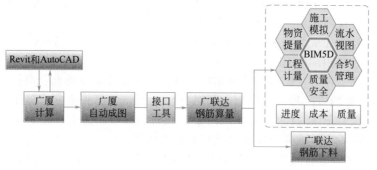

图 1-2　结构 BIM 应用的实现流程

图 1-3　建造过程

　　为让学生更好地理解设计过程，本书从单个构件的受力讲起，结构计算基于广厦软件，通过广厦软件实现计算模型与施工图的数据流动，通过广厦与广联达的接口软件实现施工图与下料算量的数据流动，实现从结构计算到造价计算的数据流通，通过广厦和 Revit 接口软件实现计算模型与 Revit 模型的数据流动。

1.4　本章总结

　　本章主要介绍了 BIM 的定义、发展概况和结构 BIM 的应用现状，本章主要内容总结如下。

　　① BIM 的定义分为名词"Building Information Model"及动词"Building Information Modeling"两个层次。

　　② BIM 的关键点是：聚合信息，为我所用。

　　③ BIM 具有可视化、协调性、模拟性、优化性和可出图性五大特点。

　　④ 从 BIM 的发展历程看，BIM 技术仍处于起步阶段，BIM 应用是今后长时期内工程建设行业实施管理创新、技术创新，提升核心竞争力的有力保障。

　　⑤ BIM 应用目前主流的观点可以分为两种：IFC-BIM 与 P-BIM。

　　⑥ 本书的编写基于 P-BIM 的观点，介绍如何实现从结构计算到造价计算，再到碰撞检查的数据流通。

思考题

1. 什么是 BIM？为什么说 BIM 是一次建筑行业的技术革命？

2. BIM 有什么特点？与传统设计的不同之处在哪里？

3. IFC-BIM 与 P-BIM 各有哪些优缺点？

4. 如何看待结构 BIM 的发展前景？

第2章
柱的设计

通过学习本章篮球架支撑柱的设计，你将能够：

1）计算单根柱的受力和变形，加强材料力学中的压拉、剪切、扭转和弯曲概念；

2）学会认识和绘制柱的施工图，了解单根柱构件受力和施工图绘制之间的关系；

3）了解梁柱的各种截面类型；

4）了解梁柱的各种荷载类型。

篮球架三维图如图 2-1 所示。

图 2-1　篮球架三维图

2.1　柱的力学计算

通过学习本节篮球架支撑柱的力学计算，你将能够：

1）掌握混凝土和钢筋材料的性能；

2）了解柱的边界条件；

5

3）清楚柱常见的受荷情况；

4）学会手工计算和软件计算柱的内力和位移。

2.1.1 矩形柱的尺寸和材料

如图 2-2 所示，矩形柱是一个长方体，截面尺寸 $b \times h$，高 H。

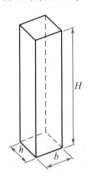

图 2-2　矩形柱的尺寸

如图 2-3 所示钢筋混凝土柱包含两种材料：混凝土和钢筋。

图 2-3　混凝土和钢筋

混凝土强度等级分为 C15～C80，对应的弹性模量、抗压强度和抗拉强度如表 2-1，抗拉强度比较小，所以设计时主要用混凝土的抗压强度。

表 2-1　混凝土的材料性能

强度	混凝土强度等级													
	C15	C20	C25	C30	C35	C40	C45	C50	C55	C60	C65	C70	C75	C80
E_c	2.20	2.55	2.80	3.00	3.15	3.25	3.35	3.45	3.55	3.60	3.65	3.70	3.75	3.80
f_c	7.2	9.6	11.9	14.3	16.7	19.1	21.1	23.1	25.3	27.5	29.7	31.8	33.8	35.9
f_t	0.91	1.10	1.27	1.43	1.57	1.71	1.80	1.89	1.96	2.04	2.09	2.14	2.18	2.22

注：1. E_c——混凝土受压和受拉弹性模量，10^4N/mm^2；

2. f_c——混凝土轴心抗压强度的设计值，N/mm^2；

3. f_t——混凝土轴心抗拉强度设计值，N/mm^2。

常用钢筋强度级别为：I级钢、II级钢、III级钢和IV级钢，I级钢为 HPB300，II级钢为 HRB335，III级钢为 HRB400，IV级钢为 HRB500，对应的弹性模量、抗拉强度和抗压强度见表 2-2。

表 2-2　普通钢筋的材料性能

牌号	E_s	f_y	f'_y
HPB300	2.10	270	270
HRB335	2.00	300	300
HRB400	2.00	360	360
HRB500	2.00	435	410

注：1. E_s——普通钢筋的弹性模量，$\times 10^5 \text{N/mm}^2$。

2. f_y——普通钢筋的抗拉强度设计值，N/mm^2。

3. f'_y——普通钢筋的抗压强度设计值，N/mm^2。

2.1.2　柱的边界条件

柱的边界条件指柱上下端的约束。每一端节点变形包括 3 个平移和 3 个转动，共 6 个位移，也叫 6 个自由度；如图 2-4 下端嵌固，不允许 X、Y、Z 向平移和转动，上端自由，没有约束。

2.1.3　柱顶的荷载

如图 2-5 所示，柱顶的常见荷载有 3 个：竖向荷载、扭矩和水平荷载。

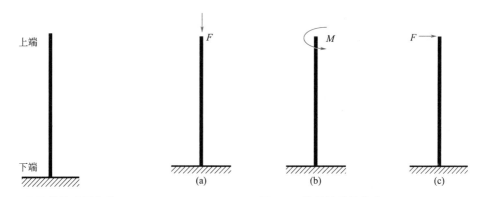

图 2-4　悬臂柱的边界条件　　　　　　图 2-5　柱顶的常见荷载

2.1.4　柱的位移和内力计算

6 个柱顶位移为：3 个平移 u_x、u_y 和 u_z，3 个转动 θ_x、θ_y 和 θ_z。

6 个柱底内力为：轴力 N，弯矩 M_x 和 M_y，剪力 V_x 和 V_y，扭矩 T。

2.1.4.1　柱受压的内力和位移

几何：支撑柱截面尺寸 $b \times h = 400\text{mm} \times 500\text{mm}$，柱高 $H = 3000\text{mm}$；

荷载：柱顶竖向荷载为篮球架重量 $F_z = 20\text{kN}$，容重 25kN/m^3；

材料：混凝土等级 C30，纵筋和箍筋强度 360N/mm^2。

按材料力学公式［式（2-1）和式（2-2）］计算柱底轴力 N 和柱顶位移 u_z。

$$N = F_z + G \tag{2-1}$$

$$u_z = \frac{(F_z + G/2)H}{EA} \tag{2-2}$$

式中　F_z——重力方向集中力；

　　　G——柱自重；

E——柱弹性模量；

A——柱截面面积；

H——柱高。

（1）手工计算过程

柱底轴力：$\qquad N = 20 + 25 \times 0.4 \times 0.5 \times 3 = 35\,(\text{kN})$

柱顶位移：$\qquad u_z = \dfrac{(20 + 15/2) \times 10^3 \times 3000}{3 \times 10^4 \times 400 \times 500} = 0.014\,(\text{mm})$

（2）利用结构计算软件验证计算

学会软件计算，可以快速计算结构内力和变形，大大提高将来工作中的计算能力。

软件计算 4 步骤如图 2-6 所示。

① 起个工程名：指定存储的目录和工程名字；

② 建立计算模型：输入几何、荷载和材料；

③ 软件计算：楼板计算和墙柱梁空间计算；

④ 查看内力和位移。

图 2-6　软件计算 4 步骤

　　启动广厦结构 CAD 软件，出现图 2-7 所示广厦结构 CAD 主控菜单，点击［新建工程］，在弹出对话框中选择要存放工程的文件夹，若没有 C：\ GSCAD \ EXAM \ 高校，可新建

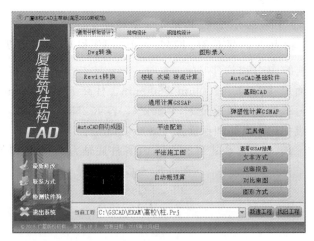

图 2-7　广厦结构 CAD 主控菜单

一个文件夹，并输入新的工程名：C：\GSCAD\EXAM\高校\柱.prj。

点击［图形录入］，进入录入系统，图 2-8 中指明了图形录入各功能区的意义。

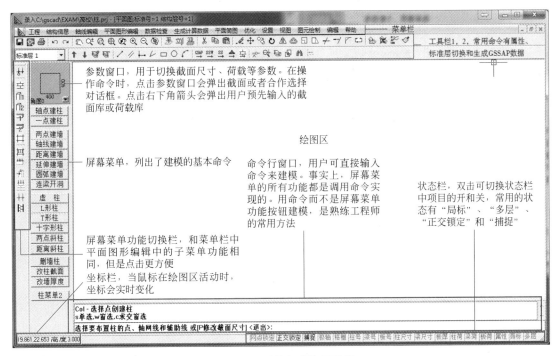

图 2-8　图形录入功能区说明

建立计算模型 5 个步骤：

① 填写总信息和各层信息；

② 输入轴线和轴网；

③ 布置墙柱梁板；

④ 布置墙柱梁板荷载；

⑤ 编辑其他标准层。

在图 2-9 的图形录入中点击菜单［结构信息］-［GSSAP 总体信息］，在弹出的 GSSAP 总体信息对话框中共有 7 页。如图 2-10 所示，对话框为总信息页，填写参数如下：

［结构计算总层数］填 1；其余参数按默认值考虑。

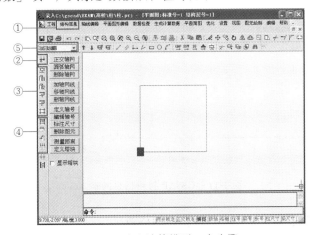

图 2-9　建立计算模型 5 个步骤

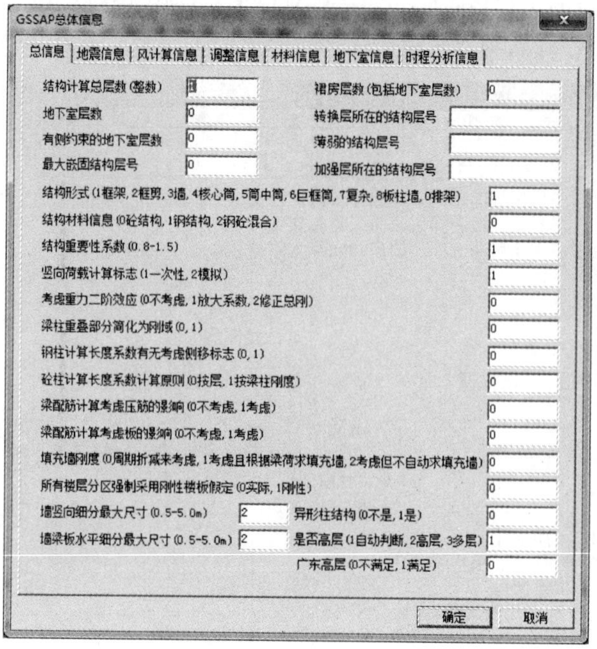

图 2-10　GSSAP 总信息的输入

切换到材料信息，如图 2-11，填写［砼构件的容重］为 25，所有钢筋强度为 360N/mm^2，其余参数不需修改。

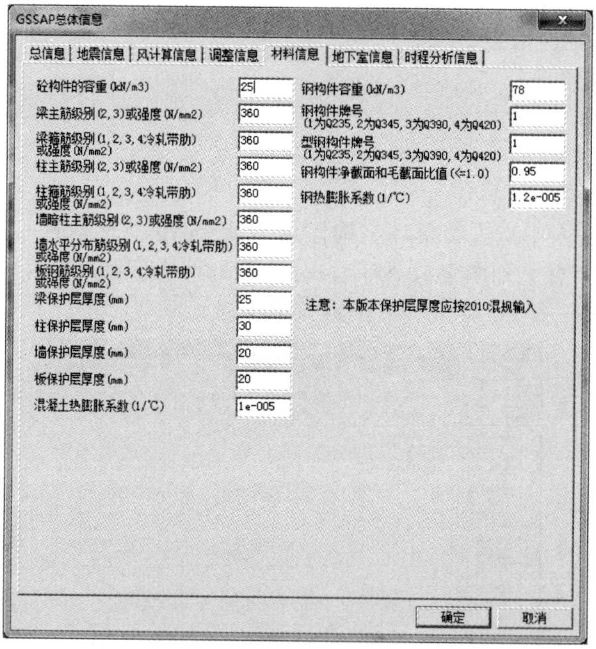

图 2-11　GSSAP 材料信息的输入

点击［确定］按钮保存 GSSAP 总体信息的修改。

点击菜单［结构信息］-［各层信息］，按图 2-12 所示输入层几何信息。其中层高为 3m。

10

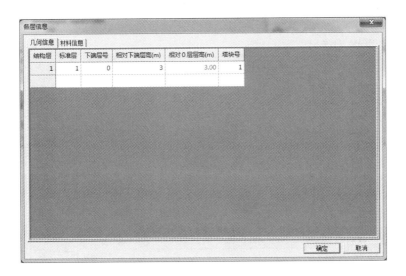

图 2-12　层几何信息的输入

然后切换到层材料信息（图 2-13），如下输入［剪力墙砼等级］❶ 为 C30。

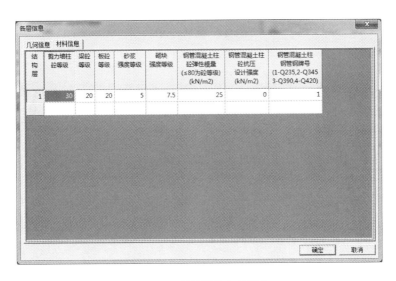

图 2-13　层材料信息的输入

点击屏幕菜单［轴网、辅助线和轴线］-［正交轴网］，在如图 2-14 对话框中输入上开间和左进深都是 4000mm，点击［确定］关闭对话框。

然后在绘图区点击选择一个定位点，输入一个轴网。输入效果如图 2-15 所示：

点击屏幕菜单［柱 1］-［轴点建柱］，再点击参数窗口（见图 2-8），弹出如图 2-16 所示柱截面对话框。在对话框中输入截面宽 $B = 400\text{mm}$，高 $H = 500\text{mm}$，角度 0°，点击［确定］关闭对话框。

然后在绘图区选择一个轴网交点，布置一根柱（图 2-17）。

---

❶ 砼＝混凝土。

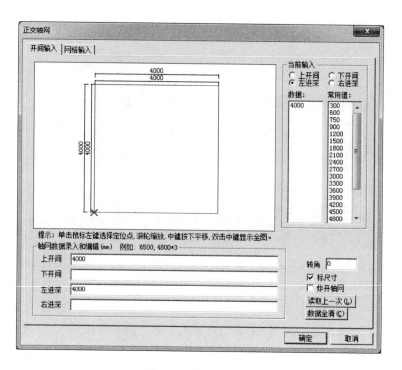

图 2-14　轴网对话框

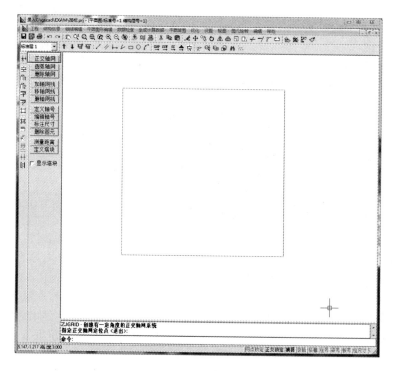

图 2-15　轴网

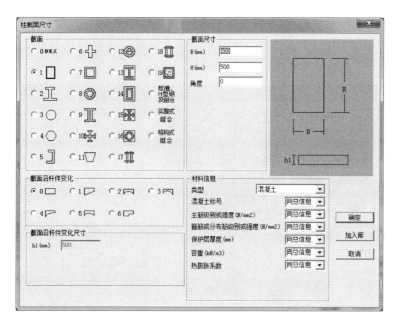

图 2-16　柱截面的定义

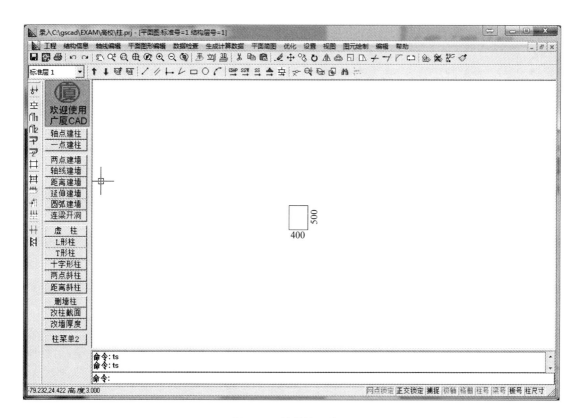

图 2-17　柱的输入结果

点击屏幕菜单［剪力墙柱荷载菜单］-［加柱荷载］，然后点击参数窗口，弹出如图 2-18 所示对话框。在对话框中选择荷载类型为集中力；选择荷载方向为重力方向；输入集中力 $Q=20\text{kN}$，距离柱底 $L=3000\text{mm}$；选择工况为重力恒载。计算程序会自动计算柱的自重，不需要另外输入。

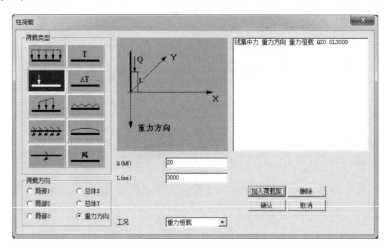

图 2-18　柱集中力的定义

点击［确认］按钮关闭对话框。如图 2-19，在绘图区选择刚才输入的柱，布置荷载柱顶集中力 20kN。

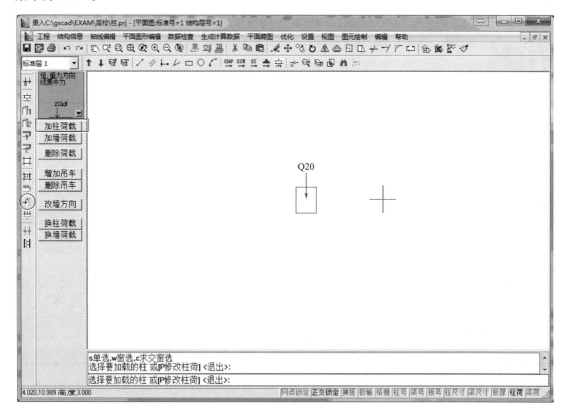

图 2-19　柱集中力的输入结果

点击图 2-20 所示工具栏 1 中的［保存］按钮，保存模型。点击工具栏 2 中的［生成 GSSAP 数据］按钮，生成计算数据。然后关闭图形录入。

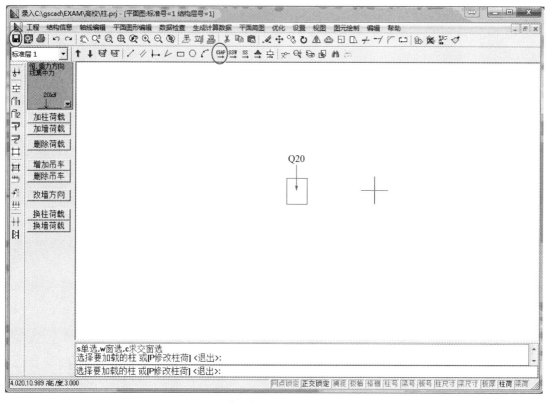

图 2-20　保存按钮和生成 GSSAP 数据按钮

在图 2-21 的主控菜单点击［楼板、砖混和次梁计算］，本例中虽然没有楼板、砖混或次梁，但根据软件设定仍需点击进入一次。进入以后直接退出。

图 2-21　广厦结构 CAD 主控菜单

在主控菜单点击［通用计算 GSSAP］，计算完毕后点击［退出］按钮关闭计算程序。
在主控菜单点击［图形方式］，可在图形上查看计算结果。如图 2-22 所示。
如图 2-22 所示，点击左侧工具栏［柱墙内力］，在弹出的对话框中选择［单工况内力］-

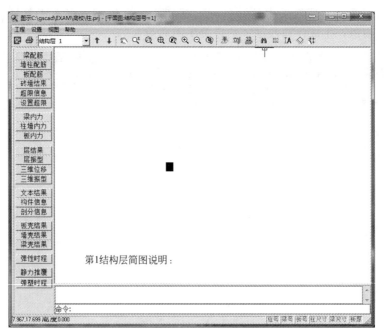

图 2-22　图形方式界面

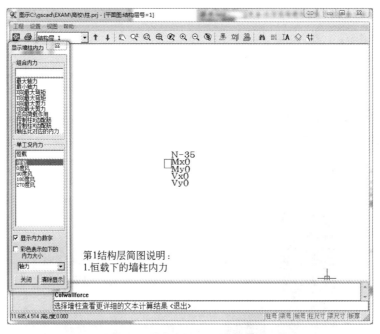

图 2-23　集中力作用下的柱底轴力

[恒载]，如图 2-23 所示，可查得软件算得的柱底内力值 $N = -35\mathrm{kN}$，负号表示受压，与手工计算结果一致。

如图 2-22 所示，点击左侧工具栏 [三维位移]，在弹出的对话框中选择工况为恒载，选择显示方式为静态，鼠标移动到绘图区中显示的柱顶，则软件会如图 2-24，显示柱顶位移。其中，Z 向位移为 $-0.014\mathrm{mm}$，负号表示柱顶向下移动，表明柱受压缩的，与手工计算结果一致。

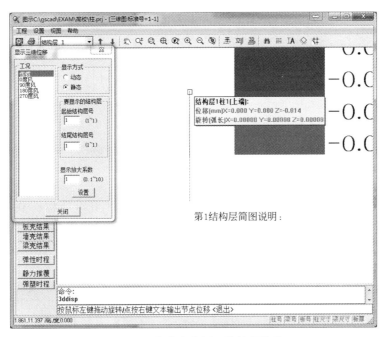

图 2-24　集中力作用下的柱顶位移

2.1.4.2　柱受扭的内力和位移

上节的例子中，偏心水平撞击篮球筐时柱顶承受扭矩 $M=5\mathrm{kN\cdot m}$，按材料力学公式 [式（2-3）~式（2-7）] 计算柱底扭矩 T 和柱顶绕轴转角 θ_z。

$$T=M_z \tag{2-3}$$

$$\theta_z=\frac{M_z H}{G I_z} \tag{2-4}$$

$$G=\frac{E}{2(1+\mu)} \tag{2-5}$$

$$I_z=b^3 h\left[\frac{1}{3}-0.21\beta\left(1-\frac{\beta^4}{12}\right)\right] \tag{2-6}$$

$$\beta=b/h \tag{2-7}$$

式中　M_z——绕柱转动的扭矩；

　　　H——柱高；

　　　G——柱剪切模量；

　　　E——柱弹性模量；

　　　μ——柱泊松比，对于混凝土材料为 0.2；

　　　I_z——柱扭转惯性矩；

　　　b——柱截面宽；

　　　h——柱截面高；

　　　β——柱截面短边与长边之比。

1）手工计算过程如下：

柱底扭矩：$T=5\mathrm{kN\cdot m}$

柱顶转角：$G=\dfrac{3\times10^4}{2\times(1+0.2)}=1.25\times10^4(\text{N/mm}^2)=1.25\times10^7(\text{kN/m}^2)$

$$\beta=400/500=0.8$$

$$I_z=400^3\times500\times\left[\dfrac{1}{3}-0.21\times0.8\times\left(1-\dfrac{0.8^4}{12}\right)\right]$$

$$=5.47\times10^9(\text{mm}^4)$$

$$=5.47\times10^{-3}(\text{m}^4)$$

$$\theta_z=\dfrac{5\times3}{1.25\times10^7\times5.47\times10^{-3}}=2.2\times10^{-4}(\text{弧度})$$

2）利用结构计算软件验证计算结果如下：

接 2.1.4.1 的例子，在图形录入中，点击屏幕菜单［剪力墙柱荷载菜单］-［加柱荷载］，然后点击参数窗口，在弹出的对话框中选择荷载类型为集中弯矩；选择荷载方向为重力方向；集中弯矩 $M=-5\text{kN}$，距离柱底 $L=3000\text{mm}$；选择工况为重力恒载，如图 2-25 所示。

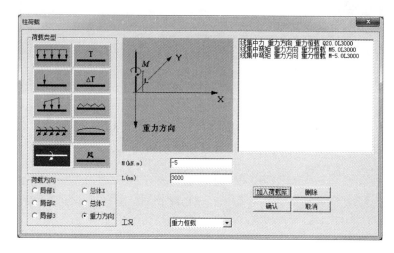

图 2-25　柱集中弯矩的定义

弯矩的输入方向可以这样判断：采用右手法则，四肢绕弯矩的旋转方向，大拇指方向即弯矩的方向。所输入的集中弯矩方向与重力方向相反，故输入负值。

点击［确认］按钮关闭对话框。在绘图区选择柱，将荷载输入到柱上，如图 2-26 所示。

如图 2-27 点击工具栏 1 中的［保存］按钮，保存模型。点击工具栏 2 中的［生成GSSAP 数据］按钮，生成计算数据。然后关闭图形录入。

在主控菜单点击［楼板、砖混和次梁计算］，进入以后直接退出。

在主控菜单点击［通用计算 GSSAP］，计算完毕后点击［退出］按钮关闭计算程序。

在主控菜单点击［图形方式］，进入图形方式。点击左侧工具栏［柱墙内力］，在弹出的对话框中选择［单工况内力］-［恒载］，可查得软件算得的柱底内力值。此时点击柱，软件会弹出柱的所有工况所有截面断面的内力。可以看到柱底下表面以上部分的扭矩都是 5kN·m（图 2-28），与手工计算结果一致。

点击左侧工具栏［三维位移］，在弹出的对话框中选择工况为恒载，选择显示方式为静态，鼠标移动到绘图区中显示的柱顶，则软件会显示柱顶位移如图 2-29 所示。其中，绕 Z轴旋转为 0.00022 弧度，与手工计算结果一致。

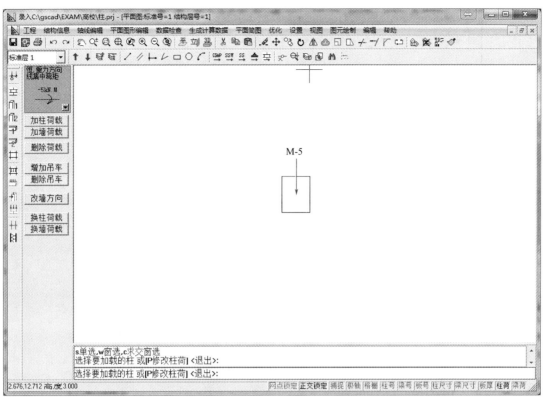

图 2-26　柱集中弯矩的输入结果

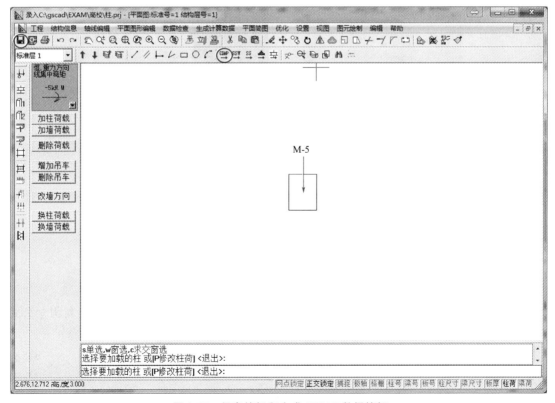

图 2-27　保存按钮和生成 GSSAP 数据按钮

图 2-28　集中弯矩作用下的柱底扭矩

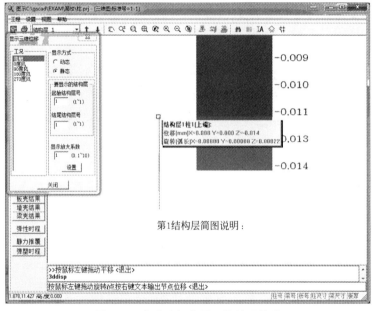

图 2-29　集中弯矩作用下的柱顶位移

2.1.4.3　柱受水平力的内力和位移

接力 2.1.4.2 例子，篮球筐承受水平力撞击时柱顶水平力 $F_y = 10\text{kN}$，按材料力学公式 [式（2-8）～式（2-11）] 计算柱底剪力 V_y、弯矩 M_x 和柱顶位移 u_y、绕 X 轴转角 θ_x。

$$V_y = F_y \tag{2-8}$$

$$M_x = F_y H \tag{2-9}$$

$$u_y = \frac{F_y H^3}{3EI_x} \tag{2-10}$$

$$\theta_x = -\frac{F_y H^2}{2EI_x} \qquad\qquad (2\text{-}11)$$

$$I_x = \frac{bh^3}{12} \qquad\qquad (2\text{-}12)$$

式中　F_y——柱顶 Y 向水平集中力；

　　　H——柱高；

　　　E——柱弹性模量；

　　　I_x——柱绕 X 轴转动惯性矩；

　　　b——柱截面宽；

　　　h——柱截面高。

（1）手工计算过程

柱底剪力：$V_y = 10\text{kN}$

柱底弯矩：$M_x = 10 \times 3 = 30 (\text{kN} \cdot \text{m})$

柱顶位移：$I_x = \dfrac{400 \times 500^3}{12} = \dfrac{125}{3} \times 10^8 (\text{mm}^4) = \dfrac{125}{3} \times 10^{-4} (\text{m}^4)$

$$u_y = \frac{(10 \times 10^3) \times 3000^3}{3 \times (3 \times 10^4) \times (125/3 \times 10^8)} = 0.72 (\text{mm})$$

柱顶转角：$E = 3 \times 10^4 (\text{N/mm}^2) = 3 \times 10^7 (\text{kN/m}^2)$

$$\theta_x = -\frac{10 \times 3^2}{2 \times (3 \times 10^7) \times (125/3 \times 10^{-4})} = -0.00036 \, (\text{弧度})$$

（2）利用结构计算软件验证计算结果

接力 2.1.4.2 的例子，在图形录入中，点击屏幕菜单［剪力墙柱荷载菜单］-［加柱荷载］，然后点击参数窗口，在弹出的对话框中选择荷载类型为集中力；选择荷载方向为总体 Y 方向；集中力 $Q = 10\text{kN}$，距离柱底 $L = 3000\text{mm}$；选择工况为重力恒载，如图 2-30 所示。

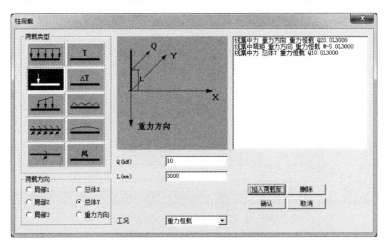

图 2-30　柱水平集中力的定义

点击［确认］按钮关闭对话框。在绘图区选择柱，将荷载输入到柱上，如图 2-31 所示。

如图 2-32 点击工具栏 1 中的［保存］按钮，保存模型。点击工具栏 2 中的［生成 GSSAP 数据］按钮，生成计算数据。然后关闭图形录入。

在主控菜单点击［楼板、砖混和次梁计算］，进入以后直接退出。

在主控菜单点击［通用计算 GSSAP］，计算完毕后点击［退出］按钮关闭计算程序。

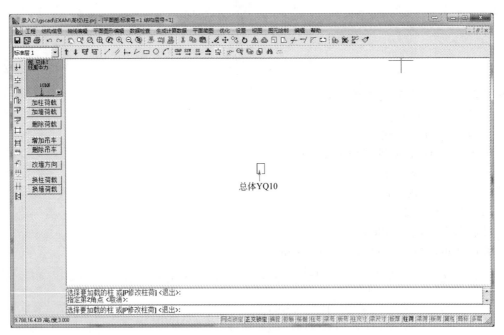

图 2-31　柱水平集中力的输入结果

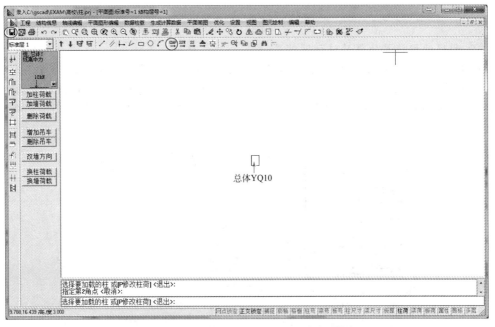

图 2-32　保存按钮和生成 GSSAP 数据按钮

在主控菜单点击［图形方式］，进入图形方式。点击左侧工具栏［柱墙内力］，在弹出的对话框中选择［单工况内力］-［恒载］，可查得软件算得的柱底内力值，其中 V_y 为 $-10\mathrm{kN}$，负号表示与 Y 方向相反；M_x 为 $30\mathrm{kN}\cdot\mathrm{m}$，与手工计算结果一致（图 2-33）。

点击左侧工具栏［三维位移］，在弹出的对话框中选择工况为恒载，选择显示方式为静态，鼠标移动到绘图区中显示的柱顶，则软件会显示柱顶位移如图 2-34 所示。其中，绕 X 轴旋转 θ_x 为 -0.00036 弧度，与手工计算结果一致；Y 向位移为 $0.734\mathrm{mm}$，比手工计算结果 $0.72\mathrm{mm}$ 大一点。这是因为式（2-10）忽略了截面剪切变形不均匀的影响，计算软件考虑了影响。

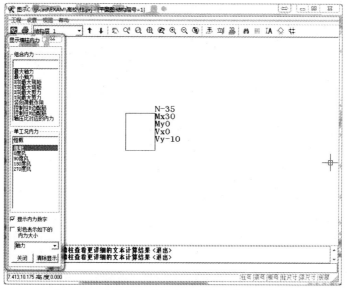

图 2-33　水平集中力作用下的柱底剪力和弯矩

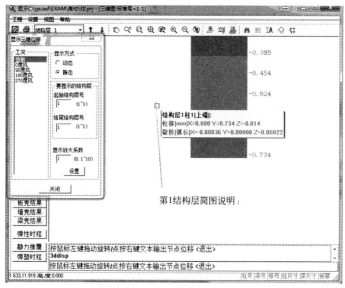

图 2-34　集中弯矩作用下的柱顶位移

2.2　柱的施工图

通过学习本节篮球架支撑柱的施工图绘制，你将能够：

1）掌握柱施工时要布置哪些钢筋；

2）了解根据内力计算柱钢筋的原理；

3）了解柱的构造要求；

4）学会认识柱的施工图表示法。

2.2.1　柱的钢筋

图 2-35 为柱钢筋的平面表示法。

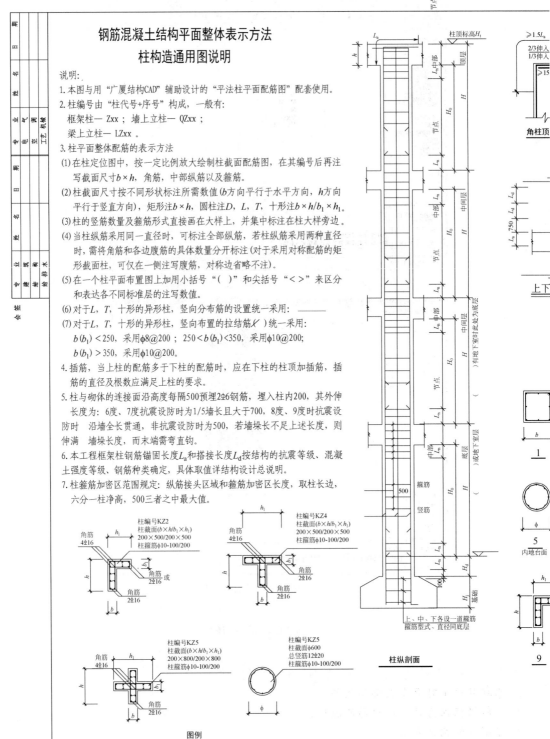

钢筋混凝土结构平面整体表示方法
柱构造通用图说明

说明:

1. 本图与用"广厦结构CAD"辅助设计的"平法柱平面配筋图"配套使用。

2. 柱编号由"柱代号+序号"构成,一般有:

   框架柱—Zxx;墙上立柱—QZxx;

   梁上立柱—LZxx;

3. 柱平面整体配筋的表示方法

   (1) 在柱定位图中,按一定比例放大绘制柱截面配筋图,在其编号后再注写截面尺寸 $b×h$,角筋,中部纵筋以及箍筋。

   (2) 柱截面尺寸按不同形状标注所需数值(b方向平行于水平方向,h方向平行于竖直方向),矩形注 $b×h$,圆柱注 D, L, T,十形注 $b×h/b_1×h_1$。

   (3) 柱的竖筋数量及箍筋形式直接画在大样上,并集中标注在柱大样旁边。

   (4) 当柱纵筋采用同一直径时,可标注全部纵筋,若柱纵筋采用两种直径时,需将角筋和各边腹筋的具体数量分开标注(对于采用对称配筋的矩形截面柱,可仅在一侧注写腹筋,对称边省略不注)。

   (5) 在一个柱平面布置图上加用小括号"()"和尖括号"<>"来区分和表达各不同标准层的注写数值。

   (6) 对于 L, T, 十形的异形柱,竖向分布筋的设置统一采用: ————

   (7) 对于 L, T, 十形的异形柱,竖向布置的拉结筋 K 统一采用:

   $b(b_1) < 250$,采用 $φ8@200$;$250 < b(b_1) < 350$,采用 $φ10@200$;

   $b(b_1) > 350$,采用 $φ10@200$。

4. 插筋,当上柱的配筋多于下柱的配筋时,应在下柱的柱顶加插筋,插筋的直径及根数应满足上柱的要求。

5. 柱与砌体的连接面沿高度每隔500预埋2φ6钢筋,埋入柱内200,其外伸长度为: 6度、7度抗震设防时为1/5墙长且大于700,8度、9度时抗震设防时 沿墙全长贯通,非抗震设防时为500,若墙垛长不足上述长度,则伸满 墙垛长度,而末端需弯直钩。

6. 本工程框架柱钢筋锚固长度 L_a 和搭接长度 L_d 按结构的抗震等级、混凝土强度等级、钢筋种类确定,具体取值详结构设计总说明。

7. 柱箍筋加密区范围规定: 纵筋接头区域和箍筋加密区长度,取柱长边,六分一柱净高,500三者之中最大值。

柱编号KZ2
柱截面($b×h/b_1×h_1$)
200×500/200×500
柱箍筋φ10-100/200
角筋 4Φ16
角筋 或 2Φ16
角筋 2Φ16

柱编号KZ4
柱截面($b×h/b_1×h_1$)
200×500/200×500
柱箍筋φ10-100/200
角筋 4Φ16
角筋 2Φ16

柱编号KZ5
柱截面($b×h/b_1×h_1$)
200×800/200×800
柱箍筋φ10-100/200
角筋 4Φ16
角筋 2Φ16

柱编号KZ5
柱截面φ600
总竖筋12Φ20
柱箍筋φ10-100/200

图例

上、中、下各设一道箍筋
箍筋形式、直径同底层

柱纵剖面

图 2-35 柱的平

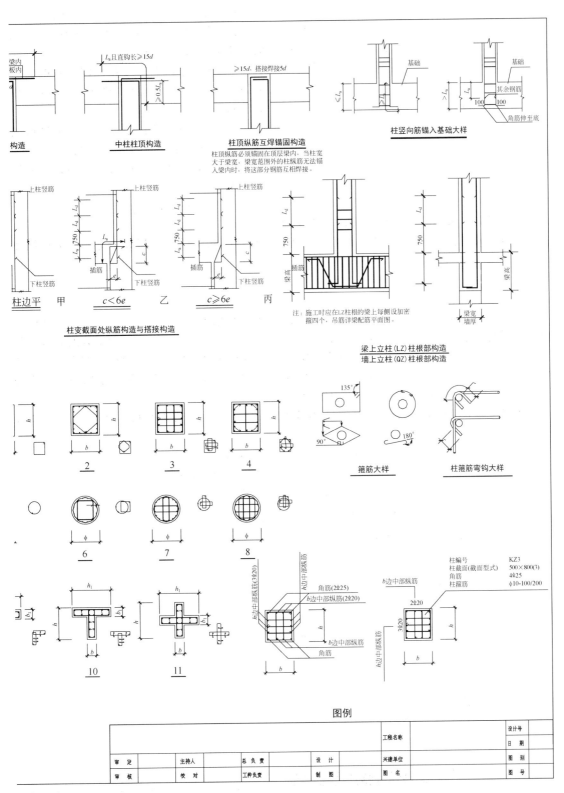

柱顶纵筋必须锚固在顶层梁内,当柱宽
大于梁宽,梁宽范围外的柱纵筋无法锚
入梁内时,将这部分钢筋互相焊接。

注:施工时应在LZ柱根的梁上每侧设加密
箍筋四个,吊筋详梁配筋平面图。

面表示法

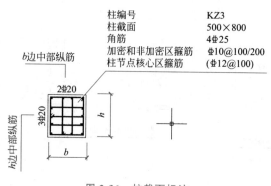

柱编号　　　　　　　　KZ3
柱截面　　　　　　　　500×800
角筋　　　　　　　　　4Φ25
加密和非加密区箍筋　　Φ10@100/200
柱节点核心区箍筋　　　(Φ12@100)

图 2-36　柱截面标注

柱的施工图详细说明参见《国家建筑标准设计图集》（11G101-1），如图 2-36 截面标注主要内容如下。

1）柱编号：上下层在相同位置的柱一般编号相同，不同位置柱的截面和钢筋相同编同一编号。

2）柱截面尺寸：矩形、圆形和异形柱（L 形柱、T 形柱和十字形柱）尺寸。

3）角部纵筋：矩形角部纵筋，圆形柱总钢筋。

4）柱边纵筋：柱各边钢筋。

5）柱箍筋：核心区、加密区和非加密区箍筋。

6）柱的插筋：每边上层纵筋大于下层纵筋时布置插筋，插筋面积大于等于上下纵筋面积差。

2.2.2　柱的计算配筋

在 2.2.1 节计算了柱的内力：轴力、弯矩、剪力和扭矩，设计时考虑采用极限状态内力和荷载可能属于不同的工况，还需要根据荷载规范的要求进行基本组合（即承载能力极限状态设计荷载效应组合）内力包络。当地震作用很小和无风荷载时，一般起控制的组合为恒载和活载基本组合：1.35 恒载内力＋0.98 活载内力，更详细的要求见《建筑结构通用分析与设计软件 GSSAP 说明书》第 7 章内力组合和调整。

篮球支柱只有恒载工况，如图 2-37 恒载下的轴力、弯矩、剪力和扭矩乘 1.35 后用于计算配筋。

$$N = 1.35 \times 35 = 47.25 (\text{kN})$$
$$M_x = 1.35 \times 30 = 40.5 (\text{kN} \cdot \text{m})$$
$$V_y = 1.35 \times 10 = 13.5 (\text{kN})$$

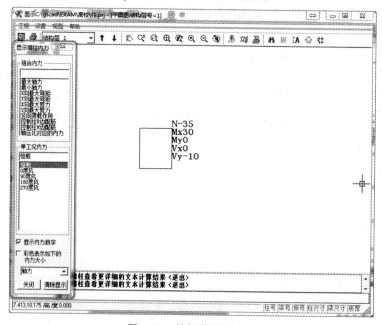

图 2-37　柱恒载下的内力

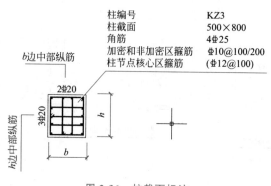结构BIM应用教程

26

对于材料，一般有抗拉、抗压、抗弯、抗剪和抗扭几种力学特性。钢筋混凝土材料包含了两种材料：钢筋和混凝土。混凝土抗拉强度比较小，所以计算时一般忽略。

设计中用墙柱梁板的正截面承载力公式计算纵筋面积，斜截面承载力公式计算箍筋面积。

GSPLOT 施工图系统中柱的计算结果显示如图 2-38。

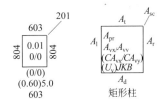

图 2-38　柱计算结果

矩形柱时，A_t、A_d、A_l 和 A_r 显示上、下、左、右单边配筋面积（mm^2），A_{sc} 为角部配筋面积（mm^2）；A_{pr} 为轴压比，A_{vx} 和 A_{vy} 为沿 B 边和 H 边加密和非加密区的抗剪配箍面积（$mm^2/0.1m$），CA_{vx} 和 CA_{vy} 为沿 B 边和 H 边节点核心区的配箍面积（$mm^2/0.1m$），零为构造配箍（按最小配箍率配箍），U_v 为体积配箍率；JKB 是柱的最小剪跨比，9999 表示没有计算剪跨比。

2.2.2.1　柱的正截面承载力设计方法

柱主要承受压弯作用，柱 b 边和 h 边纵筋面积要满足《混凝土结构设计规范》（以下简称《混规》）轴心受压和偏心受压正截面承载力的要求。更多的计算要求见《建筑结构通用分析与设计软件 GSSAP 说明书》第 8 章柱截面设计。

（1）轴心受压计算

轴心受压构件正截面受压承载力按如下《混规》要求计算。

$$N \leqslant 0.9\varphi(f_c A + f_y' A_s') \qquad （《混规》6.2.15）$$

式中　N——轴向压力设计值；

φ——钢筋混凝土构件的稳定系数，按《混规》表 6.2.15 采用；

f_c——混凝土轴心抗压强度设计值，按表 2-1 采用；

A——构件截面面积；

A_s'——全部纵向钢筋的截面面积。

$$N = 47.25 < 0.9 \times (14.3 \times 10^3 \times 0.4 \times 0.5) = 2574kN$$

混凝土部分就满足受压要求。如果不满足，需配置纵筋。

（2）偏心受压计算

矩形截面偏心受压构件正截面（图 2-39）受压承载力按如下《混规》计算，公式比较复杂，一般采用软件计算。篮球架支柱轴力和弯矩不大，截面尺寸比较大，计算的配筋很小，用《建筑抗震设计规范》（以下简称《抗规》）的最小配筋率来控制篮球架支柱纵筋总的配筋面积。具体工程设计中，一般的柱计算的纵筋面积都比较小，用《抗规》的最小配筋率来控制柱纵筋总的配筋面积。

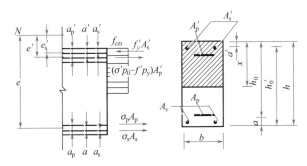

图 2-39　矩形截面偏心受压构件正截面

偏心受压计算公式：

$$N \leqslant \alpha_1 f_c bx + f'_y A'_s - \sigma_s A_s - (\sigma'_{p0} - f'_{py}) A'_p - \sigma_p A_p \quad \text{（《混规》6.2.17-1）}$$

$$Ne \leqslant \alpha_1 f_c bx \left(h_0 - \frac{x}{2} \right) + f'_y A'_s (h_0 - a'_s) - (\sigma'_{p0} - f'_{py}) A'_p (h_0 - a'_p)$$

$$\text{（《混规》6.2.17-2）}$$

$$e = \eta e_i + \frac{h}{2} - a \quad \text{（《混规》6.2.17-3）}$$

$$e_i = e_0 + e_a \quad \text{（《混规》6.2.17-4）}$$

式中　e——轴向压力作用点至纵向普通受拉钢筋和预应力受拉钢筋的合力点的距离；

　　　η——偏心受压构件考虑二阶弯矩影响的轴向压力偏心距增大系数，按《混规》第6.2.4条的规定计算；

σ_s，σ_p——受拉边或受压较小边的纵向普通钢筋、预应力钢筋的应力；

　　　e_i——初始偏心距；

　　　a——纵向普通受拉钢筋和预应力受拉钢筋的合力点至截面近边缘的距离；

　　　e_0——轴向压力对截面重心的偏心距：$e_0 = M/N$；

　　　e_a——附加偏心距，按《混规》第6.2.5条确定。

考虑对称配筋时公式简化：

先按大偏压计算，由《混规》6.2.17-1求得受压区高度 x，

当 $x \leqslant 2a'$ 时，由下面公式求 A'_s：

$$A'_s = \frac{N \left(\eta e_i + \dfrac{h}{2} + a' \right)}{f_y (h_0 - a')}$$

当 $x \geqslant x_b$ 时，转向小偏压计算，用近似公式（《混规》6.2.17-7）和（《混规》6.2.17-8）计算 A'_s：

$$A'_s = \frac{Ne - \xi(1 - 0.5\xi)\alpha_1 f_c b h_0^2}{f'_y (h_0 - a'_s)} \quad \text{（《混规》6.2.17-7）}$$

此处，相对受压区高度 ξ 可按下列公式计算：

$$\xi = \frac{N - \xi_b \alpha_1 f_c b h_0}{\dfrac{Ne - 0.43\alpha_1 f_c b h_0^2}{(\beta_1 - \xi_b)(h_0 - a'_s)} + \alpha_1 f_c b h_0} + \xi_b \quad \text{（《混规》6.2.17-8）}$$

当 $2a' \leqslant x \leqslant x_b$ 时将 x 代入《混规》6.2.17-2求 A'_s。

2.2.2.2　柱的斜截面承载力设计方法

柱截面尺寸 $b \times h$ 要满足《混规》受剪截面的要求，无地震作用时满足《混规》6.3.16的要求。

$$V_y = 13.5 < 0.25[14.3 \times 10^3 \times 0.4 \times (0.5 - 0.03)] = 672.1(\text{kN})$$

柱 XY 向箍筋面积要满足《混规》斜截面承载力的要求（表2-3），根据《混规》6.3.12，篮球支柱的计算箍筋面积为0，满足柱最小体积配箍率即可。具体工程设计中，一般柱的箍筋都是最小体积配箍率控制。

表 2-3 框架柱斜截面计算要求

受力形式	规范	受剪截面/斜截面承载力计算要求
不考虑地震组合,矩形截面双向受剪的钢筋混凝土框架柱受剪截面要求	《混规》6.3.16	$V_x \leqslant 0.25\beta_c f_c bh_0 \cos\theta$ $V_y \leqslant 0.25\beta_c f_c bh_0 \sin\theta$
考虑地震组合,矩形截面双向受剪的钢筋混凝土框架柱受剪截面要求	《混规》11.4.9	$V_x \leqslant \dfrac{1}{\gamma_{RE}} 0.2\beta_c f_c bh_0 \cos\theta$ $V_y \leqslant \dfrac{1}{\gamma_{RE}} 0.2\beta_c f_c bh_0 \sin\theta$
考虑地震组合的矩形截面框架柱和框支柱受剪截面要求	《混规》11.4.6	剪跨比 λ 大于 2 的框架柱 $V_c \leqslant \dfrac{1}{\gamma_{RE}}(0.2\beta_c f_c bh_0)$ 框支柱和剪跨比 λ 不大于 2 的框架柱 $V_c \leqslant \dfrac{1}{\gamma_{RE}}(0.15\beta_c f_c bh_0)$
不考虑地震组合,矩形、T形和I形截面的钢筋混凝土偏心受压构件斜截面承载力要求	《混规》6.3.12	$V \leqslant \dfrac{1.75}{\lambda+1} f_t bh_0 + f_{yv} \dfrac{A_{sv}}{s} h_0 + 0.07N$
考虑地震组合的矩形截面框架柱和框支柱斜截面承载力要求	《混规》11.4.7	$V_c \leqslant \dfrac{1}{\gamma_{RE}}\left(\dfrac{1.05}{\lambda+1} f_t bh_0 + f_{yv} \dfrac{A_{sv}}{s} h_0 + 0.056N\right)$
考虑地震组合的矩形截面框架柱和框支柱,当出现拉力,斜截面承载力要求	《混规》11.4.8	$V_c \leqslant \dfrac{1}{\gamma_{RE}}\left(\dfrac{1.05}{\lambda+1} f_t bh_0 + f_{yv} \dfrac{A_{sv}}{s} h_0 - 0.2N\right)$
矩形双向受剪钢筋混凝土框架柱斜截面承载力要求	《混规》11.4.10	$V_x \leqslant \dfrac{V_{ux}}{\sqrt{1+\left(\dfrac{V_{ux}\tan\theta}{V_{uy}}\right)^2}}$; $V_y \leqslant \dfrac{V_{uy}}{\sqrt{1+\left(\dfrac{V_{uy}}{V_{ux}\tan\theta}\right)^2}}$ 不考虑地震组合：$V_{ux} \leqslant \dfrac{1.75}{\lambda_x+1} f_t bh_0 + f_{yv} \dfrac{A_{svx}}{s} h_0 + 0.07N$ $V_{uy} \leqslant \dfrac{1.75}{\lambda_y+1} f_t bh_0 + f_{yv} \dfrac{A_{svy}}{s} h_0 + 0.07N$ 考虑地震组合：$V_{ux} \leqslant \dfrac{1.05}{\lambda_x+1} f_t bh_0 + f_{yv} \dfrac{A_{svx}}{s} h_0 + 0.056N$ $V_{uy} \leqslant \dfrac{1.05}{\lambda_y+1} f_t bh_0 + f_{yv} \dfrac{A_{svy}}{s} h_0 + 0.056N$
压、弯、剪、扭共同作用下矩形框架柱剪、扭承载力要求	《混规》6.4.14	受剪承载力：$V \leqslant (1.5-\beta_t)\left(\dfrac{1.75}{\lambda+1} f_t bh_0 + 0.07N\right) + f_{yv} \dfrac{A_{sv}}{s} h_0$ 受扭承载力：$T \leqslant \beta_t\left(0.35 f_t + 0.07\dfrac{N}{A}\right)W_t + 1.2\sqrt{\xi} f_{yv} \dfrac{A_{stl} A_{cor}}{s}$

2.2.3 柱的构造要求

构造指不经过承载力计算,规范规定的最小要求。

2.2.3.1 柱的轴压比定义

$$轴压比 = \dfrac{柱地震作用组合轴向压力设计值}{柱全截面面积 \times 混凝土轴心抗压强度设计值}$$

《抗规》6.3.6 对不同结构体系中的框架柱轴压比进行了限值,无地震作用的轴压比不能大于 1.05,有地震作用的轴压比限值见表 2-4。

篮球架支柱的无地震作用轴压比如下:

$$N/(bhf_c) = 47.25/(0.4 \times 0.5 \times 14.3 \times 10^3) = 0.017 < 1.05$$

篮球架支柱的有地震作用轴压比如下:

地震作用的基本组合 = 1.2(恒 + 0.5 活) + 1.3 水平地震

$$N_地 = 1.2 \times 35 = 42(kN)$$

$$N_地/(bhf_c) = 42/(0.4 \times 0.5 \times 14.3 \times 10^3) = 0.015 < 0.75$$

第 2 章 柱的设计

表 2-4　柱轴压比限值表

结构体系	剪跨比及混凝土等级	抗震等级			
		一级	二级	三级	四级
框架结构	剪跨比>2 且混凝土等级≤C60	0.65	0.75	0.85	0.90
	剪跨比≤2 或混凝土等级 C65、C70	0.60	0.70	0.80	0.85
	混凝土等级 C75、C80	0.55	0.65	0.75	0.80
框架-剪力墙筒体结构	剪跨比>2 且混凝土等级≤C60	0.75	0.85	0.90	0.95
	剪跨比≤2 或混凝土等级 C65、C70	0.70	0.80	0.85	0.90
	混凝土等级 C75、C80	0.65	0.75	0.80	0.85
部分框支剪力墙结构	剪跨比>2 且混凝土等级≤C60	0.60	0.70	—	
	剪跨比≤2 或混凝土等级 C65、C70	0.55	0.65		
	混凝土等级 C75、C80	0.50	0.60		

注：对于Ⅳ类场地上高于 40m 的框架结构或高于 60m 的其他结构体系的混凝土房屋建筑，其轴压比限值应做适量减少。

2.2.3.2　柱纵筋的最小配筋率和箍筋的构造要求

构造要求是规范规定的最小要求，根据《抗规》6.3.7，柱纵筋最小配筋率构造要求如表 2-5 和表 2-6。二级抗震等级的篮球支柱满足非框架结构中柱纵向钢筋最小配筋率 0.8%，每侧配筋不应小于 0.2%。

表 2-5　非框架结构的柱中全部纵向受力钢筋的最小配筋百分率

抗震等级	中柱、边柱	角柱	框支柱
特一级	1.4	1.6	1.6
一级	1.0	1.2	1.2
二级	0.8	1.0	1.0
三级	0.7	0.9	0.9
四级	0.6	0.8	0.8
非抗震	0.6	0.6	0.8

表 2-6　框架结构的柱中全部纵向受力钢筋的最小配筋百分率

抗震等级	中柱、边柱	角柱	框支柱
特一级	1.4	1.6	1.6
一级	1.1	1.2	1.2
二级	0.9	1.0	1.0
三级	0.8	0.9	0.9
四级	0.7	0.8	0.8
非抗震	0.6	0.6	0.8

受压柱一侧纵向钢筋最小配筋百分率不小于 0.2%。受压柱构件中全部纵向钢筋的百分率，钢筋强度标准值大于 400MPa 时，表中数值应减少 0.1，钢筋强度标准值为 400MPa 时，表中数值应减少 0.05；当混凝土强度等级为 C60 及以上时，按表中规定增大 0.1。

全部纵向钢筋的配筋率不大于 5%。配筋率大于 5% 时给出超筋信息，应加大截面或提高材料强度。

柱箍筋加密区的构造要求如下。

（1）框架柱加密区的箍筋最大间距和箍筋最小直径

框架柱上、下端箍筋应加密，加密区的箍筋最大间距和箍筋最小直径符合《抗规》6.3.7 要求（表 2-7）。二级抗震等级的篮球支柱的加密区和梁柱节点核心区箍筋直径不能小于 8mm，间距不能大于 100mm。

非加密区箍筋间距常用 100mm、150mm 和 200mm，纵筋直径 d 不能小于 16mm，否则二级抗震等级非加密区箍筋最大间距为 $10d$，间距不能取 150mm 了，浪费箍筋。

表 2-7　箍筋最大间距和箍筋最小直径表

设计要求		抗震设计等级				
适用条件		一级	二级	三级	四级	非抗震
箍筋加密区	加密区范围	① 柱上下端，max[截面高度(或直径)，柱净高 1/6，500mm] ② 底层柱下端柱净高 1/3 范围 ③ 刚性地平面上下各 500mm ④ 短柱、框支柱全高范围				—
	箍筋最大间距/mm	$6d$，100	$8d$，100	$8d$，150 柱根 100	$8d$，150 柱根 100	400
	箍筋最小直径/mm	10	8	8	6(柱根 8)	6
箍筋非加密区	最小体积配箍率/%	不宜小于加密区 50				—
	箍筋最大间距/mm	$10d$		$15d$		—

（2）框架柱加密区的最小体积配筋率

柱箍筋加密区箍筋的体积配筋率，按《抗规》6.3.7 要求。二级抗震等级的篮球架支柱加密区箍筋的体积配筋率不小于 0.6%。

$$\rho_v \geqslant \lambda_v \frac{f_c}{f_{yv}}$$

式中　ρ_v——框架柱箍筋加密区的体积配筋率；

$\quad\quad f_c$——混凝土轴心抗压强度设计值；当强度等级低于 C35 时，按 C35 取值；

$\quad\quad f_{yv}$——箍筋或拉筋抗拉强度设计值；

$\quad\quad \lambda_v$——最小配箍特征值，最小配箍特征值按表 2-8 采用。

表 2-8　柱箍筋加密区箍筋的最小配箍特征值

抗震等级	箍筋形式	柱轴压比								
		≤0.3	0.4	0.5	0.6	0.7	0.8	0.9	1.0	1.05
一	普通箍、复合箍	0.10	0.11	0.13	0.15	0.17	0.20	0.23	—	—
	螺旋箍、复合或连续复合矩形螺旋箍	0.08	0.09	0.11	0.13	0.15	0.18	0.21	—	—
二	普通箍、复合箍	0.08	0.09	0.11	0.13	0.15	0.17	0.19	0.22	0.24
	螺旋箍、复合或连续复合矩形螺旋箍	0.06	0.07	0.09	0.11	0.13	0.15	0.17	0.20	0.22
三、四	普通箍、复合箍	0.06	0.07	0.09	0.11	0.13	0.15	0.17	0.20	0.22
	螺旋箍、复合或连续复合矩形螺旋箍	0.05	0.06	0.07	0.09	0.11	0.13	0.15	0.18	0.20

一、二、三、四级抗震等级的柱，其箍筋加密区的箍筋体积配筋率分别不小于 0.8%、0.6%、0.4% 和 0.4%。剪跨比 $\lambda \leqslant 2$ 的柱，框架柱的箍筋体积配筋率不小于 1.2%。9 度设防烈度时不小于 1.5%。

2.2.3.3　纵筋间距和箍筋肢距要求

根据《抗规》6.3.8 的要求，截面尺寸大于 400mm 的柱，纵向钢筋之间距离不宜大于 200mm；柱纵向钢筋净距均不应小于 50mm。如图 2-40 所示，篮球支柱 $b=400$mm，保护层为箍筋外皮到柱边距离，减两保护层 30mm，再减两箍筋直径和一纵筋直径，$400-2\times30-2\times8-16=302$（mm），中间得插入 1 根纵筋，$h=500$mm，中间得插入 2 根纵筋。

根据《抗规》6.3.9 的要求，柱箍筋加密区的箍筋肢距（箍筋水平距离），一级不宜大于 200mm，二、三级不宜大于 250mm，

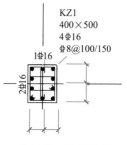

图 2-40　纵筋间距和箍筋肢距

四级不宜大于 300mm。箍筋肢距按纵筋距离来求，二级抗震等级的篮球架支柱如图 2-40 所示，每根纵筋都绑上箍筋，箍筋肢距小于 250mm。

2.2.4 柱施工图的表示法

柱施工图有如下 4 种表示法（图 2-41）：平法、国标柱表、广东柱表和大样表法。

1）平法：在平面图上原位置表示纵筋和箍筋，其他相同的柱编相同的编号，直观。

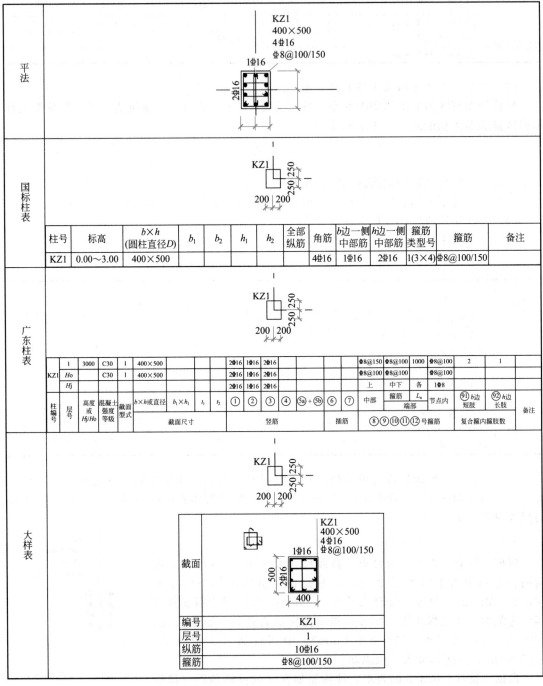

图 2-41 柱施工图的 4 种表示法

2）国标柱表：在平面图上相同的柱编相同的编号，另绘制柱表，省图纸。

3）广东柱表：在平面图上相同的柱编相同的编号，另绘制柱表，省图纸，广东省设计单位常用。

4）柱大样表：常用于高层剪力墙结构，柱布置比较少时，柱画法同剪力墙暗柱表。

如图 2-42，篮球架支柱，柱号 KZ1，截面 400mm×500mm，角筋 4 根 16mm，箍筋直径 8mm，加密区间距 100mm，非加密区间距 150mm，b 边中 1 根 16mm，h 边中 2 根 16mm。

图 2-43 显示三维篮球架支柱纵筋和箍筋。

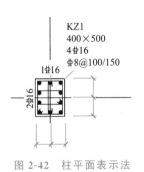

图 2-42 柱平面表示法

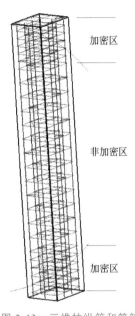

图 2-43 三维柱纵筋和箍筋

2.2.5 上机操作

接力上节柱的力学计算的计算模型，自动生成篮球架支柱的钢筋施工图。软件可以通过［平法配筋］生成施工图，再通过［AutoCAD 自动成图］绘制成 Dwg 图（图 2-44）。

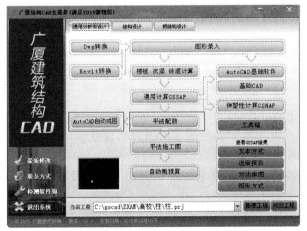

图 2-44 自动生成施工图

在主控菜单点击［平法配筋］，弹出图 2-45 所示对话框，选择计算模型为"GSSAP"，在［柱选筋控制］中（图 2-46）设置柱纵筋最小直径 16mm，然后点击［生成施工图］，生成完毕后退出对话框。

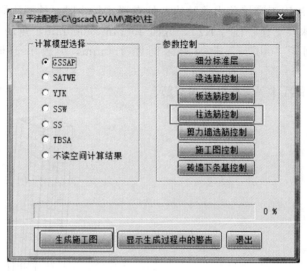

图 2-45　平法配筋对话框

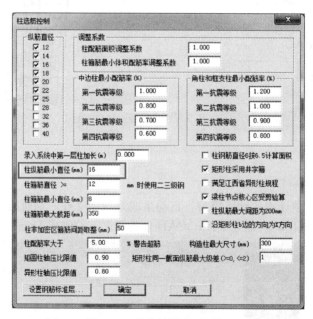

图 2-46　柱选筋控制对话框

在主控菜单点击［AutoCAD 自动成图］，进入 AutoCAD 自动成图系统。

如图 2-47 所示，点击左边工具栏的［出图习惯设置］，如图 2-48，点选［墙柱］，设置柱采用"平法"施工图表示法。

如图 2-49 中点击左边工具栏的［生成 DWG］，在弹出的对话框中点击［确定］按钮，生成施工图。

如图 2-49 所示，点击［分存 DWG］按钮，弹出如图 2-50 所示是否自动生成钢筋算量数据时选择"是"。

图 2-47　AutoCAD 窗口

图 2-48　墙柱施工图习惯对话框

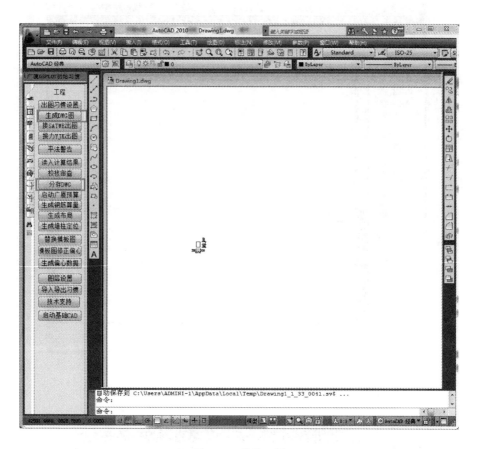

图 2-49　柱施工图

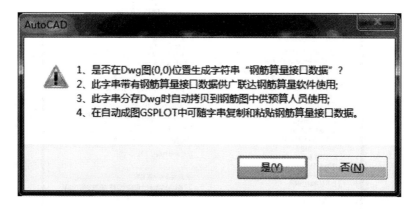

图 2-50　生成钢筋算量数据

弹出分存对话框时选择确认，GSPLOT 生成如图 2-51 所示的送给打印室的钢筋施工图和计算配筋图 Dwg 文件。

分存 Dwg 时会自动提示是否打开钢筋图，打开后可看到如图 2-52 所示的柱钢筋图。

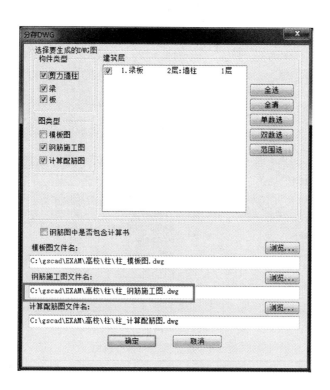

图 2-51　钢筋施工图和计算配筋图 Dwg 文件

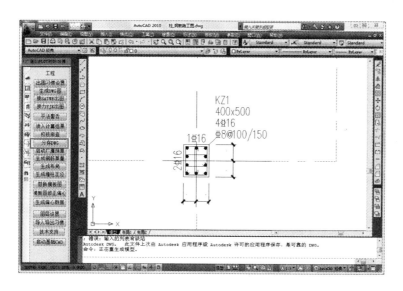

图 2-52　柱钢筋图

2.3　柱的各种截面类型

如图 2-53 所示的柱截面对话框中定义：截面类型、截面尺寸、变截面类型和材料类型，录入中提供了 70 多个截面类型的输入，柱、梁和斜杆的截面定义方式完全相同（表 2-9）。

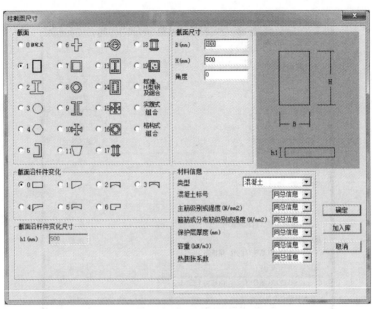

图 2-53　柱截面对话框

表 2-9　截面类型和参数信息

类型	名　称	图　示	类型	名　称	图　示
0	自定义	A：截面面积/m² J_x：x 向抗弯模量/m⁴ J_y：y 向抗弯模量/m⁴ J_z：抗扭模量/m⁴	3	圆形	混凝土
1	矩形	混凝土	4	正多边形	钢 H=边数
2	工字形	钢	5	槽形	钢

类型	名　称	图　示	类型	名　称	图　示
6	十字形	钢 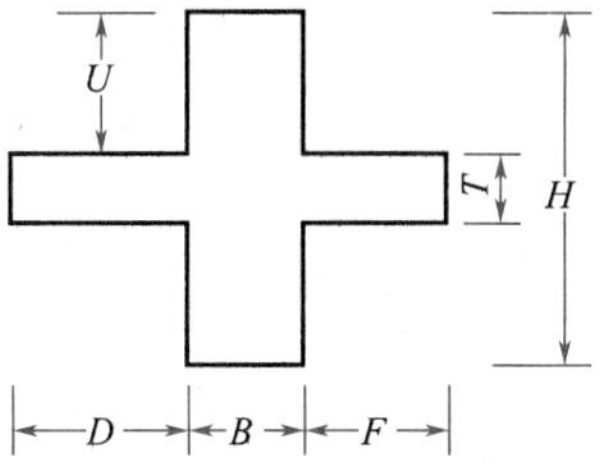	10	交叉工字形	钢 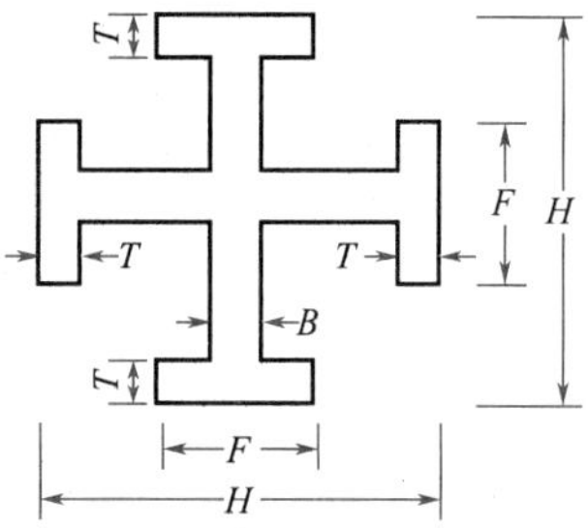
7	箱形	钢 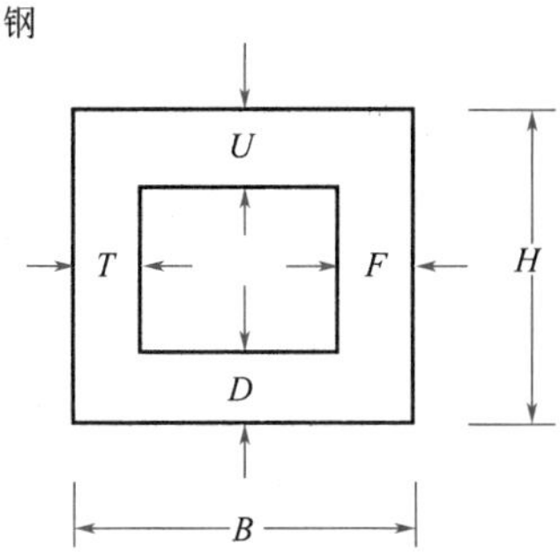	11	梯形	钢 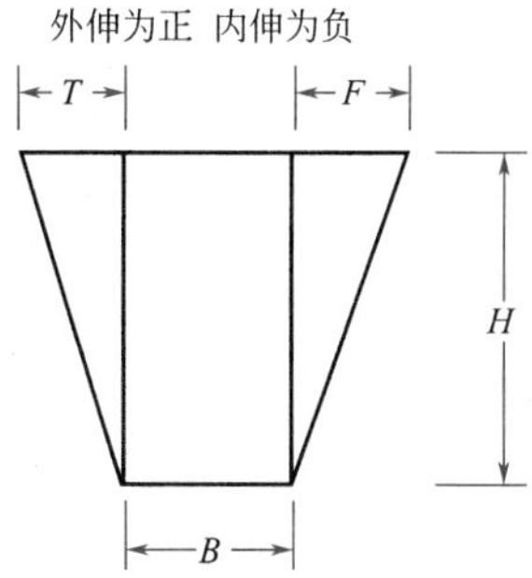 外伸为正　内伸为负
8	圆环	钢管 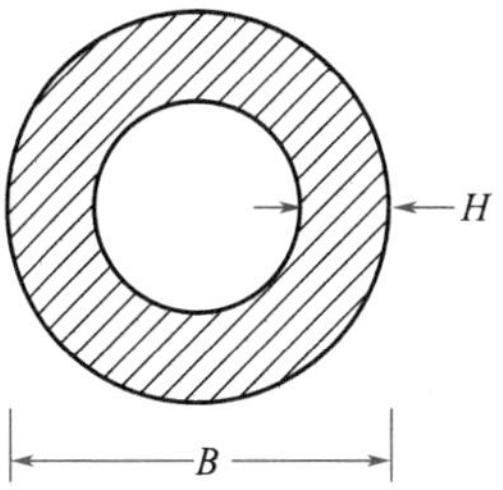	12	钢管混凝土	钢管混凝土 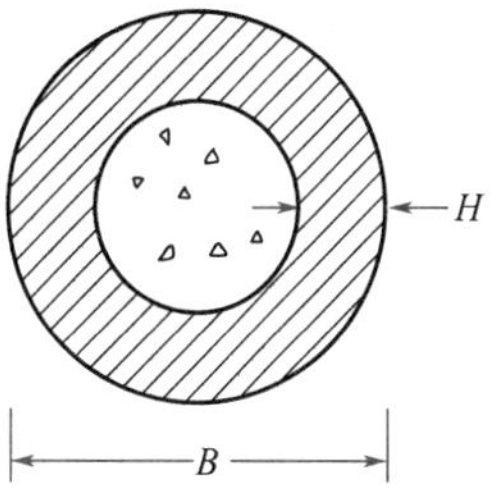
9	双槽形	钢 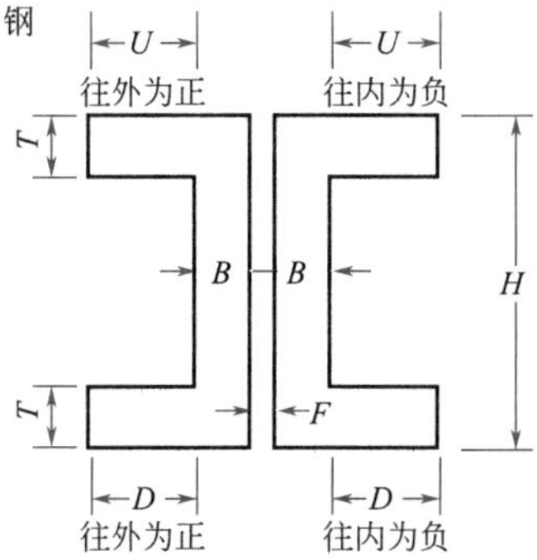 往外为正　往内为负 往外为正　往内为负	13	型钢混凝土（矩形混凝土包工字形钢）	型钢混凝土 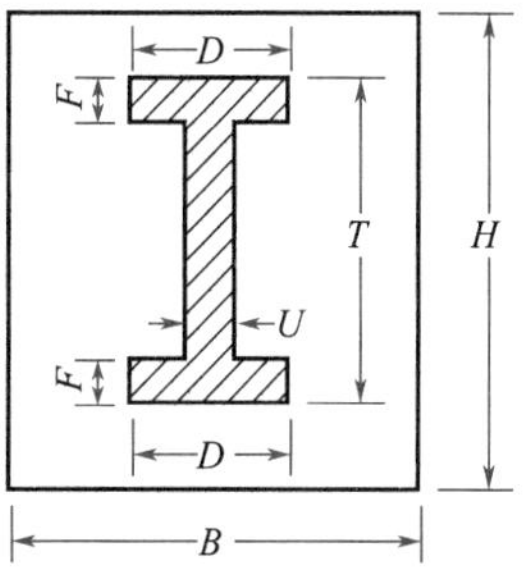

类型	名 称	图 示	类型	名 称	图 示
14	型钢混凝土（矩形混凝土包箱形钢）	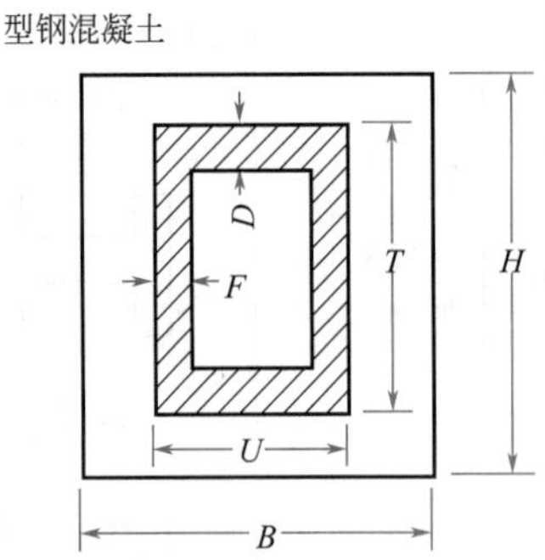 型钢混凝土	18	焊接箱形2	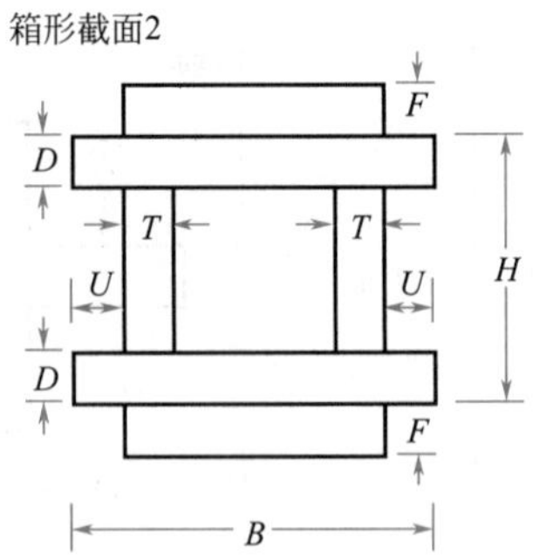 箱形截面2
15	型钢混凝土（矩形混凝土包交叉工字形钢）	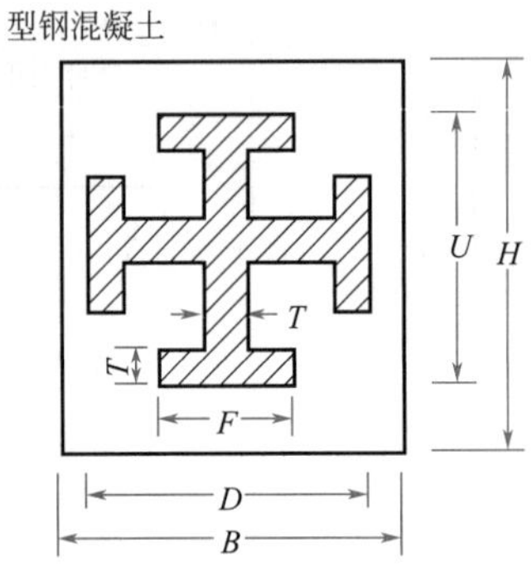 型钢混凝土	19	方钢管混凝土	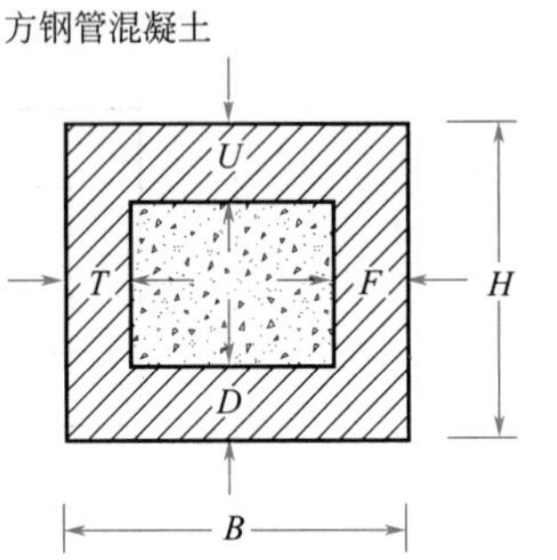 方钢管混凝土
16	型钢混凝土（矩形混凝土包圆环钢）	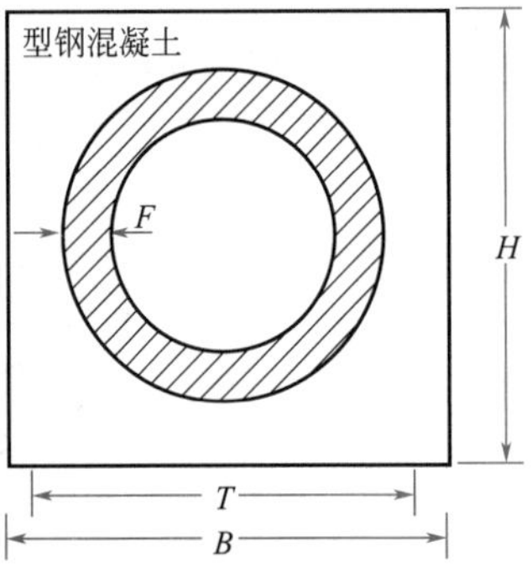 型钢混凝土	21	高频焊接H型钢	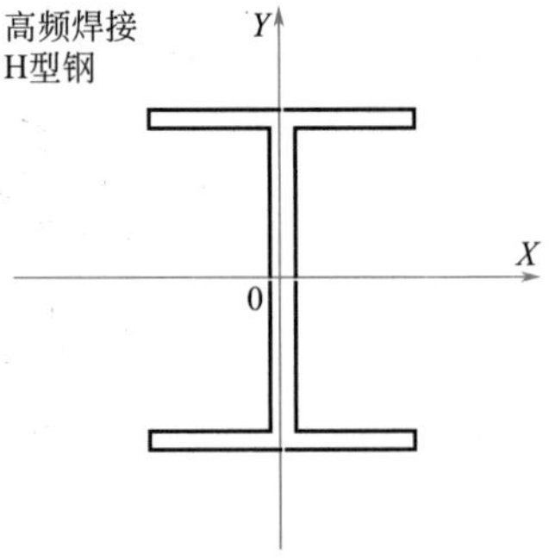 高频焊接H型钢
17	焊接箱形1	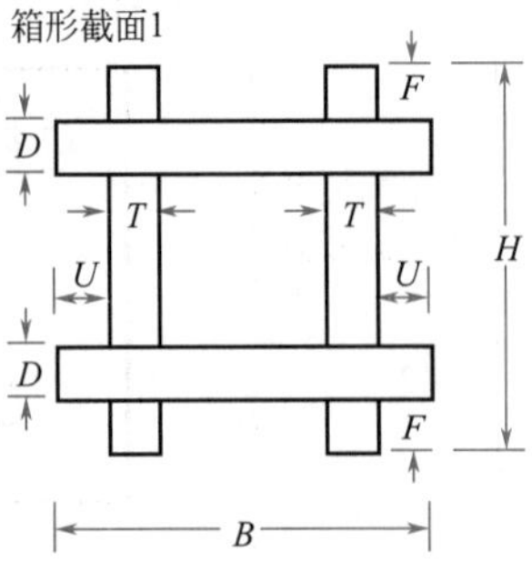 箱形截面1	30	热轧等边角钢和不等边角钢	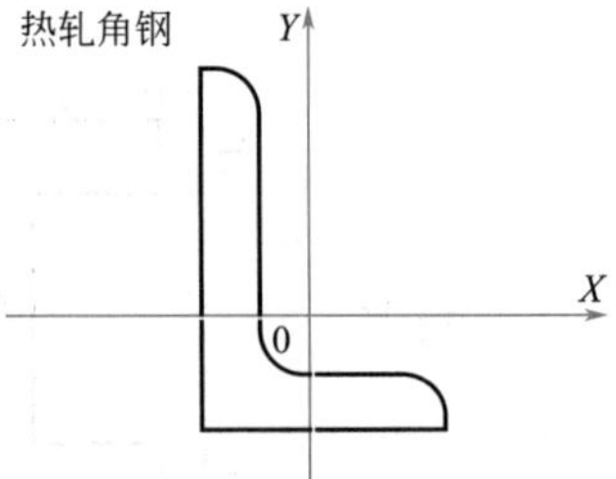 热轧角钢

类型	名　称	图　示	类型	名　称	图　示
31	热轧工字钢	热轧工字钢 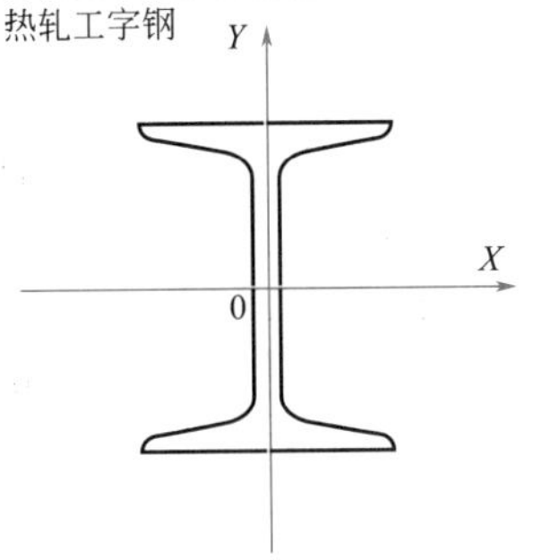	44	热轧双槽钢-底边拼接	热轧双槽钢底边拼接 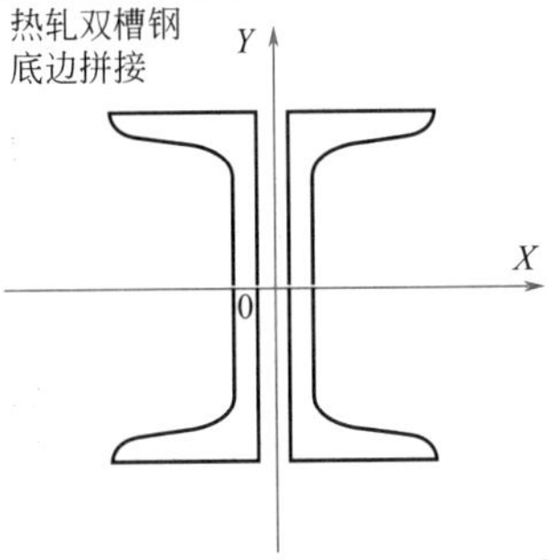
32	热轧槽钢	热轧槽钢 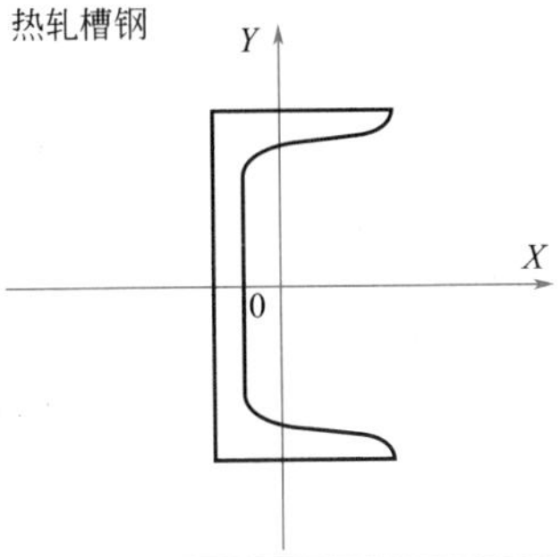	45	热轧双槽钢-翼缘顶接	热轧双槽钢翼缘顶接 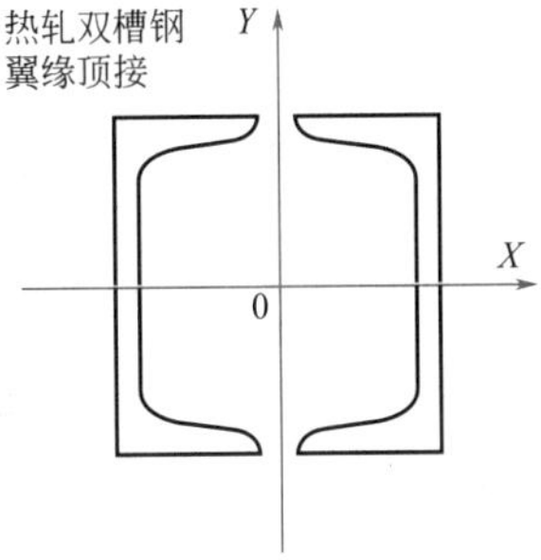
33	热轧 H 型钢	H型钢 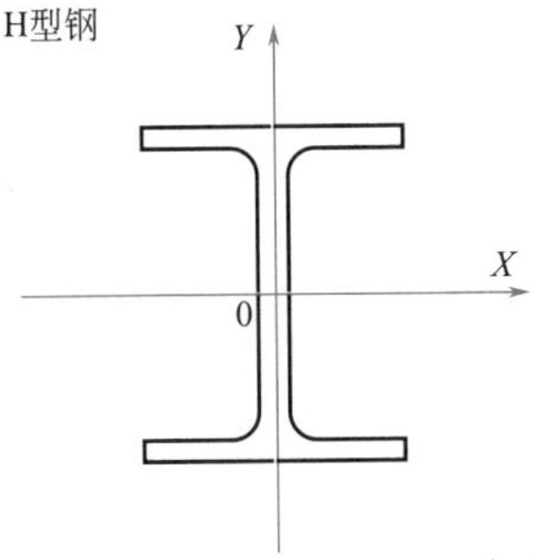	71	实腹式型钢组合（热轧工字钢上焊钢板）	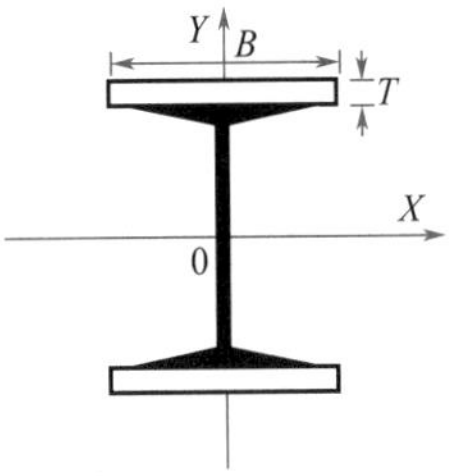
34	剖分 T 型钢	T型钢 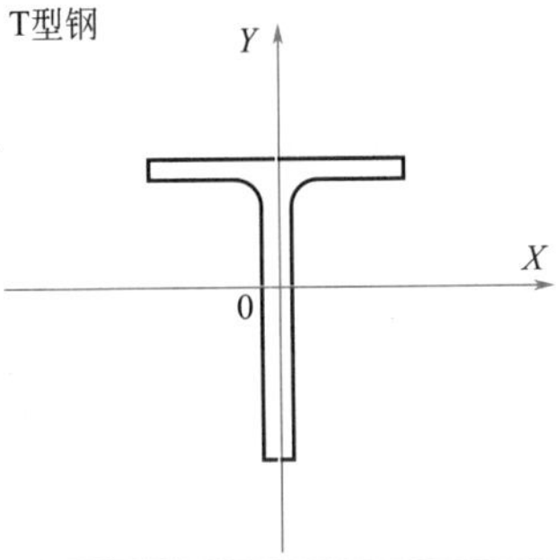	72	实腹式型钢组合（热轧双槽钢加钢板）	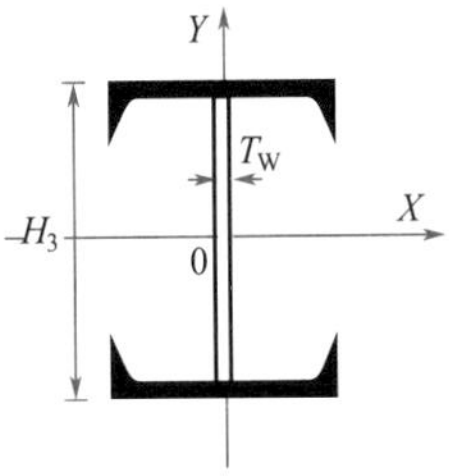
40	热轧双角钢（等边角钢拼接、不等边角钢长、短边拼接）	热轧双角钢两肢拼接 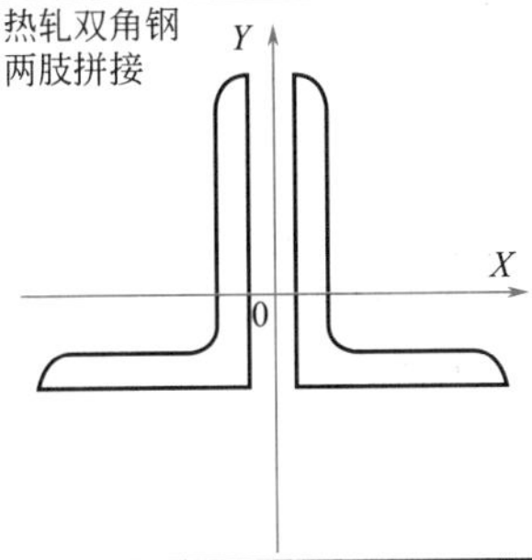	73	实腹式型钢组合（热轧槽钢＋热轧工字钢或热轧 H 型钢＋钢板）	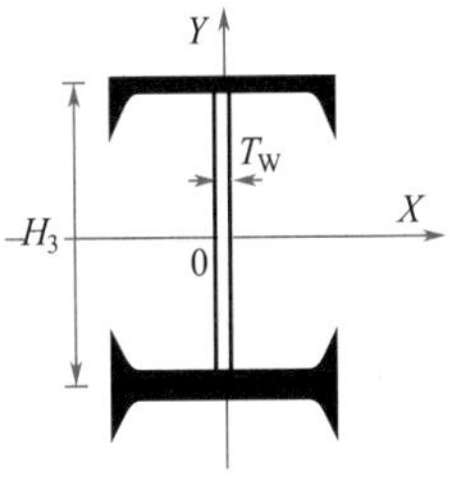

类型	名　称	图　示	类型	名　称	图　示
74	实腹式型钢组合（热轧双工字钢或热轧双H型钢加钢板）	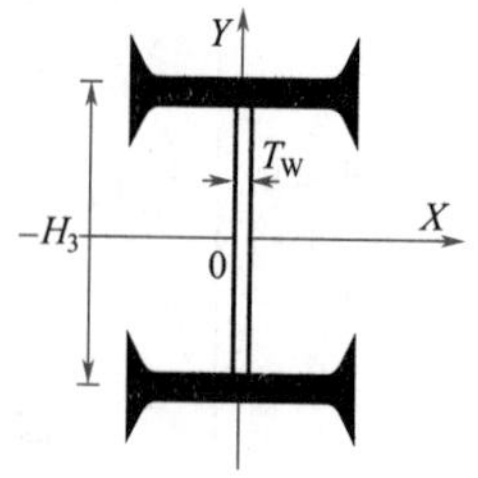	79	实腹式型钢组合（热轧双角钢带钢板＋焊接工字钢＋钢板）	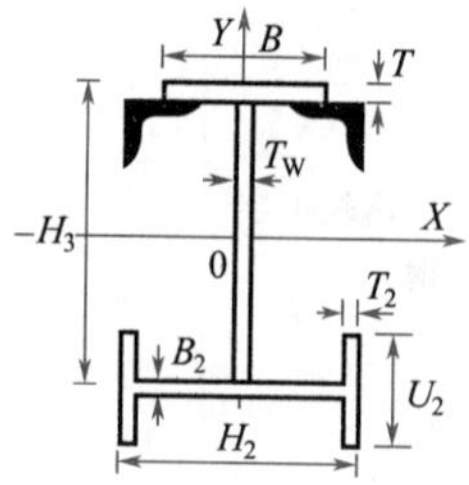
75	实腹式型钢组合（热轧双角钢带钢板＋热轧工字钢或热轧H型钢＋钢板）	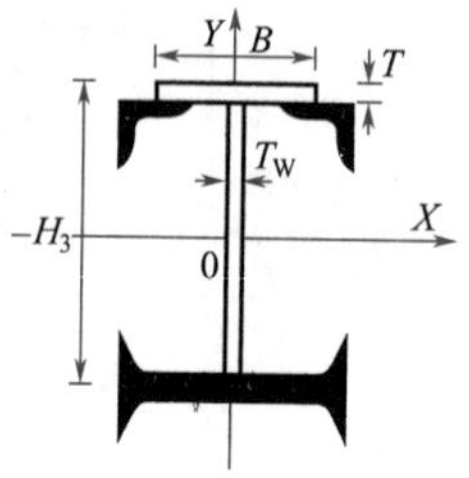	80	实腹式型钢组合（钢板＋焊接工字钢＋钢板）	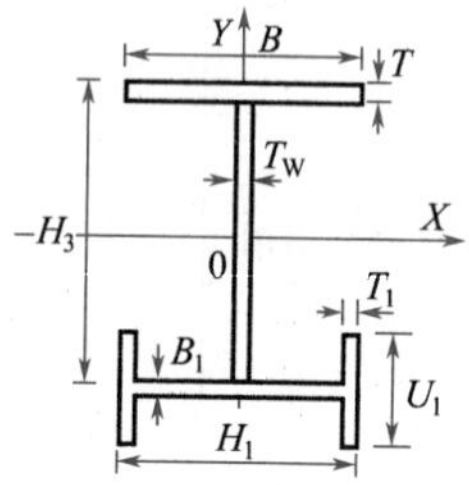
76	实腹式型钢组合（热轧双槽钢＋热轧工字钢或热轧H型钢）	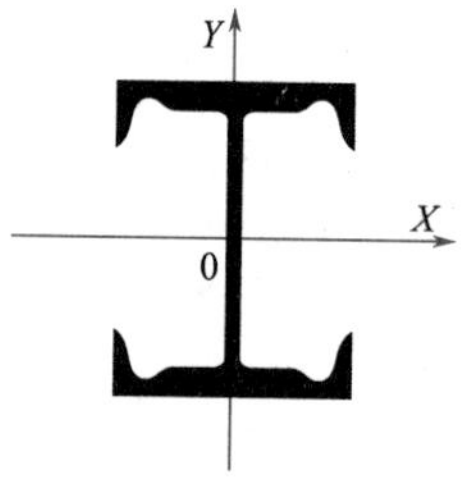	81	实腹式型钢组合（焊接槽钢＋焊接工字钢＋钢板）	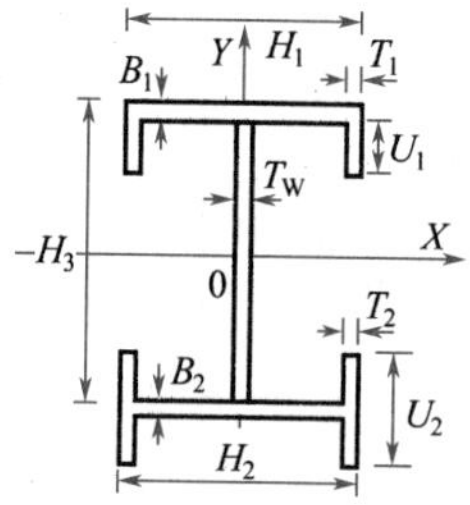
77	实腹式型钢组合（焊接双工字钢＋钢板）	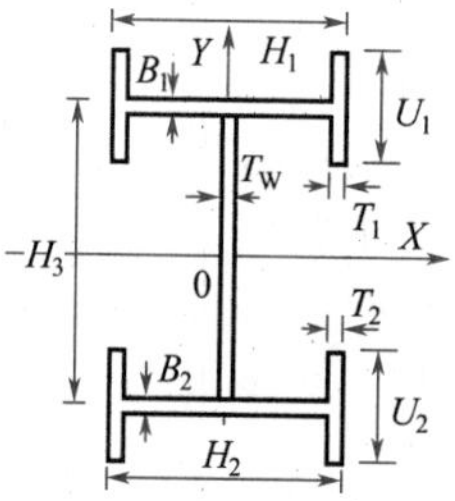	82	实腹式型钢组合（钢板＋焊接箱形钢＋钢板）	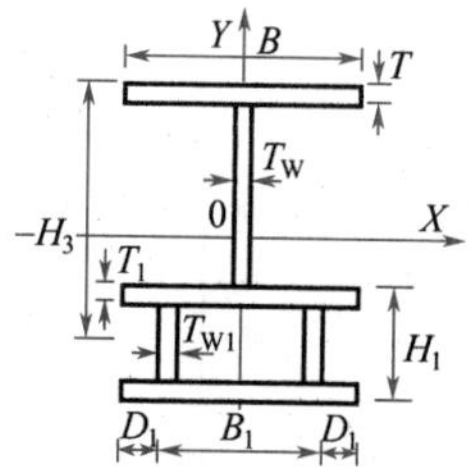
78	实腹式型钢组合（钢板＋热轧工字钢或热轧H型钢＋钢板）	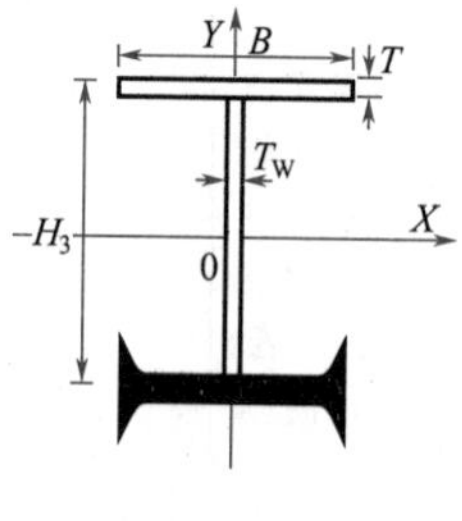	83	实腹式型钢组合（钢板＋钢管＋钢板）	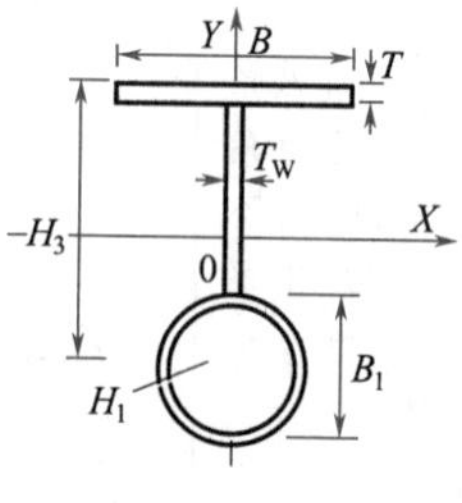

类型	名　称	图　示	类型	名　称	图　示
84	热轧工字钢加强钢板焊接箱形截面	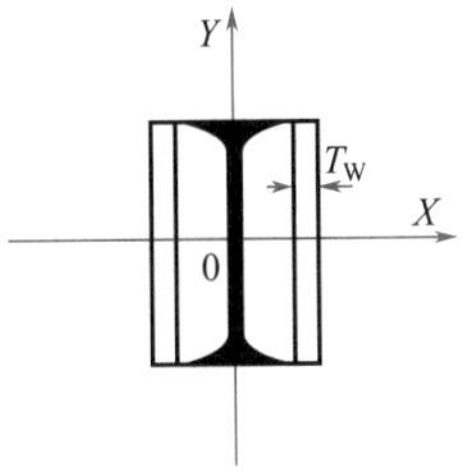	134	格构式型钢热轧双槽钢截面-底边拼接（工字形）	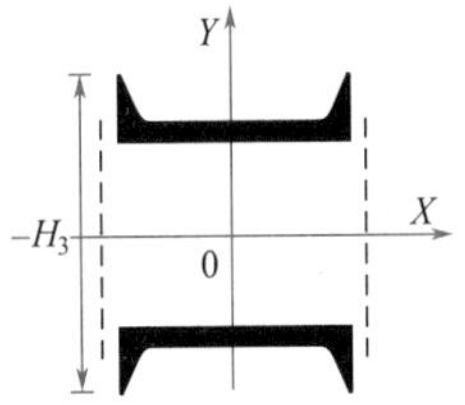
86	双热轧工字钢加强钢板焊接箱形截面	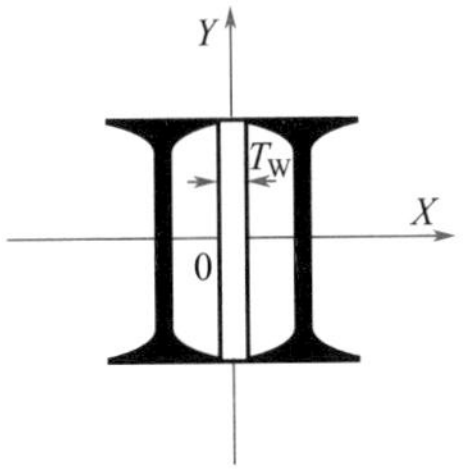	135	格构式型钢热轧双槽钢截面-翼缘顶接（矩形）	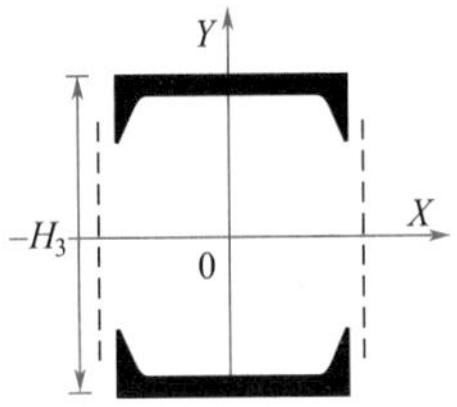
131	格构式型钢组合（热轧双角钢带钢板＋热轧工字钢或热轧 H 型钢）	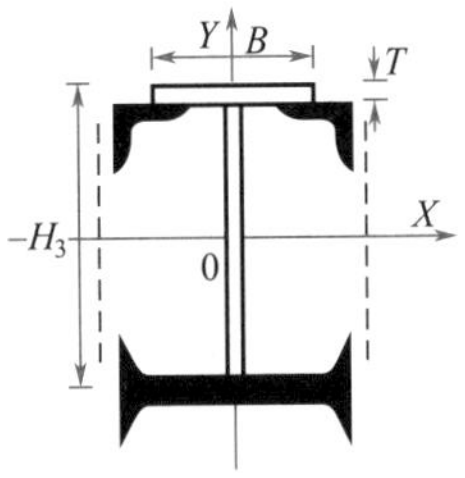	136	格构式型钢热轧四角钢截面-翼缘顶接（矩形），短边是 B 边	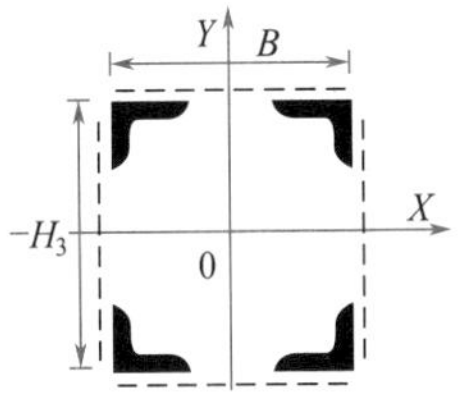
132	格构式型钢组合（热轧槽钢＋热轧工字钢或热轧 H 型钢）	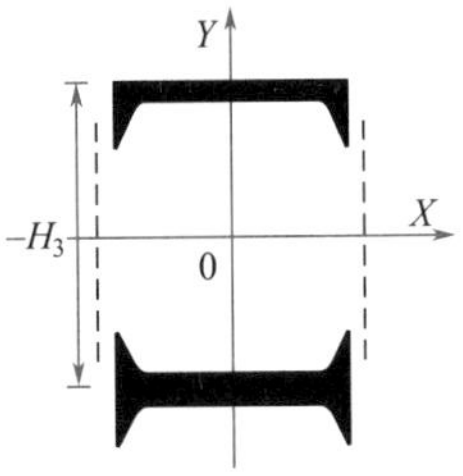	137	格构式型钢组合（圆管组合）	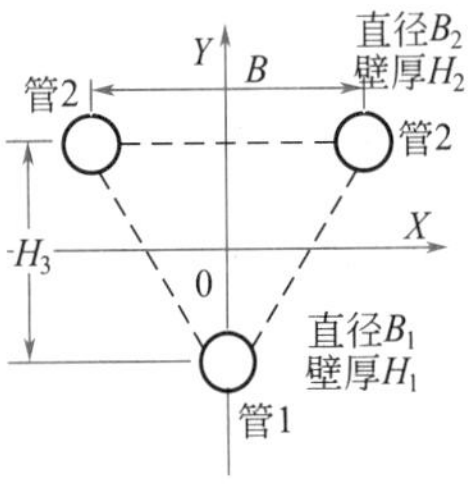
133	格构式型钢组合（热轧双工字钢或热轧双 H 型钢）	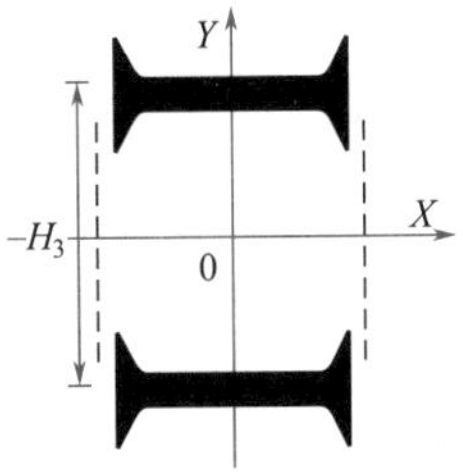	139	格构式型钢组合（热轧双角钢带钢板＋焊接工字钢）	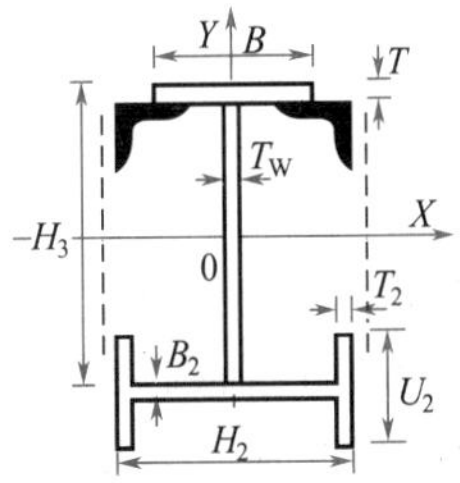

第 2 章　柱的设计

43

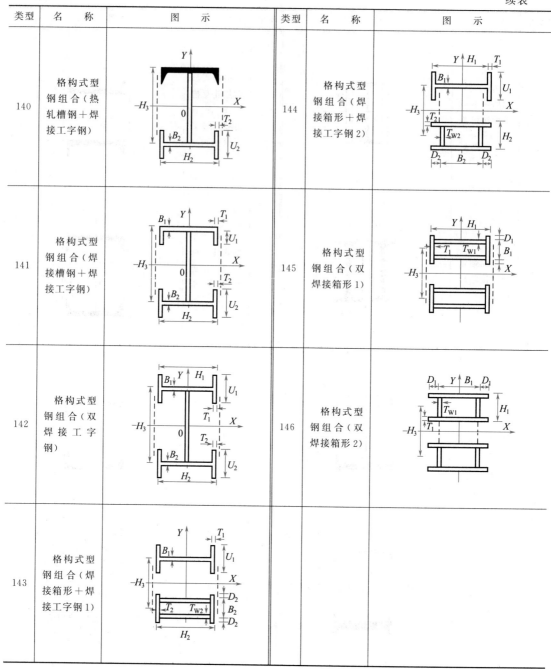

类型	名 称	图 示	类型	名 称	图 示
140	格构式型钢组合（热轧槽钢＋焊接工字钢）		144	格构式型钢组合（焊接箱形＋焊接工字钢2）	
141	格构式型钢组合（焊接槽钢＋焊接工字钢）		145	格构式型钢组合（双焊接箱形1）	
142	格构式型钢组合（双焊接工字钢）		146	格构式型钢组合（双焊接箱形2）	
143	格构式型钢组合（焊接箱形＋焊接工字钢1）				

2.4　柱的各种荷载类型

在录入系统中点按"加柱荷载"的参数窗口，弹出如图2-54所示对话框，一个荷载由4项内容组成：荷载类型、荷载方向、荷载值和所属工况。

有10种荷载类型，均匀升温不需方向，风类型的荷载方向由所选工况决定，风荷载工况数由"总体信息-风计算信息"中的风方向决定，其他荷载的方向可以有6个：局部坐标

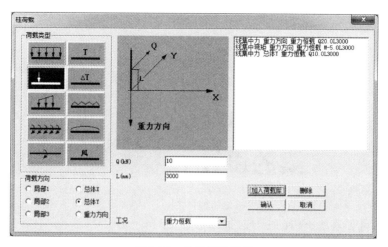

图 2-54　柱荷载对话框

的 1、2、3 轴和总体坐标的 X、Y、$-Z$（重力方向）轴，可选择的 12 种工况为：重力恒、重力活、水压力、土压力、预应力、雪、升温、降温、人防、施工、消防和风荷载。

录入系统的右下角双击鼠标左键可显示或隐去墙柱梁板的局部坐标（图 2-55），柱的局部坐标如图 2-55，沿柱宽 B 方向为局部 1 轴，沿柱高 H 方向为局部 2 轴，沿柱长方向为局部 3 轴。GSSAP 以此局部坐标方向输出柱内力。

墙局部坐标定义同柱，截面宽 B 方向为局部 1 轴，截面高 H 方向为局部 2 轴。

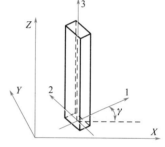

图 2-55　柱局部坐标

2.5　本章总结

一个结构可由柱、梁、板、墙和斜杆组成，柱是应用广泛的竖向构件之一。
① 在一定的荷载作用下柱产生变形；
② 柱的钢筋和混凝土共同抵抗相应的轴力、弯矩和剪力；
③ 大样或表格来绘制柱的施工图。

思考题

1. 本章算例中把矩形柱改小为 300mm×350mm，其他条件相同，在主控菜单［图形方式］中查看位移和内力，与 400mm×500mm 时的位移和内力比较，在主控菜单［文本方式］中查看是否有超筋超限信息，采用 GSPLOT 自动绘制 300mm×350mm 柱的施工图。

2. 本章算例中把矩形柱改为直径 400mm 的圆柱，其他条件相同，在主控菜单［图形方式］中查看位移和内力，与 400mm×500mm 时的位移和内力比较，在主控菜单［文本方式］中查看是否有超筋超限信息，最后采用 GSPLOT 自动绘制的圆柱施工图。

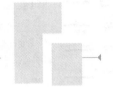

第3章
梁的设计

结构BIM应用教程

通过学习本章四合院大门的设计，你将能够：

1）计算梁的受力和变形，加强结构力学中关于结构体系的受力概念；

2）学会认识和绘制梁的施工图，了解梁构件受力和施工图绘制之间的关系。

四合院大门（图3-1）对应的计算模型如图3-2，两根柱和一条梁组成一个结构。

图3-1　四合院大门

图3-2　计算模型

3.1　梁的力学计算

通过学习本节四合院大门的力学计算，你将能够：

1）掌握梁的尺寸和材料；

2）了解结构的边界条件；

3）清楚梁常见的受荷情况；

4）学会手工计算和软件计算结构的位移和内力。

3.1.1 矩形梁的尺寸和材料

如图 3-3 所示,矩形梁是一个长方体,截面尺寸 $b \times h$,长 L。

钢筋混凝土梁包含两种材料:混凝土和钢筋。

3.1.2 梁的边界条件

一个结构由节点和构件组成,如图 3-4 所示,框架有 3 个节点:①、②和③,有 3 个构件:柱 A、斜杆 B 和梁 C。

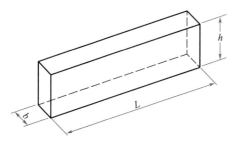

图 3-3 矩形梁的尺寸

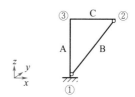

图 3-4 结构节点和杆件关系图

一个结构每个节点有 6 个位移变量即 6 个自由度:3 个平移 u_j、v_j 和 w_j,3 个转动 θ_x、θ_y 和 θ_z,边界条件指的是对节点和杆件端部位移的指定。

一个结构的边界条件可分解为两部分:支座边界条件和构件边界条件。支座边界条件用于指定节点的位移,构件边界条件用于规定构件端部与节点的连接关系:刚接或铰接。

如图 3-4,节点①的边界条件为嵌固,节点①的 XYZ 平动和转动位移为零,柱 A 下端与节点①刚接,柱 A 下端弯矩不为零,斜杆 B 下端与节点①铰接,斜杆下端可自由转动,下端弯矩为零。

如图 3-2 组成的门,梁两端和柱上下端与节点的连接关系为刚接,柱下端节点位移为零。

3.1.3 梁的荷载

梁的荷载(图 3-5)通常来源于 4 个方面:

1)梁本身自重的均布荷载;

2)梁上物体自重的均布荷载;

3)交叉梁的集中力;

4)板荷载。

四合院大门梁的荷载包括梁本身自重和门顶上装饰物的自重。

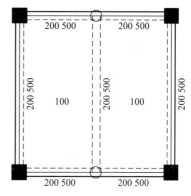

图 3-5 梁柱板结构

3.1.4 梁的位移和内力计算

结构力学中位移法可求解静定和超静定结构的位移和构件的内力,是最常用的计算方法。梁端节点位移包括:3 个平移 u_j、v_j 和 w_j,3 个转动 θ_x、θ_y 和 θ_z。梁内力包括:左中右端的弯矩 M_y、左右端的剪力 V_z,扭矩 T。

位移法求解分为 3 个步骤:

1)根据构件端的力和位移平衡方程,形成单元刚度和荷载项;

2)组集总体刚度和总体等效荷载,形成整个结构位移方程,求节点位移;

3）位移回代构件端的力和位移平衡方程，求构件内力。

3.1.4.1　空间三维杆单元的单元刚度

柱、梁及支撑（包括斜柱、斜梁等）均为一维构件，采用三维杆单元来计算。单元局部坐标系如图 3-6 所示。

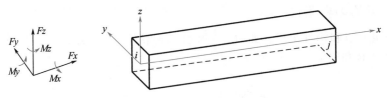

图 3-6　一维构件的局部坐标

如上图假定在 i 端的内力及位移为：

$$\{F_c\}^e = \{F_i^e, F_j^e\}_c$$

$$\{\delta_c\}^e = \{\delta_i^e, \delta_j^e\}_c$$

则单元的平衡方程为：

$$\{F\}^e = [K]^e\{\delta\}^e$$

其中

$$\{F\}^e = \{F_i^e, F_j^e\}$$

$$\{\delta\}^e = \{\delta_i^e, \delta_j^e\}$$

$$[K]^e = \begin{bmatrix}
C_1 & & & & & & -C_1 & & & & & \\
& C_2 & & & & C_8 & & -C_2 & & & & C_8 \\
& & C_3 & & -C_7 & & & & -C_3 & & -C_7 & \\
& & & C_4 & & & & & & -C_4 & & \\
& & -C_7 & & C_5 & & & & C_7 & & C_9 & \\
& C_8 & & & & C_6 & & -C_8 & & & & C_{10} \\
-C_1 & & & & & & C_1 & & & & & \\
& -C_2 & & & & -C_8 & & C_2 & & & & -C_8 \\
& & -C_3 & & C_7 & & & & C_3 & & C_7 & \\
& & & -C_4 & & & & & & C_4 & & \\
& & -C_7 & & C_9 & & & & C_7 & & C_5 & \\
& C_8 & & & & C_{10} & & -C_8 & & & & C_6
\end{bmatrix}$$

$$C_1 = \frac{EA}{L} \qquad C_2 = \frac{12EI_z}{(1+\varphi_z)L^3} \qquad C_3 = \frac{12EI_y}{(1+\varphi_y)L^3} \qquad C_4 = \frac{GI_x}{L}$$

$$C_5 = \frac{(4+\varphi_y)EI_y}{(1+\varphi_y)L} \qquad C_6 = \frac{(4+\varphi_z)EI_z}{(1+\varphi_z)L} \qquad C_7 = \frac{6EI_y}{(1+\varphi_y)L^2} \qquad C_8 = \frac{6EI_z}{(1+\varphi_z)L^2}$$

$$C_9 = \frac{(2-\varphi_y)EI_y}{(1+\varphi_y)L} \qquad C_{10} = \frac{(2-\varphi_z)EI_z}{(1+\varphi_z)L} \qquad \varphi_z = \frac{12\mu_y EI_z}{GAL^2} \qquad \varphi_y = \frac{12\mu_z EI_y}{GAL^2} \qquad (3-1)$$

$$I_x = b^3 h \left[\frac{1}{3} - 0.21\beta\left(1 - \frac{\beta^4}{12}\right)\right] \qquad (3-2)$$

$$I_y = \frac{bh^3}{12} \qquad (3-3)$$

$$I_z = \frac{hb^3}{12} \qquad (3-4)$$

$$G = \frac{E}{2(1+\mu)} \qquad\qquad\qquad\qquad (3\text{-}5)$$

式中　　　L——杆件长；

A——截面面积，矩形截面等于 $b \times h$；

E——弹性模量；

G——剪切模量；

μ——泊松比，对于混凝土材料为 0.2；

I_x，I_y，I_z——杆件绕 x，y，z 轴惯性矩；

b——截面宽；

h——截面高；

β——截面短边与长边之比；

μ_y，μ_z——剪切不均匀系数；

φ_y，φ_z——剪切影响系数。

为方便手工计算，不考虑剪切不均匀系数，剪切影响系数 $\varphi_y = \varphi_z = 0$ 时，得到如下简化公式：

$$C_1 = \frac{EA}{L} \qquad C_2 = \frac{12EI_z}{L^3} \qquad C_3 = \frac{12EI_y}{L^3} \qquad C_4 = \frac{GI_x}{L}$$

$$C_5 = \frac{4EI_y}{L} \qquad C_6 = \frac{4EI_z}{L} \qquad C_7 = \frac{6EI_y}{L^2} \qquad C_8 = \frac{6EI_z}{L^2}$$

$$C_9 = \frac{2EI_y}{L} \qquad C_{10} = \frac{2EI_z}{L}$$

3.1.4.2　杆单元的等效荷载

杆单元两端嵌固，根据材料力学公式，把杆上荷载转化为等效节点荷载。

等效节点荷载按如表 3-1 求解，等效节点荷载正负号与支座反力相反。

3.1.4.3　边界条件的处理

位移法处理边界条件的方法是用如下凝聚方法去掉有关的自由度。边界条件包括：

1）构件与节点的连接关系，如铰接；

2）节点的位移。

何时处理？

1）构件与节点的连接关系凝聚在局部坐标下的单元刚度中进行；

2）节点的位移在总体坐标下的总体刚度中进行。

凝聚方法如下：

$$Ku = R$$

或以下标符方式表示为：

$$\sum_{j=1}^{N} K_{ij} u_j = R_i \quad i = 1, 2, 3, \cdots, N$$

如果某一个特定位移 u_n 是已知的和已被指定，它的对应荷载或反力 R_n 则是未知的。因此，$N-1$ 阶平衡方程将写成：

$$\sum_{j=1}^{n-1} K_{ij} u_j = R_i - K_{in} u_n \quad i = 1, 2, 3, \cdots, n-1$$

$$\sum_{j=n+1}^{N} K_{ij} u_j = R_i - K_{in} u_n \quad i = n+1, n+2, \cdots, N$$

表 3-1 支座反力、截面剪力和弯矩表

简图	支座反力	区段	剪力	弯矩
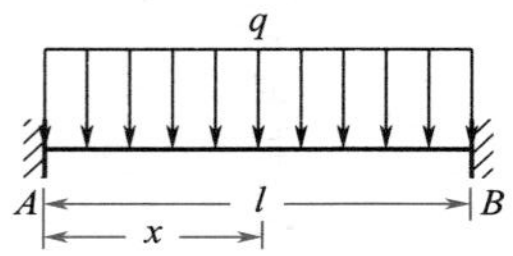 简图1	$R_A=ql/2$ $R_B=ql/2$ $M_A=-ql^2/12$ $M_B=ql^2/12$	AB	$Q_x=-R_A+qx$	$M_x=M_A-qx^2/2$
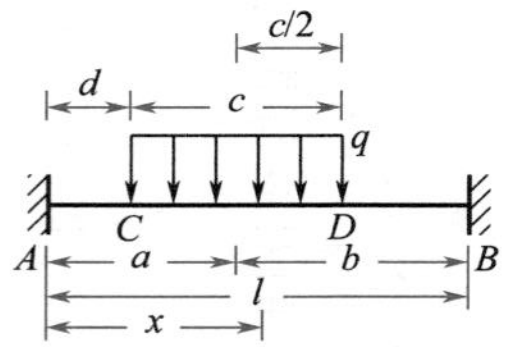 简图2	$R_A=qc(12b^2l-8b^3+c^2l-2bc^2)/4l^3$ $R_B=qc-R_A$ $M_A=-qc(12ab^2-3bc^2+c^2l)/12l^2$ $M_B=qc(12a^2b+3bc^2-2c^2l)/12l^2$	AC CD DB	$Q_x=-R_A$ $Q_x=-R_A+q(x-d)$ $Q_x=R_B$	$M_x=M_A+R_Ax$ $M_x=M_A+R_Ax-q(x-d)^2/2$ $M_x=-M_B+R_B(l-x)$
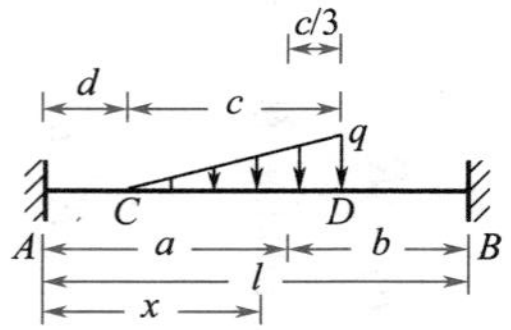 简图3	$R_A=qc(18b^2l-12b^3+c^2l-2bc^2-4c^3/45)/12l^3$ $R_B=qc/2-R_A$ $M_A=-qc(18ab^2-3bc^2+c^2l-2c^2l/15)/36l^2$ $M_B=qc(18a^2b+3bc^2-2c^2l+2c^3/15)/36l^2$	AC CD DB	$Q_x=-R_A$ $Q_x=-R_A+q(x-d)^2/2c$ $Q_x=R_B$	$M_x=M_A+R_Ax$ $M_x=M_A+R_Ax-q(x-d)^3/6c$ $M_x=-M_B+R_B(l-x)$
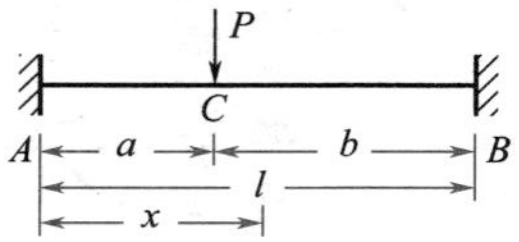 简图4	$R_A=Pb^2(l+2a)/l^3$ $R_B=Pa^2(1+2b)/l^3$ $M_A=-Pab^2/l^2$ $M_B=Pa^2b/l^2$	AC CB	$Q_x=-R_A$ $Q_x=R_B$	$M_x=M_A+R_Ax$ $M_x=-M_B+R_B(l-x)$
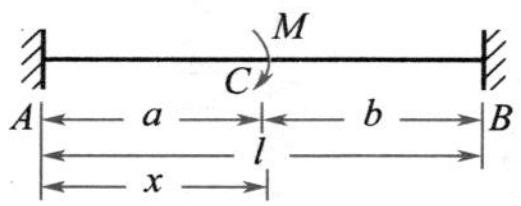 简图5	$R_A=6Mab/l^3$ $R_B=-6Mab/l^3$ $M_A=-Mb(3b-2l)/l^3$ $M_B=-Ma(3a-2l)/l^3$	AC CB	$Q_x=-R_A$ $Q_x=R_B$	$M_x=M_A+R_Ax$ $M_x=-M_B+R_B(l-x)$

或简化为：

$$\overline{Ku}=R$$

δ_2 为边界条件有关的位移，凝聚过程写成矩阵形式如下：

$$\begin{bmatrix} K_{11} & K_{12} \\ K_{21} & K_{22} \end{bmatrix} \begin{Bmatrix} \delta_1 \\ \delta_2 \end{Bmatrix} = \begin{Bmatrix} R_1 \\ R_2 \end{Bmatrix}$$

展开如下：

$$K_{11}\delta_1 + K_{12}\delta_2 = R_1$$
$$K_{21}\delta_1 + K_{22}\delta_2 = R_2$$

求得，$\delta_2 = K_{22}{}^{T}R_2 - K_{22}{}^{T}K_{21}\delta_1$

代入得：$(K_{11} - K_{12}K_{22}{}^{T}K_{21})\delta_1 = R_1 - K_{12}K_{22}{}^{T}R_2$

$$\overline{Ku}=R$$
$$\overline{K}=K_{11}-K_{12}K_{22}^{T}K_{21}$$
$$\overline{u}=\delta_1$$
$$R=R_1-K_{12}K_{22}^{T}R_2$$

若指定的节点位移为零，此节点位移对应的方程可在位移求解中扔掉，减少方程个数，方便求解。

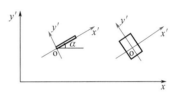

图 3-7 梁柱的夹角

3.1.4.4 局部到整体坐标系的转换矩阵

节点位移描述是在总体坐标下的，总刚也应是总体坐标下的，而单刚是建立在局部坐标系下的，所以单刚组集到总刚前要从局部坐标变换到总体坐标，梁、柱的局部坐标与结构的整体坐标系之间关系如图 3-7 所示。

$$[T]=\begin{bmatrix} [T_e] & \\ & [T_e] \end{bmatrix}$$

其中

$$[T_e]=\begin{bmatrix} \cos a & \sin a & & & \\ -\sin a & \cos a & & & \\ & & 1 & & \\ & & & \cos a & \sin a \\ & & & -\sin a & \cos a \end{bmatrix}$$

3.1.4.5 结构的总刚度矩阵及结构整体平衡方程

在结构的整体坐标系，构件单元的平衡方程可写成：

$$[T]^{T}[K_i]^{e}[T][T]^{T}\{\delta_i\}^{e}=[T]^{T}\{F_e\}^{e}$$
$$[T][T]^{T}=[1]$$
$$[K_i]\{\delta_i\}=\{F_i\}$$

式中 $[K_i]$、$\{\delta_i\}$、$\{F_i\}$——在整体坐标下的单元刚度矩阵、位移向量和节点内力向量。

$[K_i]$、$\{\delta_i\}$ 和 $\{F_i\}$ 与局部坐标下的 $[K_i]^{e}$、$\{\delta_i\}^{e}$ 和 $\{F_i\}^{e}$ 的关系如下：

$$[K_i]=[T]^{T}[K_i]^{e}[T]$$
$$[\delta_i]=[T]^{T}[\delta_i]^{e}$$
$$\{F_i\}=[T]^{T}\{F_i\}^{e}$$

式中 $[T]$——由局部坐标到结构整体坐标系的转换矩阵。

按照刚度叠加原则，可得到结构的总刚度矩阵 $[K]$ 及相应的整体平衡方程：

$$[K][\delta]=[P]$$

3.1.4.6 构件的内力计算

在求得结构整体坐标下的位移向量 $[\delta]$ 后，对于柱、梁、支撑等构件，按照各杆端对应的自由度号取出各杆端位移 $\{\delta_i\}$，然后，可按下式求出左右端位移产生的杆左右端内力中部线性插值：

$$[F_i]^e=[K_i]^e[T]\{\delta_i\}$$

再叠加左右端嵌固下按材料力学的解析公式求解的各截面的内力。

构件各截面的内力=端部位移产生的内力+荷载左右端嵌固下的内力。

左右端嵌固下按材料力学的解析公式如表 3-1 求解。

3.1.4.7 手工计算梁的内力

几何：柱截面尺寸 $b \times h = 400 \times 400 (\text{mm}^2)$，柱高 $H = 3000\text{mm}$，梁截面尺寸，$b \times h = 200 \times 500 (\text{mm}^2)$，梁长 $L = 4000\text{mm}$；

荷载：容重 25kN/m^3，梁上均布恒载 10kN/m；

材料：柱梁混凝土等级 C30，钢筋强度 360N/mm^2。

计算梁左右端弯矩和左右端剪力。

为方便计算，将所有计算单位换算成标准单位，其中尺寸为 m，荷载为 kN。

查表得 C30 混凝土：

$$E=3.0\times10^4\text{N/mm}^2=3.0\times10^7\text{kN/m}^2$$

$$G=\frac{E}{2(1+\mu)}=\frac{3.0\times10^7}{2(1+0.2)}=1.25\times10^7(\text{kN/m}^2)$$

（1）求解梁局部坐标下刚度矩阵

$A=0.2\times0.5=0.1(\text{m}^2)$

$\beta=0.2/0.5=0.4$

$I_x=b^3h\left[\frac{1}{3}-0.21\beta\left(1-\frac{\beta^4}{12}\right)\right]=0.2^3\times0.5\left[\frac{1}{3}-0.21\times0.4\times\left(1-\frac{0.4^4}{12}\right)\right]=4\times10^{-3}\times0.2495$

$I_y=\frac{bh^3}{12}\times\frac{0.2\times0.5^3}{12}=\frac{125}{6}\times10^{-4}$

$I_z=\frac{0.2^3\times0.5}{12}=\frac{10}{3}\times10^{-4}$

$C_1=\frac{3\times10^7\times0.1}{4}=750\times10^3$

$C_2=\frac{12\times3\times10^7\times(10/3)\times10^{-4}}{4^3}=1.875\times10^3$

$C_3=\frac{12\times3\times10^7\times(125/6)\times10^{-4}}{4^3}=11.71875\times10^3$

$C_4=\frac{1.25\times10^7\times4\times10^{-3}\times0.249512333}{4}=3.118904163\times10^3$

$C_5=\frac{4\times3\times10^7\times(125/6)\times10^{-4}}{4}=62.5\times10^3$

$C_6=\frac{4\times3\times10^7\times(10/3)\times10^{-4}}{4}=10\times10^3$

$$C_7 = \frac{6 \times 3 \times 10^7 \times (125/6) \times 10^{-4}}{4^2} = 23.4375 \times 10^3$$

$$C_8 = \frac{6 \times 3 \times 10^7 \times (10/3) \times 10^{-4}}{4^2} = 3.75 \times 10^3$$

$$C_9 = \frac{2 \times 3 \times 10^7 \times (125/6) \times 10^{-4}}{4} = 31.25 \times 10^3$$

$$C_{10} = \frac{2 \times 3 \times 10^7 \times (10/3) \times 10^{-4}}{4} = 5 \times 10^3$$

将 $C_1 \sim C_{10}$ 代入单刚，得到梁局部坐标下刚度矩阵（位移单位为 mm）：

$$[K]^e = \begin{bmatrix}
750 & 0 & 0 & 0 & 0 & 0 & -750 & 0 & 0 & 0 & 0 & 0 \\
0 & 1.875 & 0 & 0 & 0 & 3.75 & 0 & -1.875 & 0 & 0 & 0 & 3.75 \\
0 & 0 & 11.71875 & 0 & -23.4375 & 0 & 0 & 0 & -11.71875 & 0 & -23.4375 & 0 \\
0 & 0 & 0 & 3.11890 & 0 & 0 & 0 & 0 & 0 & -3.11890 & 0 & 0 \\
0 & 0 & -23.4375 & 0 & 62.5 & 0 & 0 & 0 & 23.4375 & 0 & 31.25 & 0 \\
0 & 3.75 & 0 & 0 & 0 & 10 & 0 & -3.75 & 0 & 0 & 0 & 5 \\
-750 & 0 & 0 & 0 & 0 & 0 & 750 & 0 & 0 & 0 & 0 & 0 \\
0 & -1.875 & 0 & 0 & 0 & -3.75 & 0 & 1.875 & 0 & 0 & 0 & -3.75 \\
0 & 0 & -11.71875 & 0 & 23.4375 & 0 & 0 & 0 & 11.71875 & 0 & 23.4375 & 0 \\
0 & 0 & 0 & -3.11890 & 0 & 0 & 0 & 0 & 0 & 3.11890 & 0 & 0 \\
0 & 0 & -23.4375 & 0 & 31.25 & 0 & 0 & 0 & 23.4375 & 0 & 62.5 & 0 \\
0 & 3.75 & 0 & 0 & 0 & 5 & 0 & -3.75 & 0 & 0 & 0 & 10
\end{bmatrix}$$

（2）求解柱局部坐标下刚度矩阵

$A = 0.4 \times 0.4 = 0.16 (\text{m}^2)$

$\beta = 0.4/0.4 = 1$

$$I_x = 0.4^3 \times 0.4 \left[\frac{1}{3} - 0.21 \times 1 \times \left(1 - \frac{1^4}{12} \right) \right] = \frac{64 \times 1.69}{3} \times 10^{-4}$$

$$I_y = \frac{0.4 \times 0.4^3}{12} = \frac{64}{3} \times 10^{-4}$$

$$I_z = \frac{0.4^3 \times 0.4}{12} = \frac{64}{3} \times 10^{-4}$$

$$C_1 = \frac{3 \times 10^7 \times 0.16}{3} = 1600 \times 10^3$$

$$C_2 = \frac{12 \times 3 \times 10^7 \times (64/3) \times 10^{-4}}{3^3} = 28.444444 \times 10^3$$

$$C_3 = \frac{12 \times 3 \times 10^7 \times (64/3) \times 10^{-4}}{3^3} = 28.444444 \times 10^3$$

$$C_4 = \frac{1.25 \times 10^7 \times (64 \times 1.69/3) \times 10^{-4}}{3} = 15.022222 \times 10^3$$

$$C_5 = \frac{4 \times 3 \times 10^7 \times (64/3) \times 10^{-4}}{3} = 85.333333 \times 10^3$$

$$C_6 = \frac{4 \times 3 \times 10^7 \times (64/3) \times 10^{-4}}{3} = 85.333333 \times 10^3$$

$$C_7 = \frac{6 \times 3 \times 10^7 \times (64/3) \times 10^{-4}}{3^2} = 42.666667 \times 10^3$$

$$C_8 = \frac{6 \times 3 \times 10^7 \times (64/3) \times 10^{-4}}{3^2} = 42.666667 \times 10^3$$

$$C_9 = \frac{2 \times 3 \times 10^7 \times (64/3) \times 10^{-4}}{3} = 42.666667 \times 10^3$$

$$C_{10} = \frac{2 \times 3 \times 10^7 \times (64/3) \times 10^{-4}}{3} = 42.666667 \times 10^3$$

将 $C_1 \sim C_{10}$ 代入单刚，得到柱局部坐标下刚度矩阵（位移单位为 mm）：

$$[K]^e = \begin{bmatrix}
1600 & 0 & 0 & 0 & 0 & 0 & -1600 & 0 & 0 & 0 & 0 & 0 \\
0 & 28.444444 & 0 & 0 & 0 & 42.666667 & 0 & -28.444444 & 0 & 0 & 0 & 42.666667 \\
0 & 0 & 28.444444 & 0 & -42.666667 & 0 & 0 & 0 & -28.444444 & 0 & -42.666667 & 0 \\
0 & 0 & 0 & 15.022222 & 0 & 0 & 0 & 0 & 0 & -15.022222 & 0 & 0 \\
0 & 0 & -42.666667 & 0 & 85.333333 & 0 & 0 & 0 & 42.666667 & 0 & 42.666667 & 0 \\
0 & 42.666667 & 0 & 0 & 0 & 85.333333 & 0 & -42.666667 & 0 & 0 & 0 & 42.666667 \\
-1600 & 0 & 0 & 0 & 0 & 0 & 1600 & 0 & 0 & 0 & 0 & 0 \\
0 & -28.444444 & 0 & 0 & 0 & -42.666667 & 0 & 28.444444 & 0 & 0 & 0 & -42.666667 \\
0 & 0 & -28.444444 & 0 & 42.666667 & 0 & 0 & 0 & 28.444444 & 0 & 42.666667 & 0 \\
0 & 0 & 0 & -15.022222 & 0 & 0 & 0 & 0 & 0 & 15.022222 & 0 & 0 \\
0 & 0 & -42.666667 & 0 & 42.666667 & 0 & 0 & 0 & 42.666667 & 0 & 85.333333 & 0 \\
0 & 42.666667 & 0 & 0 & 0 & 42.666667 & 0 & -42.666667 & 0 & 0 & 0 & 85.333333
\end{bmatrix}$$

（3）求解梁局部坐标下等效荷载

梁身自重荷载可以等效为均布线荷载：$\rho_A = 25 \times 0.1 = 2.5$（kN/m），加上梁上荷载 10kN/m，则梁总荷载为 12.5kN/m，查表 3-1 均载公式，可得梁等效荷载如下：

$$N_A = N_B = 0 \text{kN}$$
$$R_A = R_B = -12.5 \times 4/2 = -25(\text{kN})$$
$$M_A = 12.5 \times 4^2/12 = 16.666667(\text{kN} \cdot \text{m})$$
$$M_B = -M_A = -16.666667(\text{kN} \cdot \text{m})$$

根据图 3-6，图中杆两端 i，j 下标分别对应上式的 A，B 下标。其中弯矩要按照右手法则判定：四指绕弯矩旋转方向，大拇指方向为弯矩方向。注意若荷载方向与坐标系方向相反要乘以 -1。因此得到 $F_x = 0$，$F_y = 0$，$F_z = -25$；$M_x = 0$，$M_y = 0$，$M_z = 16.6666667$，杆件的等效荷载可以展开为

$$\{F\}^e = \{F_i^e, F_j^e\}$$
$$= \{F_{xi}, F_{yi}, F_{zi}, M_{xi}, M_{yi}, M_{zi}, F_{xj}, F_{yj}, F_{zj}, M_{xj}, M_{yj}, M_{zj}\}$$
$$= \{0, 0, -25, 0, 16.666667, 0, 0, 0, -25, 0, -16.666667, 0\}$$

（4）求解柱局部坐标下等效荷载

柱身自重荷载按照等效为柱上下段各一半荷载：$\rho_{AH} = 25 \times 0.16 \times 3/2 = 6$（kN/m）。对于柱而言，$i$ 段为下端，j 端为上端，可得柱等效荷载如下：

$$\{F\}^e = \{F_i^e, F_j^e\}$$
$$= \{F_{xi}, F_{yi}, F_{zi}, M_{xi}, M_{yi}, M_{zi}, F_{xj}, F_{yj}, F_{zj}, M_{xj}, M_{yj}, M_{zj}\}$$
$$= \{-6, 0, 0, 0, 0, 0, -6, 0, 0, 0, 0, 0\}$$

（5）求解局部坐标与总体坐标的转换矩阵

梁局部坐标与总体坐标相同，刚度和等效荷载不需要变换。柱局部坐标与总体坐标的转换矩阵如图 3-8 所示。

结构BIM应用教程

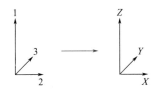

图 3-8 柱的局部坐标和总体坐标

$$[T_e]^T = \begin{bmatrix} 0 & 1 & 0 & & & & & & & & & \\ 0 & 0 & 1 & & & & & & & & & \\ 1 & 0 & 0 & & & & & & & & & \\ & & & 0 & 1 & 0 & & & & & & \\ & & & 0 & 0 & 1 & & & & & & \\ & & & 1 & 0 & 0 & & & & & & \\ & & & & & & 0 & 1 & 0 & & & \\ & & & & & & 0 & 0 & 1 & & & \\ & & & & & & 1 & 0 & 0 & & & \\ & & & & & & & & & 0 & 1 & 0 \\ & & & & & & & & & 0 & 0 & 1 \\ & & & & & & & & & 1 & 0 & 0 \end{bmatrix}$$

$[T]^T[K][T]$ 相当于每 3 行中，第 2 行和第 3 行往前移，第 1 行放在第 3 行，每 3 列中，第 2 和第 3 列往前移，第 1 列放在第 3 列。

柱整体坐标下刚度矩阵如下：

$$[K] = \begin{bmatrix} 28.444 & 0 & 0 & 0 & 42.667 & 0 & -28.444 & 0 & 0 & 0 & 42.667 & 0 \\ 0 & 28.444 & 0 & -42.667 & 0 & 0 & 0 & -28.444 & 0 & -42.667 & 0 & 0 \\ 0 & 0 & 1600 & 0 & 0 & 0 & 0 & 0 & -1600 & 0 & 0 & 0 \\ 0 & -42.667 & 0 & 85.333 & 0 & 0 & 0 & 42.667 & 0 & 42.667 & 0 & 0 \\ 42.667 & 0 & 0 & 0 & 85.333 & 0 & -42.667 & 0 & 0 & 0 & 42.667 & 0 \\ 0 & 0 & 0 & 0 & 0 & 15.022 & 0 & 0 & 0 & 0 & 0 & -15.022 \\ -28.444 & 0 & 0 & 0 & -42.667 & 0 & 28.444 & 0 & 0 & 0 & -42.667 & 0 \\ 0 & -28.444 & 0 & 42.667 & 0 & 0 & 0 & 28.444 & 0 & 42.667 & 0 & 0 \\ 0 & 0 & -1600 & 0 & 0 & 0 & 0 & 0 & 1600 & 0 & 0 & 0 \\ 0 & -42.667 & 0 & 42.667 & 0 & 0 & 0 & 42.667 & 0 & 85.333 & 0 & 0 \\ 42.667 & 0 & 0 & 0 & 42.667 & 0 & -42.667 & 0 & 0 & 0 & 85.333 & 0 \\ 0 & 0 & 0 & 0 & 0 & -15.022 & 0 & 0 & 0 & 0 & 0 & 15.022 \end{bmatrix}$$

柱整体坐标下等效荷载如下：

$$\{F\} = \{0,\ 0,\ -6,\ 0,\ 0,\ 0,\ 0,\ 0,\ -6,\ 0,\ 0,\ 0\}$$

（6）处理节点嵌固边界条件

节点编号①②③④如图 3-9 所示，节点位移为零的编在最后，组集总刚时③④节点的刚度和荷载项可直接扔掉，每个节点 6 个自由度，现总共剩下 12 个自由度。

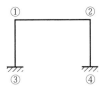

图 3-9 节点编号

组集总刚度时，将柱顶的如下刚度与梁刚度相加，其他刚度扔掉。

$$[K] = \begin{bmatrix} 28.444 & 0 & 0 & 0 & -42.667 & 0 \\ 0 & 28.444 & 0 & 42.667 & 0 & 0 \\ 0 & 0 & 1600 & 0 & 0 & 0 \\ 0 & 42.667 & 0 & 85.333 & 0 & 0 \\ -42.667 & 0 & 0 & 0 & 85.333 & 0 \\ 0 & 0 & 0 & 0 & 0 & 15.022 \end{bmatrix}$$

（7）组集总刚度

组集后的总刚度矩阵如下：

$$[K] = \begin{bmatrix} 778.444 & 0 & 0 & 0 & -42.667 & 0 & -750 & 0 & 0 & 0 & 0 & 0 \\ 0 & 30.319 & 0 & 42.667 & 0 & 3.75 & 0 & -1.875 & 0 & 0 & 0 & 3.75 \\ 0 & 0 & 1611.719 & 0 & -23.4375 & 0 & 0 & 0 & -11.71875 & 0 & -23.4375 & 0 \\ 0 & 42.667 & 0 & 88.452 & 0 & 0 & 0 & 0 & 0 & -3.11890 & 0 & 0 \\ -42.667 & 0 & -23.4375 & 0 & 147.833 & 0 & 0 & 0 & 23.4375 & 0 & 31.25 & 0 \\ 0 & 3.75 & 0 & 0 & 0 & 25.022 & 0 & -3.75 & 0 & 0 & 0 & 5 \\ -750 & 0 & 0 & 0 & 0 & 0 & 778.444 & 0 & 0 & 0 & -42.667 & 0 \\ 0 & -1.875 & 0 & 0 & 0 & -3.75 & 0 & 30.319 & 0 & 42.667 & 0 & -3.75 \\ 0 & 0 & -11.71875 & 0 & 23.4375 & 0 & 0 & 0 & 1611.719 & 0 & 23.4375 & 0 \\ 0 & 0 & 0 & -3.11890 & 0 & 0 & 0 & 42.667 & 0 & 88.452 & 0 & 0 \\ 0 & 0 & -23.4375 & 0 & 31.25 & 0 & -42.667 & 0 & 23.4375 & 0 & 147.833 & 0 \\ 0 & 3.75 & 0 & 0 & 0 & 5 & 0 & -3.75 & 0 & 0 & 0 & 25.022 \end{bmatrix}$$

（8）处理门平面外位移为零边界条件

总体坐标 Y 方向荷载为零，位移为零，直接扔掉①②节点 Y 向平动、X 向转动和 Z 向转动对应的刚度和荷载项，现总共剩下 6 个自由度：①节点 X 向平动 u_1、Z 向平动 w_1 和 Y 向转动 θ_1、②节点 X 向平动 u_2、Z 向平动 w_2 和 Y 向转动 θ_2。

得到如下 6 个变量的刚度：

$$[K] = \begin{bmatrix} 778.444 & 0 & -42.667 & -750 & 0 & 0 \\ 0 & 1611.719 & -23.438 & 0 & -11.719 & -23.438 \\ -42.667 & -23.438 & 147.833 & 0 & 23.438 & 31.25 \\ -750 & 0 & 0 & 778.444 & 0 & -42.667 \\ 0 & -11.719 & 23.438 & 0 & 1611.719 & 23.438 \\ 0 & -23.438 & 31.25 & -42.667 & 23.438 & 147.833 \end{bmatrix}$$

$\{F\} = \{0, 0, -31, 0, 16.666667, 0, 0, 0, -31, 0, -16.666667, 0\}$

（9）求得①②节点位移

$u_1 = 0.004\text{mm}$，$w_1 = -0.019\text{mm}$，$\theta_1 = 0.00014$ 弧度

$u_2 = -0.004\text{mm}$，$w_2 = -0.019\text{mm}$，$\theta_2 = -0.00014$ 弧度

（10）求得梁左右端弯矩和左右端剪力

根据节点位移求得梁左右端弯矩和左右端剪力如下：

$M_1 = 4.375\text{kN} \cdot \text{m}$，$M_2 = 4.375\text{kN} \cdot \text{m}$，$V_1 = 0\text{kN}$，$V_2 = 0\text{kN}$

根据梁荷载按固端求得梁左右端弯矩和左右端剪力如下：

$M_1 = -16.667\text{kN} \cdot \text{m}$，$M_2 = -16.667\text{kN} \cdot \text{m}$，$V_1 = 25\text{kN}$，$V_2 = -25\text{kN}$

叠加后，梁左右端弯矩和左右端剪力如下：

$M_1 = -12.292\text{kN} \cdot \text{m}$，$M_2 = -12.292\text{kN} \cdot \text{m}$，$V_1 = 25\text{kN}$，$V_2 = -25\text{kN}$

3.1.4.8 上机计算梁的内力

启动广厦结构 CAD 软件，出现下图广厦结构 CAD 主控菜单（图 3-10），点击 [新建工程]，在弹出对话框中选择要存放工程的文件夹，并输入新的工程名：C：\ GSCAD \ EXAM \ 高校 \ 梁.prj。

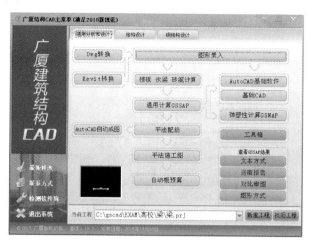

图 3-10　广厦结构 CAD 主控菜单

点击 [图形录入]，进入录入系统，图 3-11 中标示了图形录入各功能区的意义。

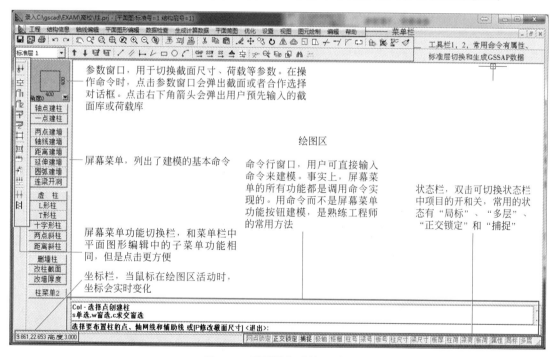

图 3-11　图形录入功能区说明

在图 3-11 图形录入中点击菜单 [结构信息]-[GSSAP 总体信息]，在弹出的 GSSAP 总体信息对话框中共有 6 页。如图 3-12 所示对话框为总信息页，填写参数如下：

[结构计算总层数] 填 1，[梁柱重叠部分简化为刚域] 填 0；其余参数按默认值考虑。

切换到调整信息，如图 3-13，填写 [梁端弯矩调幅系数] 为 1，其余参数不需修改。

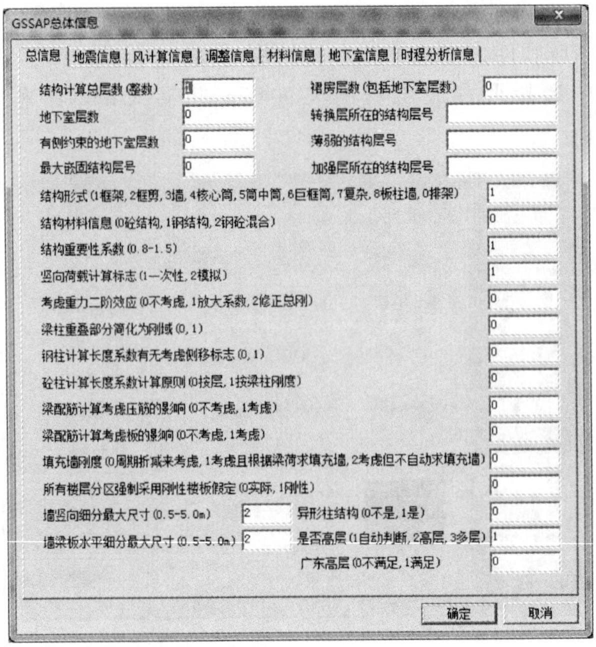

图 3-12　GSSAP 总信息的输入

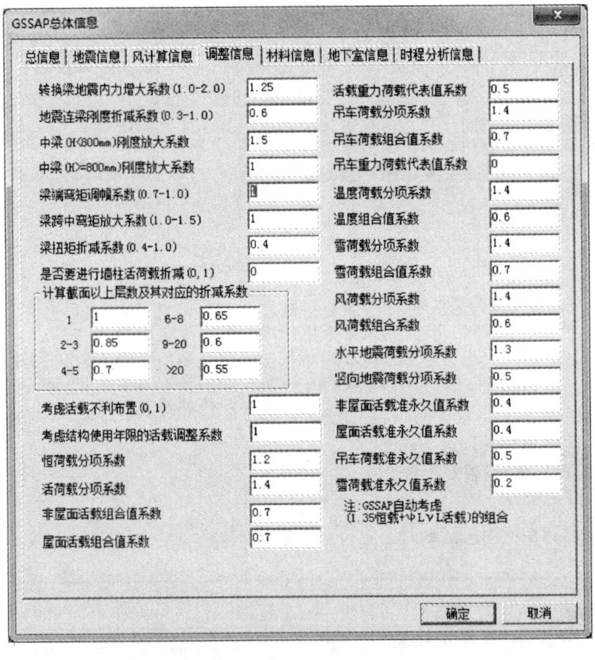

图 3-13　GSSAP 调整信息的输入

切换到材料信息，如图 3-14 填写 [砼构件的容重] 为 25，所有钢筋强度为 360N/mm^2，其余参数不需修改。

点击 [确定] 按钮保存 GSSAP 总体信息的修改。

点击菜单 [结构信息]-[各层信息]，按图 3-15 输入层几何信息。其中层高为 3m。然后切换到层材料信息（图 3-16），输入 [剪力墙柱砼等级] 和 [梁砼等级] 为 C30。

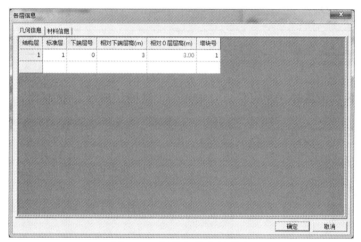

图 3-14　GSSAP 材料信息的输入

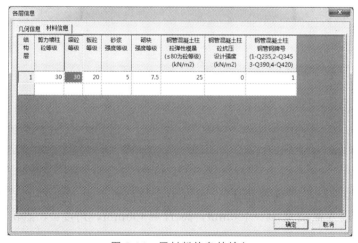

图 3-15　层几何信息的输入

图 3-16　层材料信息的输入

点击屏幕菜单［轴网、辅助线和轴线］-［正交轴网］，在如图 3-17 所示对话框中输入上开间和左进深都是 4000mm，点击［确定］关闭对话框。

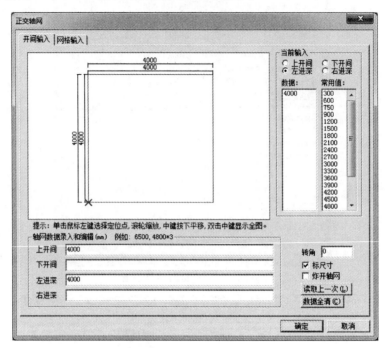

图 3-17　轴网对话框

然后在绘图区点击选择一个定位点，输入一个轴网。输入效果如图 3-18 所示。

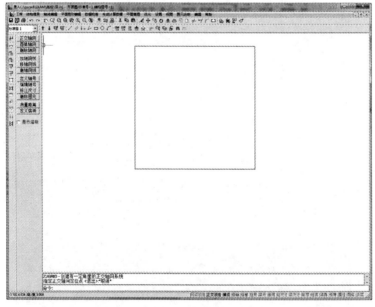

图 3-18　轴网

点击屏幕菜单［柱 1］-［轴点建柱］，再点击参数窗口，弹出如图 3-19 所示柱截面对话框。在对话框中输入截面宽 $B = 400$mm，高 $H = 400$mm，角度 0，点击［确定］关闭对话框。

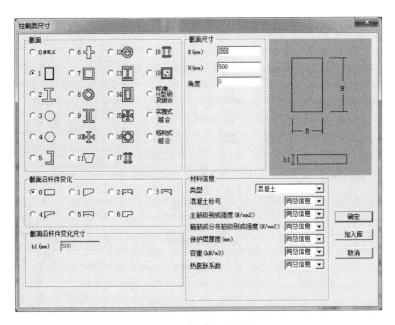

图 3-19　柱截面对话框

然后选择绘制的轴网交点，布置两个柱，输入效果如图 3-20 所示。

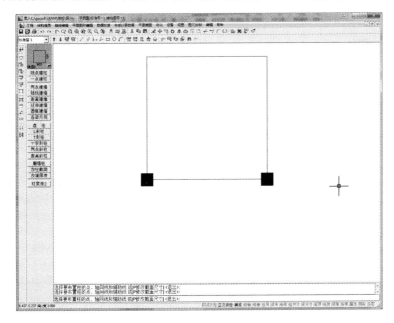

图 3-20　布置两个柱

点击屏幕菜单［梁 1］-［轴线主梁］，再点击参数窗口，弹出如图 3-21 所示梁截面对话框。在对话框中输入截面宽 $B = 200\mathrm{mm}$，高 $H = 500\mathrm{mm}$，偏心＝0，点击［确定］关闭对话框。

然后点击刚才绘制的两个柱之间的轴线，布置一条梁，输入效果如图 3-22 所示。

点击屏幕菜单［梁荷载菜单］-［加梁荷载］，然后点击参数窗口，弹出如图 3-23 所示梁荷载对话框。选择荷载类型为均布荷载；选择荷载方向为重力方向；均布荷载 $q = 10\mathrm{kN}$；

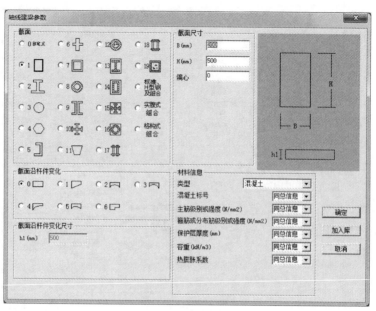

图 3-21　梁截面对话框

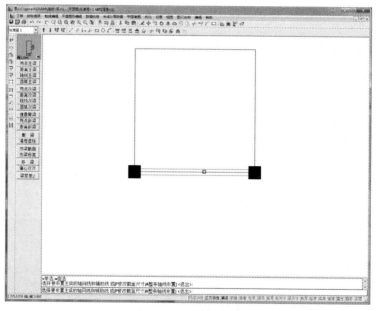

图 3-22　布置一条梁

选择工况为重力恒载，点击［确认］关闭对话框。计算程序会自动计算梁的自重，不需要另外输入。

在绘图区点击刚才输入的梁，布置的梁荷载，如图 3-24 所示。

在图 3-25 中点击工具栏 1［保存］按钮，保存模型。点击工具栏 2 中的［生成 GSSAP 数据］按钮，生成计算数据。然后关闭图形录入。

在图 3-26 主控菜单点击［楼板、砖混和次梁计算］，进入以后直接退出。

在主控菜单点击［通用计算 GSSAP］，计算完毕后点击［退出］按钮关闭计算程序。

在主控菜单点击［图形方式］，进入图形方式。

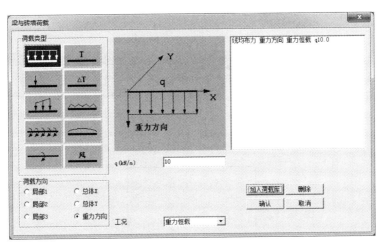

图 3-23　梁荷载对话框

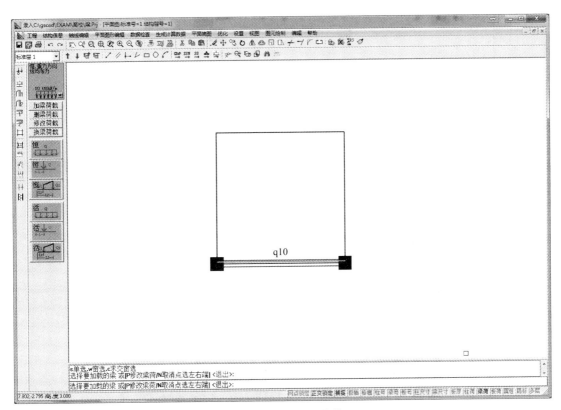

图 3-24　布置的梁荷载

　　如图 3-27，点击左侧工具栏 [三维位移]，在弹出的对话框中选择工况为恒载，选择显示方式为静态，鼠标移动到绘图区中显示的柱顶，则软件会如图 3-27 所示显示柱顶位移。与手工计算结果一致。

　　如图 3-28，点击左侧工具栏 [梁内力]，在弹出的对话框中选择 [单工况内力]-[恒载]，可查得软件梁的内力结果，其中梁上文字为梁左中右的弯矩值＋梁轴力；梁下文字为梁左、右端剪力。与手工计算结果基本一致，因软件计算考虑了截面的剪切不均匀和梁柱刚域影响，在小数位上会有一点误差。

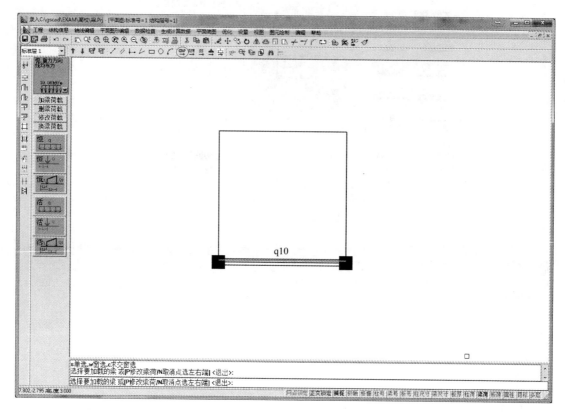

图 3-25 ［保存］按钮和［生成 GSSAP 数据］按钮

图 3-26 主控菜单

图 3-27　柱顶位移

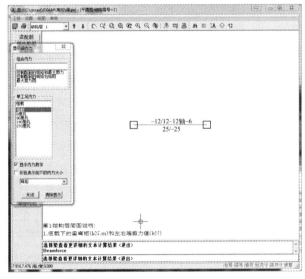

图 3-28　梁的内力

3.2　梁的施工图

通过学习本节四合院门上梁的施工图绘制，你将能够：

1）掌握梁施工时要布置哪些钢筋；

2）了解根据内力计算梁钢筋的原理；

3）了解梁的构造要求；

4）学会认识梁的施工图表示法。

3.2.1　梁的钢筋

图 3-29 为梁钢筋的平面表示法。

钢筋混凝土结构平面整体表示法
梁构造通用图说明

1. 采用本制图规则时，除按本图有关规定外，还应符合国家现行有关规范、规程和标准
2. 本说明中"钢筋混凝土结构整体表示法"简称"平法"

一 总则

(一) 本图与"梁平面配筋图"配套使用
(二) 本图未包括的特殊构造和特殊节点构造，应由设计者自行设计绘制

二 "平法"梁平面配筋图绘制说明

(一) 梁编号规则
梁编号由梁类型代号、序号、跨数及有无悬挑代号几项组成，如下表：

梁类型	代号	序号	跨数及是否带有悬挑
楼层框架梁	KL	××	(××)或(××A)或(××B)
屋面框架梁	WKL	××	(××)或(××A)或(××B)
非框架梁	L	××	(××)或(××A)或(××B)
纯悬挑梁	PL	××	

注：(××A)为一端悬挑；(××B)为两端悬挑

关于梁的截面尺寸及配筋，多跨通用的 $b×h$、箍筋、梁跨中面筋基本值采用集中注写，梁底筋和支座面筋以及某跨特殊的 $b×h$ 及配筋、箍筋、梁跨中面筋、腰筋均采用原位注写，梁编号及集中注写的 $b×h$ 梁配筋代表示多跨，原位注写的要素仅代表本跨。

1. KL、WKL、L 的标注方法
(1) 与梁编号写在一起的 $b×h$、箍筋，梁跨中面筋为基本值，从梁的任意一跨引出集中注写；个别跨的 $b×h$，箍筋梁跨中面筋等为特殊值时，则将其特殊值原位标注，梁跨中面筋(贯通筋，架立筋)的根数，应根据结构受力及箍筋肢数等构造要求而定，注写时，须将架立筋写入括号内，以示与贯通筋的区别。
(2) 抗扭腰筋和非框架梁的抗扭箍筋值前面需加"*"号。
(3) 原位注写的梁底筋或面筋，当底筋或面筋多于一排时，则将各排筋按从上往下的顺序用斜线/分开，当同一排筋为两种直径时，则用加号+将其连接，当面筋全同样多时，仅仅在跨中原位注写一次，支座端筋则免去；当上的中间支座两边的面筋相同时，则可将配筋仅注在支座某一边的梁上位置处。
2. PL、KL、WKL、L 的悬挑端的标注方法(除下列三条外，与二、1条规定相同)
(1) 悬挑梁的梁根部与梁截面高度不同时，用斜线/将其分开，即 $b×h_1/h_2$，h_1 为梁根高度。
(2) 悬挑梁根部弯下筋为抗剪扭非构造配置时，将弯下筋用小括号括起来例：
10⊕25，4/2+(2)/(2)，表明梁面筋第一排4⊕25直筋，第二排为2⊕25直筋和2⊕25弯下筋，第三排有2⊕25弯下筋。
(3) 必要时，悬挑梁尽端延长方向附近加"×"。
3. 箍筋肢数用括弧括的数字表示。箍筋加密与非加密区间距用斜线/分开
例如：[8@100/200(4) 表示箍筋加密区间距为100，非加密区间距为200，四肢箍。
4. 附加箍筋(加密筋)和附加吊筋绘在梁集中力位置，配筋值原位标注。
5. 当梁平面布置过密，全标注有困难时，可按纵横梁分画在两张图上。
6. 多数相同的梁顶标高在图说明中统一注明，个别特殊的标高原位加注。
7. 框架抗震等级为一、(二、三级)时，梁端加密范围为：一级为2h，三级为1.5h
(二) 关于梁上起柱
梁上起柱 (LZ) 的设计规定与构造详见"平法"柱构造通用图，设计者应在"平法"梁平面配筋图LZ柱根的梁上设加密箍，不得漏做。

三 各类梁的构造做法

1. 详本图图示和附注
2. 当非抗震时，所有梁除底筋取 l_a=15d外，其余钢筋锚固长度为 l_a，搭接长度为 l_n、l_d
3. 带*号的 (抗扭)纵筋全跨通长，焊接，锚长 l_n

四 其他

1. 梁配筋说明详见国家建筑标准设计96G101
2. 集中重处附加箍加密筋凡未注明时，每侧均设3个密箍及1个基本箍，直径同该梁箍筋

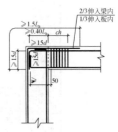

屋面框架梁WKLxx(xx)端支座

注：跨内纵筋，箍筋构造同KL

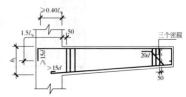

纯悬挑梁PLxx正投影配筋

注：端部无边梁时，面筋端部弯直钩

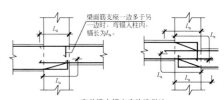

高差梁中间支座构造做法

梁侧面纵筋与拉筋

注：1. 拉筋直径与箍筋相同，间距为2倍箍距，根数见上图
2. 当图中未注明侧面纵筋(腰筋)，h_w≥450时，应按构造要求加腰筋和拉筋，腰筋为2⌀12@200，拉筋为⌀6间距为箍筋间距的2倍

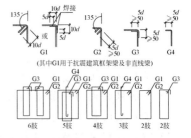

(其中G1用于抗震建筑框架梁及非直线梁)

图 3-29　梁的平

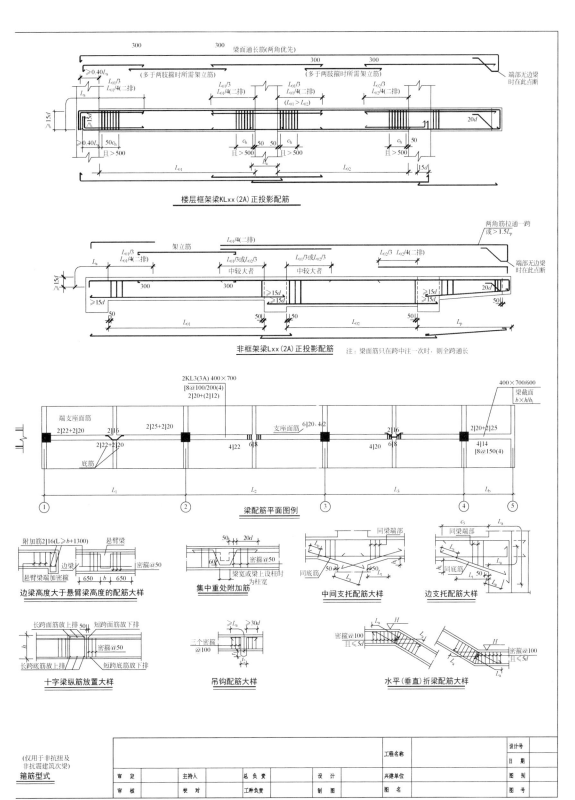

楼层框架梁KLxx(2A)正投影配筋

非框架梁Lxx(2A)正投影配筋

注：梁面筋只在跨中注一次时，则全跨通长。

梁配筋平面图例

边梁高度大于悬臂梁高度的配筋大样

集中重处附加筋

中间支托配筋大样

边支托配筋大样

十字梁纵筋放置大样

吊钩配筋大样

水平(垂直)折梁配筋大样

(仅用于非抗扭及非抗震建筑次梁)
箍筋型式

			工程名称		设计号	
					日　期	
审　定	主持人	总 负 责	设　计	兴建单位	图　别	
审　核	校　对	工种负责	制　图	图　名	图　号	

面表示法

第3章 梁的设计

梁的施工图说明参见《国家建筑标准设计图集》（11G101-1），平法标注包括图 3-30 中的主要内容：

1）梁钢筋分两部分：集中标注和原位标注；

2）集中标注：编号、截面尺寸、箍筋、贯通、架立筋和腰筋；

3）原位标注：与集中标注不同的截面尺寸和钢筋在梁的原位置标注；

4）梁编号：同一平面中跨数、跨度、截面尺寸和钢筋相同的梁编同一编号，KL2（3A）表示 2 号框架梁，3 跨，有一端悬臂；

5）梁箍筋：加密区和非加密区箍筋，Φ8@100/200（4）表示加密区箍筋 Φ8@100，非加密区箍筋 Φ8@200，都是 4 肢箍；

6）梁贯通和架立筋：梁贯通纵向钢筋和用于绑箍筋布置的架立纵向钢筋，2Φ20+（2Φ12）表示梁跨中截面角部 2Φ20 贯通，再加 2Φ12 架立纵向钢筋，括号表示是架立筋，无括号表示是贯通筋；

7）梁腰筋：梁侧边纵向钢筋，G4Φ10 表示每侧 2Φ10，G 表示构造的腰筋，N 表示抗扭的腰筋；

8）原位面筋和底筋：原位表示的是总的面筋和总的底筋，2Φ20+2Φ25 表示 2Φ20贯通，2Φ25 为支座短筋，左右净伸出长度为左右净跨度的 1/3；

9）悬臂梁：根部截面尺寸 400mm×700mm，端部高 600mm，全长面筋 2Φ20+2Φ16，底筋 4Φ14，箍筋 Φ8@150（4）；

10）密箍和吊筋：交叉梁产生的集中力作用下要布置密箍或吊筋，一般优先布置密箍，不够时再布置吊筋。

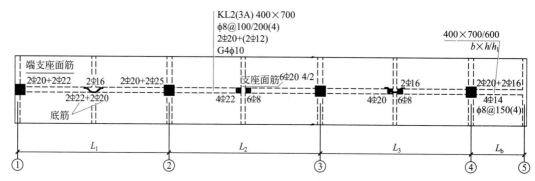

图 3-30 梁钢筋的平面图例

3.2.2 梁的计算配筋

在 3.2.1 节计算了梁的内力：弯矩和剪力，设计时考虑采用极限状态内力和荷载可能属于不同的工况，还需要根据荷载规范的要求进行基本组合（即承载能力极限状态设计荷载效应组合）包络计算。当地震作用很小和无风荷载，起控制的组合为恒载和活载基本组合：1.35 恒载内力+0.98 活载内力，更详细的要求见《建筑结构通用分析与设计软件 GSSAP说明书》第 7 章内力组合和调整。

门上梁只有恒载工况，如图 3-31 恒载下的弯矩和剪力乘 1.35 后用于计算配筋。

$$M = 1.35 \times 12 = 16.2 \text{kN} \cdot \text{m}$$
$$V = 1.35 \times 25 = 33.75 \text{kN}$$

对于材料，一般有抗拉、抗压、抗弯、抗剪和抗扭几种力学特性。钢筋混凝土材料包含了两种材料：钢筋和混凝土。混凝土抗拉强度比较小，所以计算时忽略。

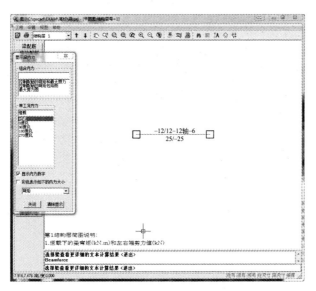

图 3-31　梁恒载下的内力

梁设计时采用正截面承载力公式计算纵筋面积，斜截面承载力公式计算箍筋面积。
GSPLOT 施工图系统中梁的计算结果显示如下。

混凝土梁配筋格式：$\dfrac{15-6-8+2}{3-6-2/1/0.5}$

上排数字显示 $15-6-8$ 为本跨梁左支座、中间和右支座的负筋配筋面积，$+2$ 为抗扭纵筋的配筋面积，下排数字 $3-6-2$ 是左支座、中间最大和右支座的底筋配筋面积，$/1$ 为 $0.1m$ 范围内梁端部配箍面积，$/0.5$ 为 $0.1m$ 范围内梁跨中配箍面积，所有单位均为 cm^2。

3.2.2.1　梁的正截面承载力设计方法

梁的矩形截面正截面受弯承载力按混规 6.2.10 条规定计算，公式比较复杂，一般采用软件计算（图 3-32）。更多的计算要求见《建筑结构通用分析与设计软件 GSSAP 说明书》第 8 章梁截面设计。

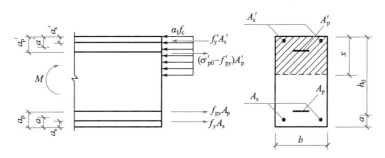

图 3-32　矩形截面受弯构件正截面受弯承载力计算

$$M \leqslant \alpha_1 f_c b x (h_0 - x/2) + f_y' A_s' (h_0 - a_s') \qquad (《混规》6.2.10\text{-}1)$$

受压区高度 x 应满足 $\alpha_1 f_c b x = f_y A_s - f_y' A_s'$ 　　（《混规》6.2.10-2）

$$x \leqslant \xi_b h_0 \qquad (《混规》6.2.10\text{-}3)$$

$$x \geqslant 2a_s' \qquad (《混规》6.2.10\text{-}4)$$

3.2.2.2　梁的斜截面承载力设计方法

梁截面尺寸 $b \times h$ 要满足如下《混规》受剪截面的要求。梁箍筋面积要满足如下《混规》斜截面承载力的要求。

（1）梁斜截面承载力最小截面要求

当截面不满足如下要求时，会给出超筋信息，用户应加大截面尺寸或提高混凝土强度等级。

矩形、T形、I形梁斜截面抗剪应满足：

无地震作用时：当 $h_w/b \leqslant 4$ 时：$V \leqslant 0.25\beta_c f_c bh_0$　　　　（《混规》6.3.1-1）

当 $h_w/b \geqslant 6$ 时：$V \leqslant 0.20\beta_c f_c bh_0$　　　　（《混规》6.3.1-2）

当 $4 < h_w/b < 6$ 时，按线性内插法确定。

h_w 为截面的腹板高度，对于矩形截面，取有效高度；对 T 形截面，取有效高度减去翼缘度；对 I 形截面，取腹板净高。

$V = 33.75\text{kN} < 0.25\beta_c f_c bh_0 = 0.25 \times 14.3 \times 10^3 \times 0.2 \times (0.5 - 0.025) = 339.63\text{kN}$ 满足规范要求。

有地震作用时：

对于当跨高比 $L_0/h > 2.5$ 时，其受剪截面应符合下列条件：
$$V_b \leqslant 0.20\beta_c f_c bh_0/\gamma_{RE}$$　　　　（《混规》11.3.3）

对于当跨高比 $L_0/h \leqslant 2.5$ 时，其受剪截面应符合下列条件：
$$V_b \leqslant 0.15\beta_c f_c bh_0/\gamma_{RE}$$　　　　（《混规》11.3.3）

（2）梁斜截面受剪承载力计算

矩形、T形、I形受弯梁：

无地震作用时：$V \leqslant 0.7f_t bh_0 + f_{yv}A_{sv}h_0/s$　　　　（《混规》6.3.4-2）

有地震作用时：$V_b \leqslant (0.42f_t bh_0 + f_{yv}A_{sv}h_0/s)/\gamma_{RE}$　　　　（《混规》11.3.4）

求箍筋面积 A_{sv}/s 为零，满足规范的构造即可。

3.2.3 梁的构造要求

对框架梁相关的构造要求进行了汇总，具体如表 3-2。

1）二级抗震等级门上梁面筋最小配筋率 0.3%，底筋最小配筋率 0.25%；

2）全长箍筋最小配筋率 $0.28f_t/f_{yv} = 0.28 \times 1.43/360 = 0.0011 = 0.11\%$，全长箍筋每单位长度最小配筋面积 $= 0.11\% \times 200 \times 1000 = 220$（$\text{mm}^2$）；

3）200mm 宽的梁根据最大箍筋肢距要求可采用两肢箍。

表 3-2　框架梁的构造要求

设计要求		抗震设计				非抗震
		一级	二级	三级	四级	
梁配筋	最大配筋率	不宜大于 2.5%,不应大于 2.75%				不宜大于 2.5%
	最小配筋率 支座	0.40 和 80 f_t/f_y 中较大值	0.30 和 65 f_t/f_y 中较大值	0.25 和 55 f_t/f_y 中较大值		
	最小配筋率 跨中	0.30 和 65 f_t/f_y 中较大值	0.25 和 55 f_t/f_y 中较大值	0.20 和 45 f_t/f_y 中较大值		
	贯通全长钢筋	不少于 2Φ14; 不少于上部或下部较大面积 1/4		不少于 2Φ12		
	梁端受压筋与受拉筋面积比	0.5	0.3			
	贯通中柱的纵向钢筋	框架结构不应大于柱截面尺寸（或圆柱弦长）的 1/20;其他结构不宜大于柱截面尺寸（或圆柱弦长）的 1/20				

设计要求		抗震设计				非抗震
		一级	二级	三级	四级	
箍筋加密区	加密区范围	距梁端 $2h_b$ 不少于 500mm	距梁端 $1.5h_b$ 不少于 500mm			
	箍筋最大间距（取小值）	$h_b/4,6d$,100mm	$h_b/4,8d$,100mm	$h_b/4,8d$,150mm		
	箍筋最小直径	10mm	8mm	8mm	6mm	
		梁端纵向受拉钢筋配筋率大于 2％时，箍筋直径增大 2mm				
	最大箍筋肢距	200mm 和 20d 较大值	250mm 和 20d 较大值	300mm		
非加密区箍筋间距		不宜大于加密区的 2 倍				
全长箍筋最小配筋率		$0.30f_t/f_y$	$0.28f_t/f_y$	$0.26f_t/f_y$		

3.2.4 梁施工图的表示法

梁施工图有如下 2 种表示法：平法（图 3-33）和小梁表法（图 3-34），一般梁采用平法表示，短梁可采用小梁表法表示。

图 3-33 平法表示

编号	所在楼层号	梁顶相对标高高差	梁截面 $b×h$	上部纵筋	下部纵筋	箍筋	腰筋
KL1	2	0.000	200×500	2Φ14	2Φ14	Φ8@100/200(2)	G2Φ12

图 3-34 小梁表法表示

如图 3-33，梁号 KL1，截面 200mm×500mm，箍筋直径 8mm，加密区间距 100mm，两肢箍，非加密区间距 200mm，贯通筋 2 根 14mm，底筋 2 根 14mm，构造腰筋每侧各一根 12mm。三维梁钢筋如图 3-35 所示。

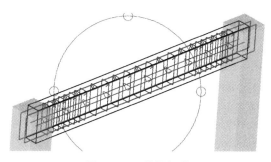

图 3-35 三维梁钢筋

3.2.5 上机操作

接力上节四合院门的计算模型，自动生成门的钢筋施工图。

在主控菜单（图 3-36）点击［平法配筋］。

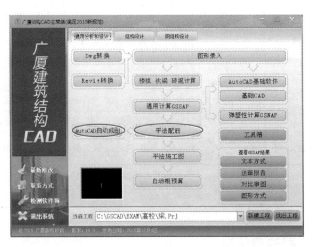

图 3-36 主控菜单

弹出图 3-37 所示对话框，在对话框中选择计算模型为"GSSAP"，然后点击［生成施工图］，生成完毕后退出对话框。

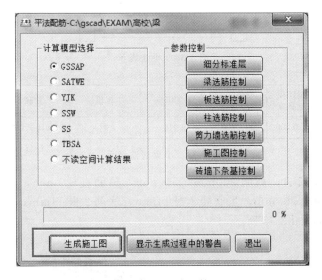

图 3-37 平法配筋

在主控菜单点击［AutoCAD 自动成图］，进入 AutoCAD 自动成图系统。

如图 3-38，点击左边工具栏的［生成 DWG］，在弹出的对话框中点击［确定］按钮，生成施工图。

如图 3-39，点击［分存 DWG］按钮，弹出图 3-40 所示是否自动生成钢筋算量数据时选择［是］。

如图 3-41 弹出分存对话框时选择确认，GSPLOT 生成如图 3-41 所示的可送给打印室的钢筋施工图和计算配筋图 Dwg 文件。

分存 Dwg 时会自动提示是否打开钢筋图，打开后可看到如图 3-42 所示的梁钢筋图。

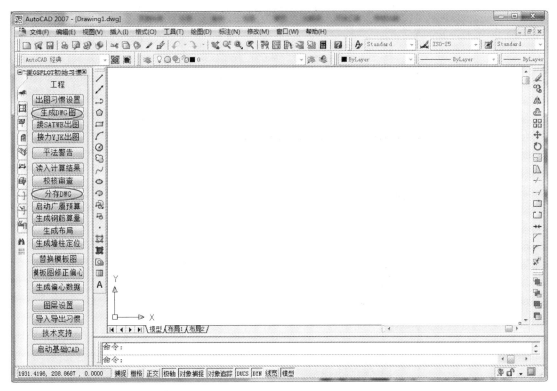

图 3-38　AutoCAD 自动成图

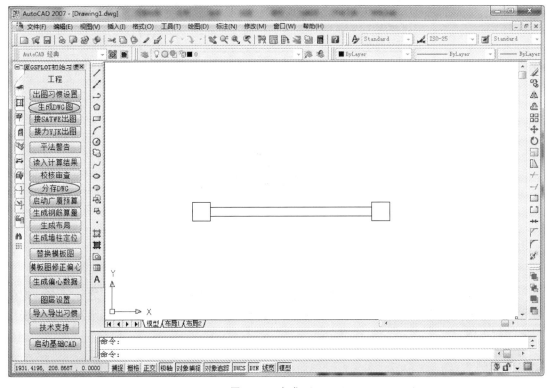

图 3-39　生成 Dwg

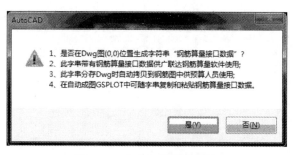

图 3-40 生成钢筋算量数据

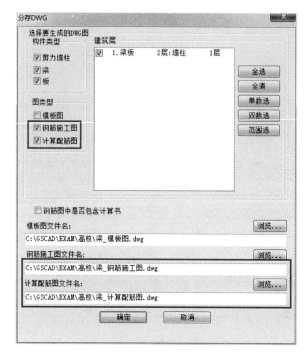

图 3-41 钢筋施工图和计算配筋图 Dwg 文件

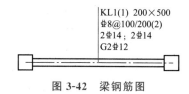

图 3-42 梁钢筋图

3.3 本章总结

一个结构可以由柱、梁、板、墙和斜杆组成，梁是应用广泛的水平构件之一。在一定的荷载作用下梁产生变形，梁的钢筋和混凝土共同抵抗相应的弯矩和剪力，用平法或表格来绘制梁的施工图。

思考题

本章算例中其他条件相同，梁可以承载的最大荷载是多少（kN/m）？可在主控菜单［文本方式］中查看是否有超筋超限信息，不超筋超限时采用 GSPLOT 自动绘制相应梁的施工图。

第4章
板的设计

通过学习本章单开间建筑的设计，你将能够：

1）计算板的内力，了解板的受力概念；

2）学会认识和绘制板的施工图，了解板构件受力和施工图绘制之间的关系。

单开间建筑（图4-1）对应的计算模型如图4-2所示，每层4根柱、7根梁和2块板组成一个结构。

图 4-1　单开间建筑

图 4-2　计算模型

4.1　板的力学计算

通过学习本节单开间建筑的力学计算，你将能够：

1）掌握板的尺寸和材料；

2）了解板的边界条件；

3）清楚板常见的受荷情况；

4）学会手工计算和软件计算板的弯矩。

75

4.1.1 板的尺寸和材料

如图 4-3，板是一个有厚度的多边形，T 为厚度。

钢筋混凝土板包含两种材料：混凝土和钢筋（图 4-4）。

图 4-3　板的尺寸

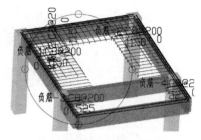

图 4-4　板的负筋

4.1.2 板的边界条件

每一块板板边的边界条件可以是：固支、简支或自由。

1）固支表示不允许板边平移和转动；

2）简支不允许板边平移，但可转动；

3）自由允许板边平移和转动；

4）可转动时板边弯矩为零。

如图 4-5～图 4-8 虚线表示简支，垂直线表示固支。

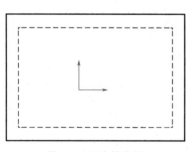

图 4-5　四边简支板

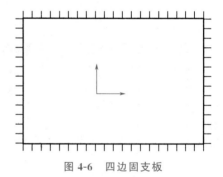

图 4-6　四边固支板

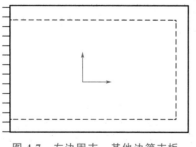

图 4-7　左边固支、其他边简支板

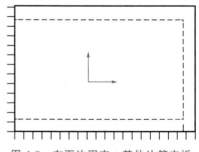

图 4-8　左下边固支、其他边简支板

4.1.3 板的荷载

板的荷载工况包括恒载荷和活载，恒载通常来源于：板自重的均布荷载、地砖、大理石和抹灰等的均布荷载，计算程序自动计算自重，地砖、大理石和抹灰按恒载输入，恒载可按如下装饰材料和施工情况计算；单开间商铺铺地砖，恒载取比 $1.4kN/m^2$ 保守一点的 $1.5kN/m^2$。

活载来源于家具和人员活动，活载按《建筑结构荷载规范》规定，单开间商铺家具和人员同办公楼，活载取 $2.0kN/m^2$。

（1）楼面附加恒荷载

住宅楼面荷载的常规做法汇总如表 4-1。

表 4-1　住宅楼面荷载表　　　　　单位：kN/m^2

楼面	说　明	附加面层	吊顶、管线	合计
客厅、卧室	8 厚地砖：22×0.008＝0.18 20 厚水泥砂浆黏合层：20×0.02＝0.4 20 厚水泥找平：20×0.02＝0.4 20 厚板底抹灰：20×0.02＝0.4	1.4	—	1.4
厨房	8 厚地砖：22×0.008＝0.18 20 厚水泥砂浆黏合层：20×0.02＝0.4 20 厚水泥找平：20×0.02＝0.4 20 厚防水、找坡层：20×0.02＝0.4 20 厚板底抹灰：20×0.02＝0.4	1.8	—	1.8
卫生间、阳台	50 厚面层：20×0.05＝1.0 防水、找坡层：20×0.035＝0.7 20 厚板底抹灰：20×0.02＝0.4 300 降板填充：10×0.30＝3.0	5.1	—	5.1
入户花园、露台	8 厚地砖：22×0.008＝0.18 20 厚水泥砂浆黏合层：20×0.02＝0.4 20 厚水泥找平：20×0.02＝0.4 35 厚防水、找坡层：20×0.035＝0.7 20 厚板底抹灰：20×0.02＝0.4 300 降板填充：10×0.30＝3.0	5.1	—	5.1

办公楼面荷载的常规做法汇总如表 4-2。

表 4-2　办公楼面荷载表　　　　　单位：kN/m^2

楼面	说　明	附加面层	吊顶、管线	合计
商业	25 厚大理石：28×0.025＝0.7 30 厚面层：20×0.03＝0.6 20 厚板底抹灰：20×0.02＝0.4	1.7	1.0	2.7
办公室	30 厚面层：20×0.03＝0.6 20 厚板底抹灰：20×0.02＝0.4	1.0	0.5	1.5
走廊、电梯厅	25 厚大理石：28×0.025＝0.7 30 厚面层：20×0.03＝0.6 20 厚板底抹灰：20×0.02＝0.4	1.7	0.5	2.2
卫生间	30 厚面层：20×0.03＝0.6 25 厚大理石：28×0.025＝0.7 防水、找坡层：20×0.030＝0.6 20 厚板底抹灰：20×0.02＝0.4 1.5 厚聚氨酯防水涂膜：0.05 300 降板填充：10×0.30＝3.0	5.4	—	5.4

（2）屋面附加恒荷载

屋面荷载的常规做法汇总如表 4-3。

表 4-3　屋面荷载表　　　　　　　　　　　　　　　　单位：kN/m²

楼　面	说　　明	附加面层	吊顶、管线	合计
屋面	50 厚混凝土防水层：25×0.50＝1.25 10 厚水泥砂浆隔离层：20×0.01＝0.02 3 厚单面自粘防水卷材：0.05 20 厚水泥砂浆找平：20×0.02＝0.4 30 厚聚苯乙烯板：1.0×0.03＝0.03 碎石、卵石混凝土找坡 2%： 19.5×0.126＝2.46 1.5 厚聚氨酯防水涂膜：0.05 20 厚水泥砂浆找平：20×0.02＝0.4	4.7	—	4.7

4.1.4　板的内力计算

几何：如下一块双向板和一块单向板（长宽比＝2.7＞2.5 可按单向板计算），板厚 100mm，梁柱尺寸如图 4-9，两个结构层，每层层高 3000mm；

荷载：混凝土容重 25kN/m³，板上恒载和活载如图 4-9；

材料：梁柱板混凝土等级 C25，所有钢筋强度为 360N/mm²。

求两板的跨中弯矩和板边弯矩。

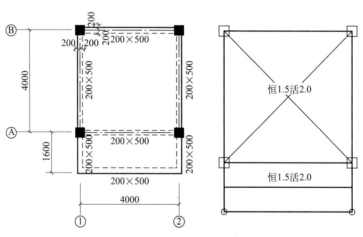

图 4-9　模板图和荷载图

4.1.4.1　查表法计算板的内力

板内力包括：每边支座弯矩 M、跨中的弯矩 M_x 和 M_y（图 4-10）。

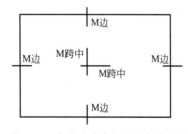

图 4-10　每边支座弯矩和跨中的弯矩

当板边的边界条件为固支或简支时，矩形板常按《建筑结构静力计算手册》第 4 章第 2 节弹性板查表法计算。

$$弯矩＝表中系数 \times ql^2$$

式中　q——基本组合（1.35 恒载＋0.98 活载）和（1.2 恒载＋1.4 活载）取大值；

　　　l——两方向跨度较小值。

手工计算内力如下。

如图 4-11，有相邻板为固支，否则为简支，所以双向板下边和单向板上边固支，其他边为简支。

简支边弯矩为零，单向板长向钢筋构造配置不需要求弯矩，如图 4-12 为要求的弯矩，双向板弯矩为跨中弯矩 $M_{双中X}$、$M_{双中Y}$ 和 $M_{双边}$，单向板弯矩为跨中弯矩 $M_{单中X}$ 和 $M_{单边}$。

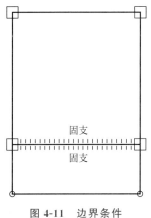

图 4-11　边界条件

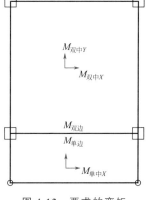

图 4-12　要求的弯矩

1.35 恒载 $+0.98$ 活载 $=1.35×(1.5+0.1×25)+0.98×2=7.36(kN/m^2)$

1.2 恒载 $+1.2$ 活载 $=1.2×(1.5+0.1×25)+1.4×2=7.6(kN/m^2)$

$q=7.6kN/m^2$

查表法计算过程如下：

$$l_x/l_y=1$$

考虑跨中的不利因素，跨中弯矩乘以放大系数 1.1，泊松比 $u=0.167$。最大弯矩不发生在跨中，所以采用 $M_{x\max}$ 和 $M_{y\max}$ 求系数，$M_{x\max}$ 和 $M_{y\max}$ 不一定发生在同一点，所以所求弯矩偏于保守一点。

$M_{双中X}=1.1(M_{y\max}+uM_{x\max})=1.1×(0.0249+0.167×0.0340)×7.6×4^2=4.09(kN·m)$

$M_{双中Y}=1.1(M_{x\max}+uM_{y\max})=1.1×(0.0340+0.167×0.0249)×7.6×4^2=5.11(kN·m)$

$M_{双边}=M_{0x}=0.0839×7.6×4^2=10.2(kN·m)$。

一边固支、三边简支弯矩系数表见表 4-4。

表 4-4　一边固支、三边简支弯矩系数表

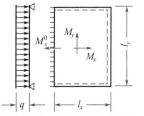

$\mu=0$，挠度 $=$ 表中系数 $×\dfrac{ql^4}{B_c}$

弯矩 $=$ 表中系数 $×ql^2$

式中 l 取用 l_x 和 l_y 中之较小者。

l_x/l_y	l_y/l_x	f	$f_{\max}$	M_x	$M_{x\max}$	M_y	$M_{y\max}$	M_x^0
0.50		0.00488	0.00504	0.0583	0.0646	0.0060	0.0063	-0.1212
0.55		0.00471	0.00492	0.0563	0.0618	0.0081	0.0087	-0.1187
0.60		0.00453	0.00472	0.0539	0.0589	0.0104	0.0111	-0.1158
0.65		0.00432	0.00448	0.0513	0.0559	0.0126	0.0133	-0.1124
0.70		0.00410	0.00422	0.0485	0.0529	0.0148	0.0154	-0.1087
0.75		0.00388	0.00399	0.0457	0.0496	0.0168	0.0174	-0.1048
0.80		0.00365	0.00376	0.0428	0.0463	0.0187	0.0193	-0.1007
0.85		0.00343	0.00352	0.0400	0.0431	0.0204	0.0211	-0.0965
0.90		0.00321	0.00329	0.0372	0.0400	0.0219	0.0226	-0.0922

l_x/l_y	l_y/l_x	f	f_{max}	M_x	M_{xmax}	M_y	M_{ymax}	M_x^0
0.95		0.00299	0.00306	0.0345	0.0369	0.0232	0.0239	-0.0880
1.00	1.00	0.00279	0.00285	0.0319	0.0340	0.0243	0.0249	-0.0839
	0.95	0.00316	0.00324	0.0324	0.0345	0.0280	0.0287	-0.0882
	0.90	0.00360	0.00368	0.0328	0.0347	0.0322	0.0330	-0.0926
	0.85	0.00409	0.00417	0.0329	0.0347	0.0370	0.0378	-0.0970
	0.80	0.00464	0.00473	0.0326	0.0343	0.0424	0.0433	-0.1014
	0.75	0.00526	0.00536	0.0319	0.0335	0.0485	0.0494	-0.1056
	0.70	0.00595	0.00605	0.0308	0.0323	0.0553	0.0562	-0.1096
	0.65	0.00670	0.00680	0.0291	0.0306	0.0627	0.0637	-0.1133
	0.60	0.00752	0.00762	0.0268	0.0289	0.0707	0.0717	-0.1166
	0.55	0.00838	0.00848	0.0239	0.0271	0.0792	0.0801	-0.1193
	0.50	0.00927	0.00935	0.0205	0.0249	0.0880	0.0888	-0.1215

单向板计算原理同梁，如下单向板不同边界条件下的跨中弯矩和支座弯矩的公式。

项　　目	跨中弯矩	支座弯矩
两端简支	$ql^2/8$	0
两端固支	$ql^2/16$	$ql^2/12$
一端固支一端简支	$9ql^2/128$	$-ql^2/8$
一端固支一端自由	$ql^2/8$	$-ql^2/2$

一边固支，一边简支时。

$$M_{单中X}=1.1\times9ql^2/128=1.1\times9\times7.6\times1.5^2/128=1.32\ (\mathrm{kN\cdot m})$$

$$M_{单边}=-ql^2/8=-7.6\times1.5^2/8=-2.14(\mathrm{kN\cdot m})$$

4.1.4.2 上机计算板的内力

启动广厦结构CAD软件，出现图4-13所示的广厦结构CAD主控菜单，点击［新建工程］，在弹出对话框中选择要存放工程的文件夹，并输入新的工程名：C：\GSCAD\EXAM\高校\板.prj。

图4-13　主控菜单

结构BIM应用教程

点击［图形录入］，点击菜单［结构信息］-［GSSAP 总体信息］，如图 4-14，填写结构计算总层数为 2。

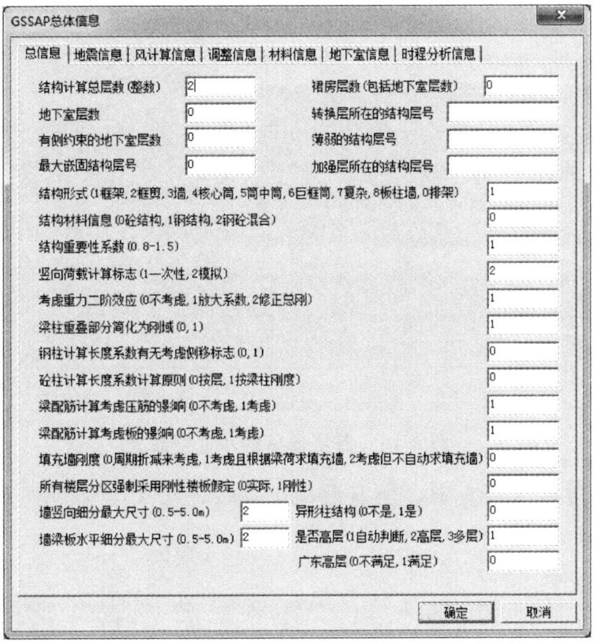

图 4-14　总信息

如图 4-15 在材料信息中设置：混凝土构件容重 $25kN/m^3$，所有钢筋强度为 360N/mm^2，点击［确认］按钮退出。

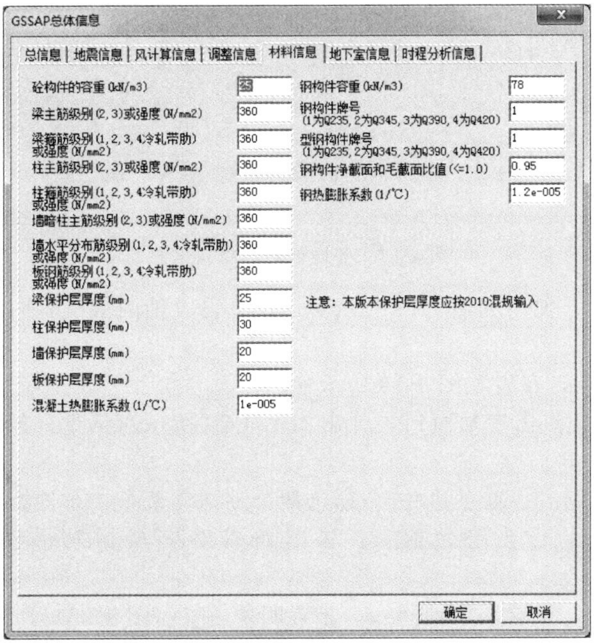

图 4-15　材料信息

点击菜单［结构信息］-［各层信息］，如图 4-16，填写结构层 1 和 2 分别对应标准层 1 和 2。

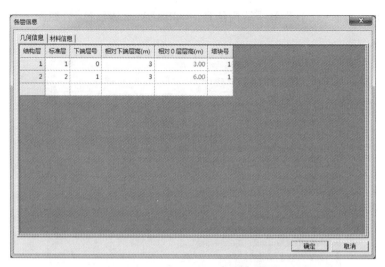

结构层	标准层	下端层号	相对下端层高(m)	相对0层层高(m)	塔块号
1	1	0	3	3.00	1
2	2	1	3	6.00	1

图 4-16　各层信息的几何信息

在如图 4-17 的［材料信息］中，所有混凝土等级填写 25，点击［确定］按钮退出。

结构层	剪力墙柱砼等级	梁砼等级	板砼等级	砂浆强度等级	砌块强度等级	钢管混凝土柱砼弹性模量(≤80为砼等级)(kN/m2)	钢管混凝土柱砼抗压设计强度(kN/m2)	钢管混凝土柱钢管钢牌号(1-Q235,2-Q345 3-Q390,4-Q420)
1	25	25	25	5	7.5	25	0	1
2	25	25	25	5	7.5	25	0	1

图 4-17　各层信息的材料信息

点击［正交轴网］，弹出如图 4-18 所示对话框，设置轴网 X、Y 向间距 4000，点击［确定］按钮退出。

在屏幕上选择一点，布置如图 4-19 所示轴网。

点击［柱菜单 1］，点击参数窗口，弹出如图 4-20 所示对话框，输入柱截面尺寸 400×400，点按［确认］退出。

如图 4-21 所示，点击［轴点建柱］，窗选四个轴网交叉点，布置框架柱。

点击［梁菜单 1］，点击参数窗口，弹出如图 4-22 所示对话框，输入梁截面尺寸 200×500。

点击［轴线主梁］，窗选四个轴网线，布置四条主梁（图 4-23）。

如图 4-24 所示，点击［建悬臂梁］，根据命令窗口中的提示回车设置悬臂长度默认 1500mm，按图示虚线交选（从右下到左上框选）内跨 Y 向的两根主梁，然后点右键确认选择；此时被选中的梁变成可延伸状态，向下拉伸并按鼠标左键，此时屏幕可见梁下端布置好了两根悬臂梁。

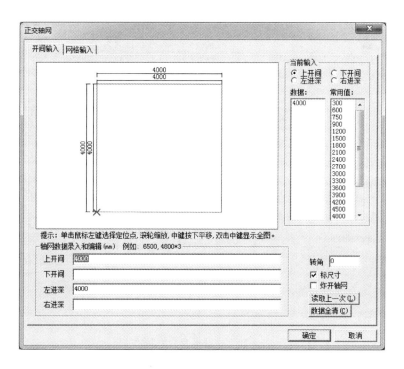

图 4-18　轴网对话框

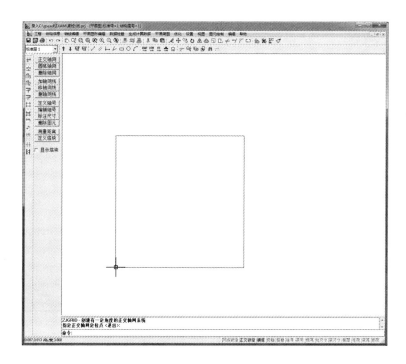

图 4-19　布置轴网

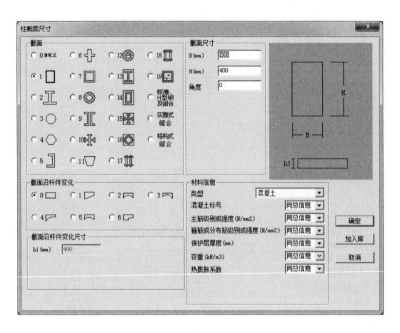

图 4-20　柱截面尺寸对话框

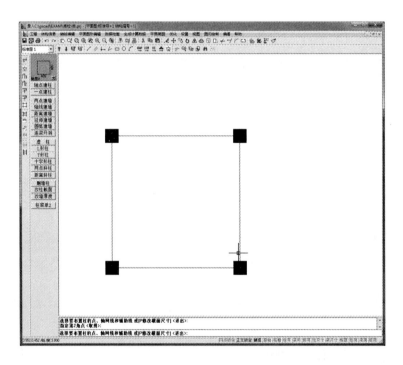

图 4-21　布置柱

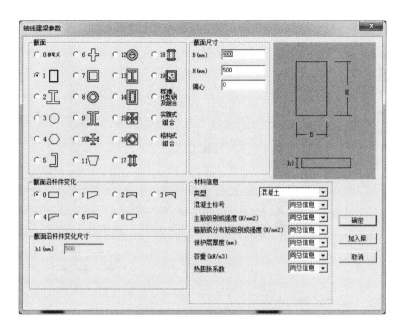

图 4-22 梁截面尺寸对话框

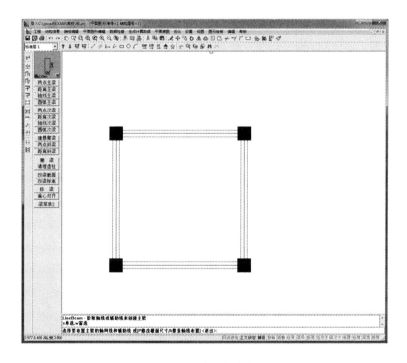

图 4-23 布置框架梁

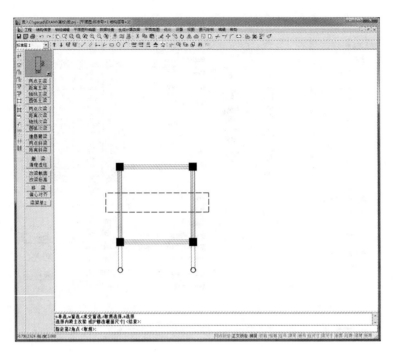

图 4-24　布置悬臂梁

如图 4-25 所示，点击［两点主梁］，选择两根悬臂梁的端部，布置封口梁。

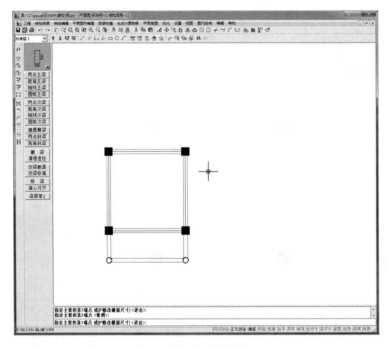

图 4-25　布置封口梁

点击［板几何菜单］，再点击参数窗口，弹出如图 4-26 所示对话框，设置板厚 100mm。

点击［布现浇板］-［所有开间自动布置现浇板］（图 4-27）。

如图 4-28 所示，在梁墙围成的区域自动生成现浇板。

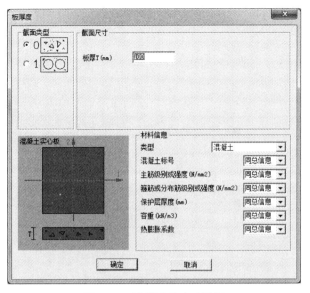

图 4-26　板截面尺寸对话框

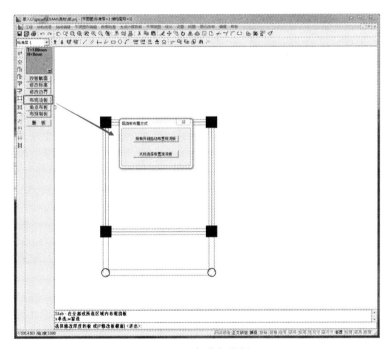

图 4-27　自动布置板

点击［板荷载菜单］，再点击参数窗口，弹出如图 4-29 所示对话框，输入恒载 1.5kN/m²、活载 2.0kN/m²。计算程序会自动计算板的自重，不需要另外输入。

如图 4-30 所示，单击［各板同载］，在弹出对话框中选择"同时改导荷模式和荷载值"，点［确定］按钮，即可一次性布置所有板的荷载。

悬挑板部分比较狭长，一般按单向导荷。如图 4-31，在菜单栏导荷模式简图中点击单向板长边导荷模式，再选择悬挑板，将其导荷模式设为单向板模式。

如图 4-32 所示，点击工具栏中的［保存］按钮，保存模型。接下来还需建标准层 2。如图 4-32 所示，下拉标准层输入框，选择标准层 2，由于目前标准层 2 没有任何构件，因此程

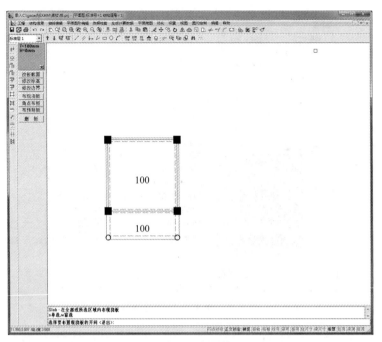

图 4-28　布置板

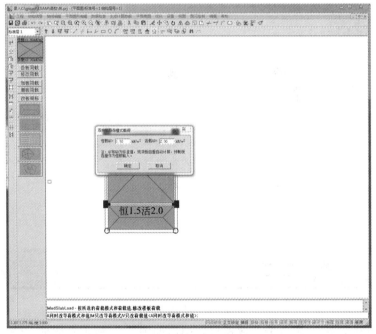

图 4-29　板荷载对话框

序自动提示是否跨层复制，而本模型标准层 1 和标准层 2 相同，因此在跨层复制对话框中输入 1，并点击［确认］按钮，建立标准层 2 的模型。

在图 4-33 中点击工具栏中的［生成 GSSAP 数据］按钮，生成计算数据。生成完毕后关闭图形录入。

在主控菜单中点击［楼板 次梁 砖混计算］，进入楼板次梁砖混计算系统，程序自动计算所有标准层楼板。点击［显板弯矩］查看板弯矩，其计算结果与手工计算结果一致（图 4-34）。

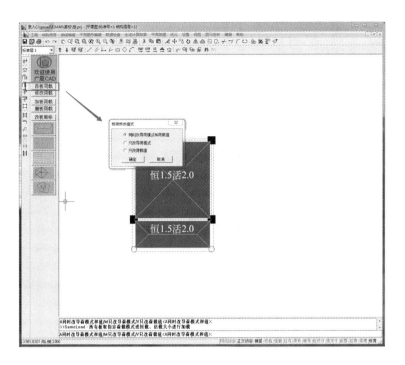

图 4-30　布置板荷载

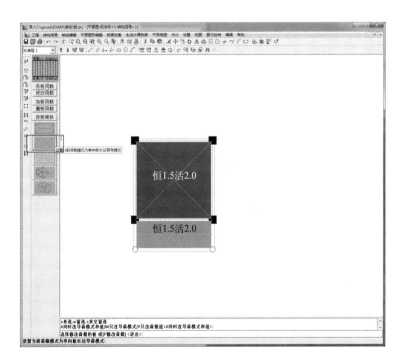

图 4-31　设置单向板的荷载模式

图 4-32　跨层拷贝

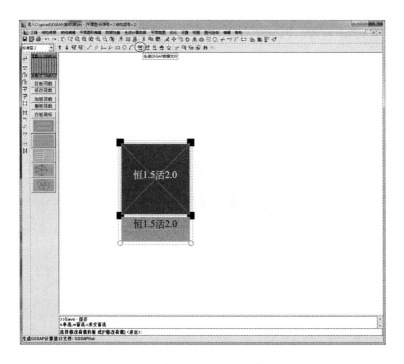

图 4-33　［生成 GSSAP 数据］按钮

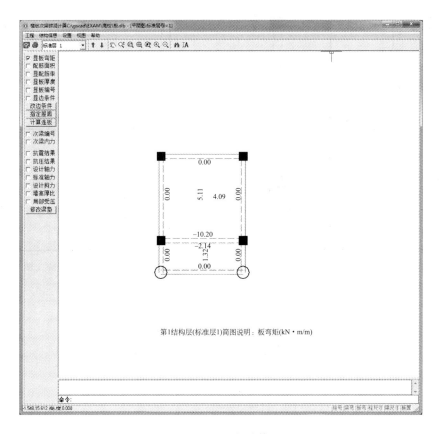

图 4-34　楼板计算

4.2　板的施工图

通过学习本节单开间建筑板的施工图，你将能够：

1）掌握板施工时要布置哪些钢筋；

2）了解根据内力计算板钢筋的原理；

3）了解板的构造要求；

4）学会认识板的施工图表示法。

4.2.1　板的钢筋

如图 4-35，板钢筋有 3 种类型：板底钢筋、板边的支座钢筋和跨板的贯通面筋。

1）B1 板 X 向底筋ϕ8@200，B1 板和 B2 板 Y 向底筋ϕ8@200 贯通，B2 板为单向板，长向未注明底筋为ϕ8@200；

2）B1 板三边支座钢筋ϕ8@200 长度 1150mm，另一边与 B2 板形成跨板的贯通面筋ϕ10@180，从梁中线伸入板 1050mm，B2 板其他两边支座钢筋ϕ8@200 长度 550mm；

3）在图 4-36 所示的屋面施工图中，规范部分面筋贯通，XY 向面筋ϕ8@200 双向贯通，图中显示的面筋为附加面筋。

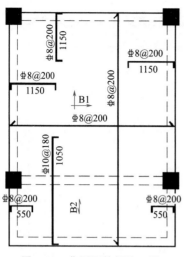

图 4-35 非屋面的板施工图

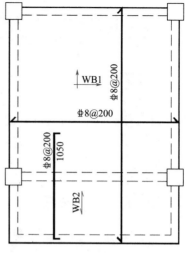

图 4-36 屋面的板施工图

4.2.2 板的计算配筋

板没有箍筋,只考虑正截面承载力验算,计算面筋和底筋。

根据板负弯矩和正弯矩,考虑混凝土受压影响的板配筋计算公式如下。

$$A_s = \cfrac{M}{\cfrac{1+\sqrt{1-2\cfrac{M}{h_0^2 T f_c}}}{2} f_y (h_0 - d/2)}$$

式中　h_0——有效高度 $= T -$ 板保护层厚度;

　　　M——板弯矩;

　　　f_y——钢筋强度;

　　　d——板钢筋直筋,一般取 8mm。

说明:板保护层厚度—混凝土等级≤C25 时,h_0 取 20mm,其他取 15mm。

如图 4-37,手工计算双向板跨中弯矩 5.11kN/m² 的配筋。

$h_0 = 0.1 - 0.02 = 0.08 \text{(m)}$

$\text{sqrt}[1-2M/(h_0^2 T f_c)] = \text{sqrt}[1-2 \times 5.11/(0.08 \times 0.08 \times 0.1 \times 11.9 \times 10^3)] = 0.92267$

$A_s = 5.11/\{[(1+0.923)/2] f_y (h_0 - d/2)\} = 5.11/(0.962 \times 360 \times 10^3 \times 0.076) = 0.000194 \text{(m}^2)$

如图 4-38 所示,每米范围内板的配筋,单位:cm²。

板厚度较小,混凝土的受压作用较小,可不考虑混凝土的受压作用,采用如下简化公式计算配筋。

$$\frac{M}{h_0^2 T f_c} = 0$$

$$A_s = \frac{M}{f_y (h_0 - d/2)}$$

$A_s = 5.11/f_y (h_0 - d/2) = 5.11/(360 \times 10^3 \times 0.076) = 0.000187 \text{(m}^2)$

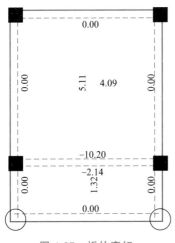

图 4-37 板的弯矩

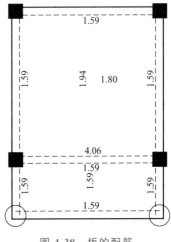

图 4-38 板的配筋

4.2.3 板的构造要求

Ⅰ和Ⅲ级钢有 6mm 和 8mm 直径的钢筋，所以板钢筋一般采用Ⅰ和Ⅲ级钢，板面筋和底筋的最小配筋率（％）如下：

Ⅲ级钢时 max（0.15，$45f_t/f_y$）

Ⅰ级钢时 max（0.2，$45f_t/f_y$）

f_y——钢筋抗拉设计强度Ⅲ级钢 360N/mm²，Ⅰ级钢 270N/mm²；

f_t——混凝土抗拉强度设计值。

单开间建筑板采用Ⅲ级钢，板最小配筋率＝45×1.27/360＝0.159％

4.2.4 板施工图的表示法

板施工图有如下 2 种表示法：大样法和平法。

如图 4-39，大样法包括内容如下：

1) 钢筋：绘制板底钢筋、板边的支座钢筋和板的贯通面筋大样；

2) 板编号：同一平面内板边数、跨度和钢筋相同的编同一编号；

3) 板厚度：右下角统一说明，板厚度不同的在原位标注；

4) 板标高：右下角统一说明，板标高不同的在原位标注。

如图 4-40，板平法包括内容如下：

1) 钢筋：绘制板边的支座钢筋和板的贯通面筋大样，板底钢筋用字串表示，X ⊈ 8@100、Y ⊈ 8@200、X&Y ⊈ 8@200 表示底筋，字串方向为 X 方向，垂直于字串方向为 Y 方向；

2) 板编号：同一平面内板厚度和底筋相同的编同一编号；

3) 板厚度：编号后面的 $h=100$ 表示板厚 100mm；

4) 板标高：右下角统一说明，不同的板标高在原位标注。

三维板负筋如图 4-41 所示。

三维板底筋如图 4-42 所示。

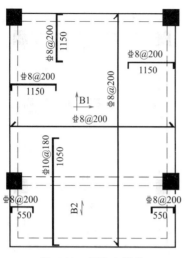

图 4-39　板的大样法

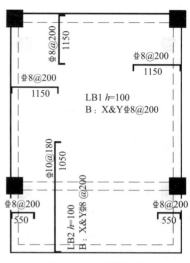

图 4-40　板的平法

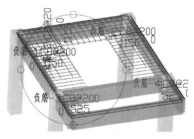

图 4-41　板的负筋

图 4-42　板的底筋

4.2.5　上机操作

接力上节单开间建筑的计算模型，自动生成钢筋施工图（图 4-43）。在主控菜单点击〔通用计算 GSSAP〕，计算梁柱，退出即可。在主控菜单点击〔平法配筋〕。

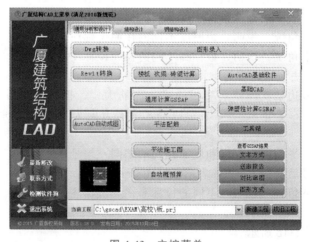

图 4-43　主控菜单

弹出图 4-44 所示对话框，在对话框中选择计算模型为"GSSAP"，然后点击［生成施工图］，生成完毕后退出对话框。

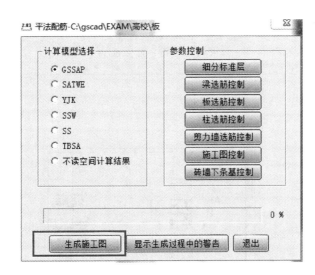

图 4-44　平法配筋

在主控菜单点击［AutoCAD 自动成图］，进入 AutoCAD 自动成图系统（图 4-45）。

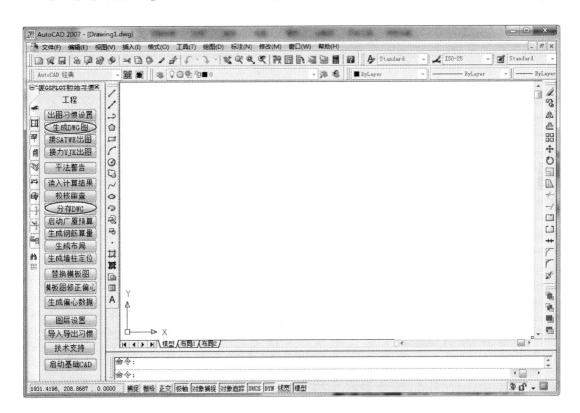

图 4-45　AutoCAD 自动成图

如图 4-45，点击左边工具栏的 [生成 DWG 图]，在弹出的对话框中点击 [确定] 按钮，生成施工图。

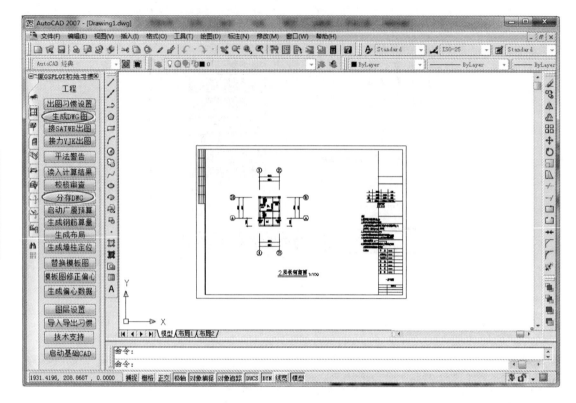

图 4-46　生成 DWG

如图 4-46，点击 [分存 DWG] 按钮，弹出如图 4-47 所示的是否自动生成钢筋算量数据时，选择"是"。

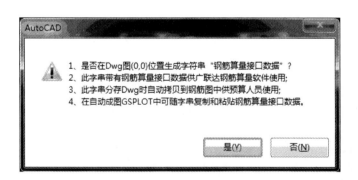

图 4-47　生成钢筋算量数据

如图 4-48，弹出分存对话框时点击 [确定] 按钮，GSPLOT 生成如图 4-48 所示的可送给打印室的钢筋施工图和计算配筋图 DWG 文件。

分存 DWG 时会自动提示是否打开钢筋图，打开后可看到如图 4-49 的板钢筋图。

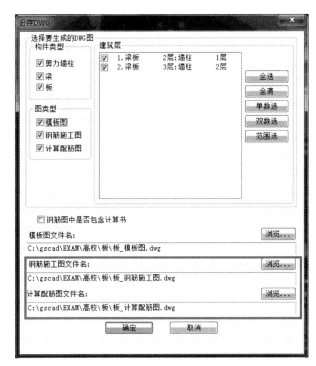

图 4-48 钢筋施工图和计算配筋图 DWG 文件

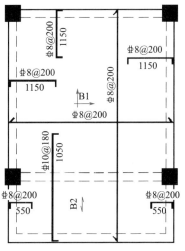

图 4-49 板钢筋图

4.3 本章总结

一个结构可由柱、梁、板、墙和斜杆组成，板是应用广泛的水平构件之一。在恒载和活载作用下板产生变形和弯矩，板的钢筋抵抗相应的弯矩，采用大样法或平法来绘制板的施工图。

思考题

本章算例在"楼板次梁砖混计算"中，改变双向板边界条件为简支或自由，查看跨中弯矩变小的规律，哪种情况跨中弯矩最小？哪种情况跨中弯矩最大？

第5章
墙的设计

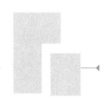

通过学习本章墙的设计，你将能够：

1）采用软件计算墙的内力和变形，了解墙面内和面外受力状况；

2）学会认识和绘制墙和连梁的施工图；

3）了解墙的各种荷载类型。

5.1 墙的力学计算

通过学习本节墙的力学计算，你将能够：

1）了解墙的特性；

2）了解墙的有限单元计算方法；

3）清楚墙常见的受荷情况；

4）学会软件计算墙的内力。

如图 5-1 和图 5-2 所示，墙具有面内和面外的抵抗能力。

1）高层结构的墙也叫剪力墙，主要发挥它的面内的抵抗能力；

2）挡土墙主要发挥它的面外的抵抗能力；

3）人防用途的墙常常同时要用到它的面内和面外的抵抗能力；

4）连梁两端都与剪力墙相连，至少一端与剪力墙方向的夹角不大于 25°，且跨高比小于 5.0。

图 5-1 剪力墙

5.1.1 墙的计算模型

如图 5-3 所示为挡土墙结构计算模型。

图 5-2　挡土墙

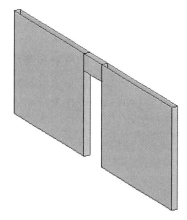

图 5-3　挡土墙结构计算模型

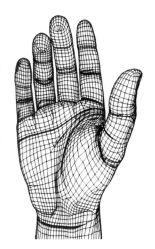

几何：两片 200mm 厚的挡土墙下端嵌固，中间 1000mm 宽人行通道上有 500mm 高连梁。

荷载：混凝土容重 25kN/m³，附加 2 个荷载：挡土墙面外土压力为 30kN/m²，相邻板和墙上其他结构重量作为重力恒载 50kN/m。

材料：混凝土采用等级 C30，钢筋采用 HRB400。

5.1.2　墙的内力计算

采用有限元法计算挡土墙结构，墙采用墙单元，连梁采用杆单元。

5.1.2.1　有限元法

在结构力学位移法的基础上发展形成了新的一种计算方法：有限元法，可用于计算体型复杂的结构。有限元法把结构进行单元剖分，整个结构分解为带荷载的单元和单元之间连接的节点，如图 5-4 所示的手的单元剖分。

如图 5-5，根据几何来分，单元分为 4 种类型：点单元、一维单元、二维单元和三维单元。

常用的基本单元如下：

1）点单元：点弹簧单元；

2）一维单元：直线杆单元和圆弧杆单元；

3）二维单元：三边形壳单元和四边形壳单元；

4）三维单元：长方体三维单元和四棱锥体单元（图 5-6）。

图 5-4　手的网格

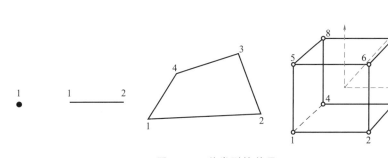

图 5-5　4 种类型的单元

有限元法求解 7 个步骤如下：

1）求局部坐标下的单刚和荷载项；

2）处理单元的边界条件；

3）局部坐标下的单刚和荷载项变换到总体坐标；

4）组集到总刚和总荷载项；

5）处理节点的边界条件；

6）求节点位移；

7）回代求单元内力。

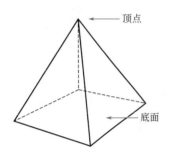

图 5-6　四棱锥体单元

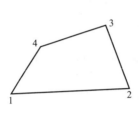

图 5-7　4 节点壳单元

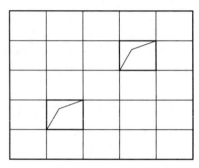

图 5-8　子结构式墙单元

5.1.2.2　墙的单刚

与梁柱杆单元的区别是，墙的单刚采用 4 节点，$4 \times 6 = 24$ 个自由度壳单元的单刚组成（图 5-7）。壳单元是二维单元，单刚无法像梁柱一样写成简单的表达式，要根据积分得到，有兴趣的同学可参阅《建筑结构通用分析与设计软件 GSSAP 说明书》第 5 章第 4 节点壳单元的介绍。

为计算开洞墙和提高墙的计算精度，实际计算中墙采用子结构式墙单元（图 5-8），子结构式墙单元由多个 4 节点壳单元组成，墙内部节点自由度凝聚掉，留下两侧和上下节点自由度，形成墙的单刚。

5.1.2.3　上机计算墙的内力

启动广厦结构 CAD 软件，出现图 5-9 所示广厦结构 CAD 主控菜单，点击［新建工程］，在弹出对话框中选择要存放工程的文件夹，并输入新的工程名：C：\ gscad \ EXAM \ 高

图 5-9　软件计算 4 步骤

校\墙.Prj。

点击［图形录入］，点击菜单［结构信息］-［GSSAP 总体信息］，如图 5-10 所示，填写结构计算总层数为 1。

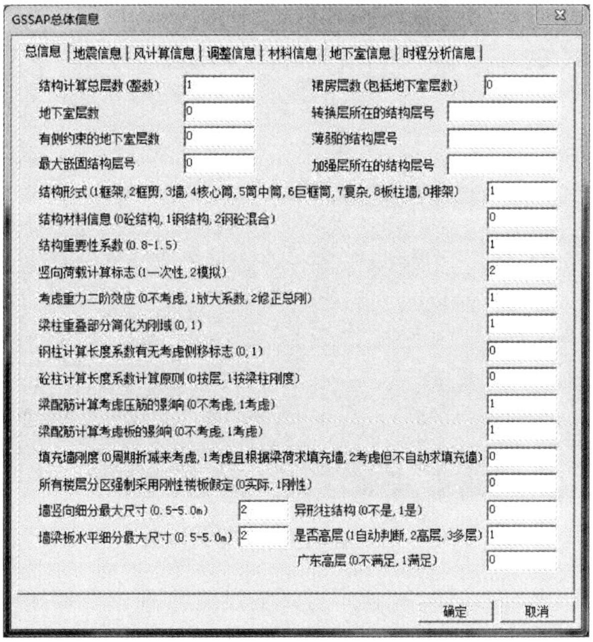

图 5-10　总信息

如图 5-11 所示，在材料信息中设置：混凝土构件容重 $25kN/m^3$，所有钢筋强度为 $360N/mm^2$，点按［确定］退出。

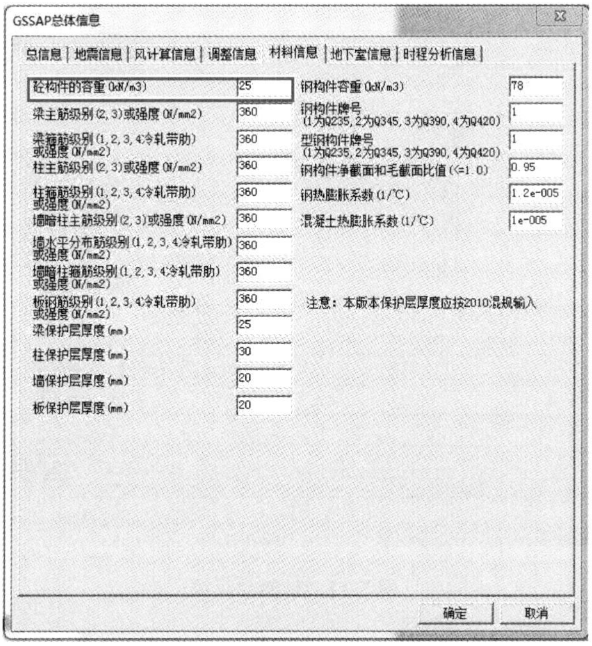

图 5-11　材料信息

点击菜单［结构信息］-［各层信息］-［材料信息］，剪力墙柱混凝土等级填写30，连梁的混凝土等级和钢筋级别计算时自动按剪力墙的设置，点按［确定］退出（图5-12）。

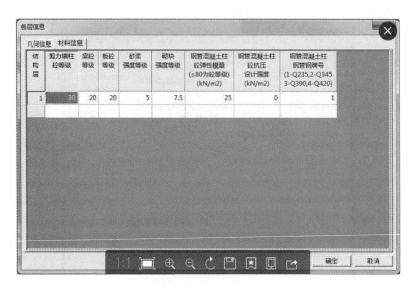

图 5-12　各层信息的材料信息

点击［正交轴网］，弹出如图5-13所示对话框设置轴网 X 向间距4000，Y 向间距4000，1000，4000，点按［确定］退出。

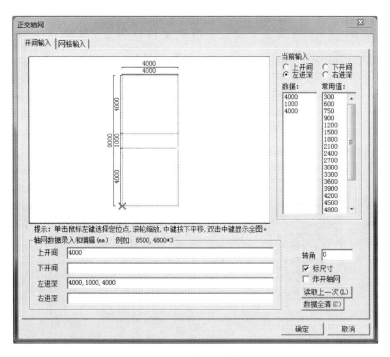

图 5-13　轴网对话框

在屏幕上选择一点，布置如图5-14所示轴网。

点击［轴线建墙］，布置如图5-15所示墙。

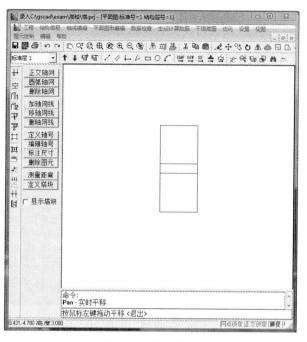

图 5-14　布置轴网

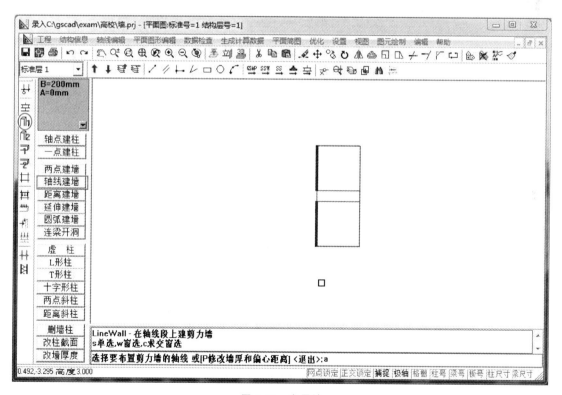

图 5-15　布置墙

点击［梁菜单 1］，点击参数窗口，弹出如图 5-16 所示对话框输入梁截面尺寸200×500。

点击［轴线主梁］，点选一条轴网线，布置一条连梁（图 5-17）。

点击［剪力墙柱荷载菜单］，接着点击［加墙荷载］，再点击参数窗口弹出如图 5-18 所

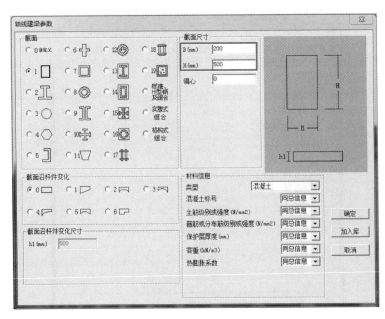

图 5-16　梁截面尺寸对话框

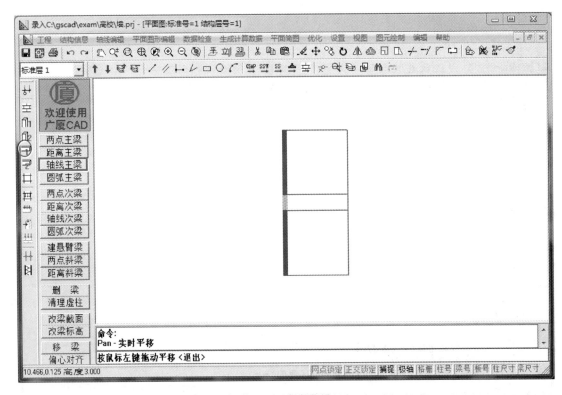

图 5-17　布置连梁

示对话框，选择荷载类型为墙均布面荷载，荷载方向为总体 X，荷载值 q 为 30kN/m^2，工况为土压力。

如图 5-19 所示，窗选两片墙，布置挡土墙面外土压力为 30kN/m^2。

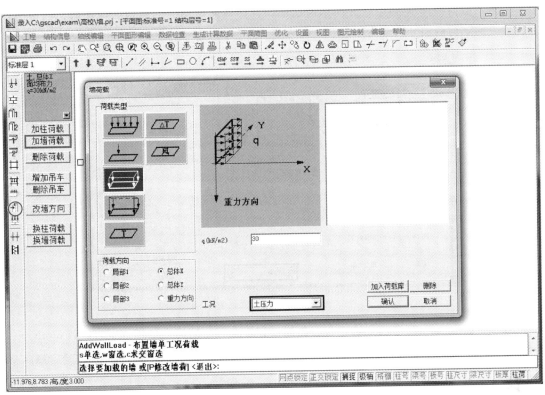

图 5-18 墙荷载对话框

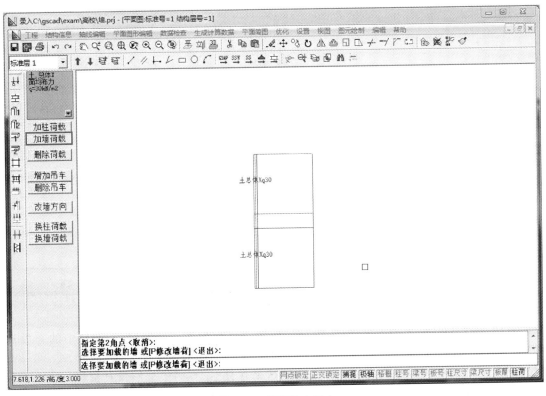

图 5-19 墙面外土压力

点击参数窗口弹出如图 5-20 所示对话框，选择荷载类型为墙顶均布线荷载，荷载方向为重力方向，荷载值 q 为 50kN/m，工况为重力恒载。

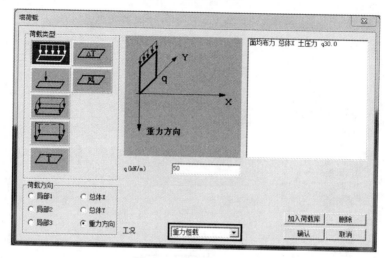

图 5-20　墙荷载对话框

如图 5-21 所示，窗选两片墙，布置相邻板和墙上其他结构重量作为重力恒载 50kN/m。

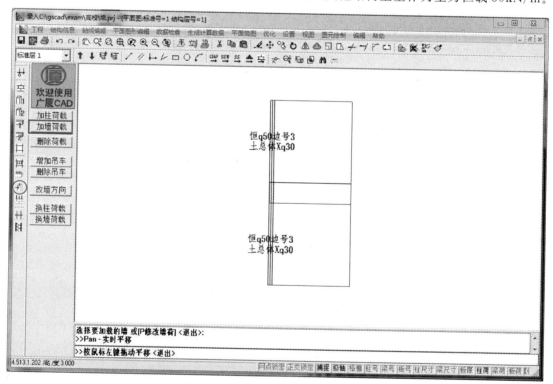

图 5-21　相邻板和墙上其他结构重量

在图 5-21 中点击工具栏中的［保存］按钮，保存模型。再点击工具栏中的［生成 GSSAP 数据］按钮，生成计算数据，退出图形录入（图 5-22）。

在图 5-23 主控菜单点击［楼板、砖混和次梁计算］，本例中虽然没有楼板、砖混或次梁，但根据软件设定仍需点击进入一次；进入以后直接退出。

在主控菜单点击［通用计算 GSSAP］，计算完毕后点击［退出］按钮关闭计算程序。

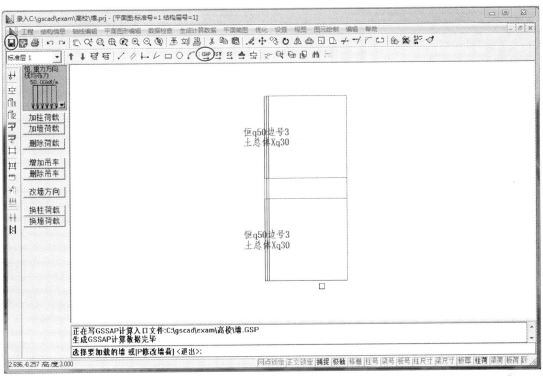

图 5-22 ［保存］和［生成 GSSAP 数据］按钮

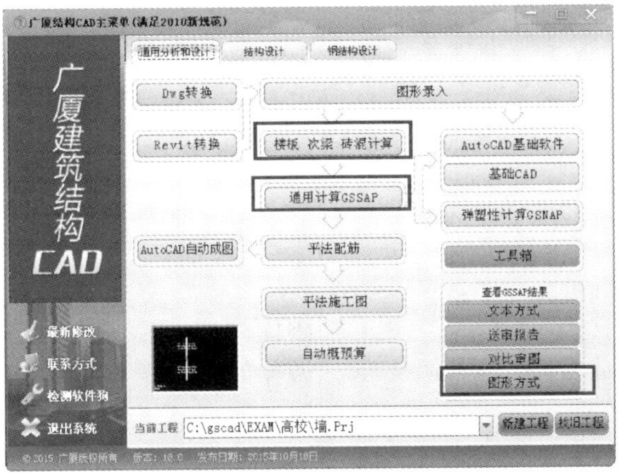

图 5-23 广厦结构 CAD 主控菜单

在主控菜单点击［图形方式］，可在图形上查看计算结果。如图 5-24 所示。

如图 5-25 点击左侧工具栏［柱墙内力］，在弹出的对话框中选择［单工况内力］-［恒载］，如图 5-25 可查得软件算得的墙底轴力值 $N = -261\text{kN}$，负号表示受压，

两片墙总轴力 $=522\text{kN}=$ 两片墙自重＋连梁自重＋两片墙上附加恒载 $=2×3×4×0.2×25+0.2×0.5×25+2×4×50=120+2.5+400=522.5≈522(\text{kN})$，内外力平衡，计算正确。

在对话框中选择［单工况内力］-［土压力］，如图 5-26 可查得软件算得的墙底剪力值 $V_x = -360\text{kN}$，两片墙总剪力 $=720\text{kN}=$ 两片墙附加土压力 $=2×3×4×30=720\text{kN}$，内外力平衡，计算正确。

点击左侧工具栏［三维位移］，在弹出的对话框中选择工况为恒载和土压力，查看墙运动情况（图 5-27）。

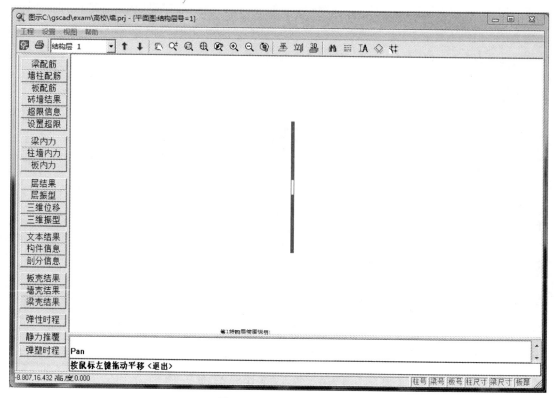

图 5-24　图形方式界面

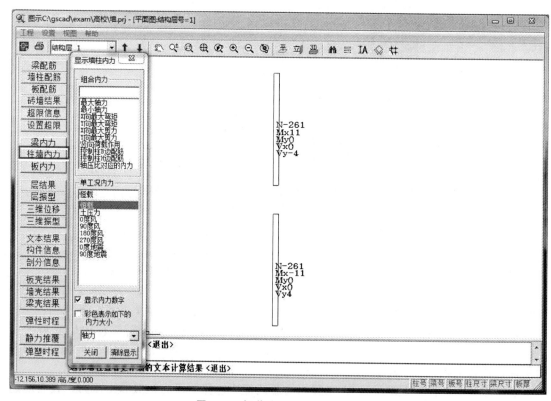

图 5-25　恒载作用下的墙底内力

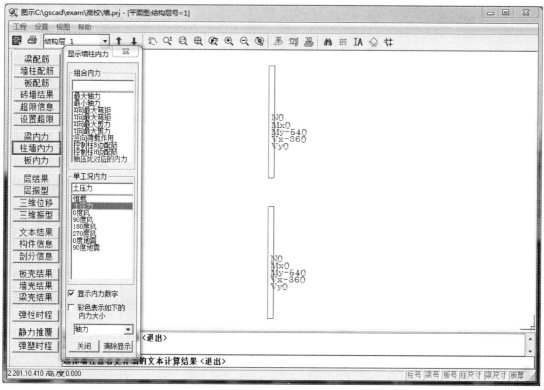

图 5-26　土压作用下的墙底内力

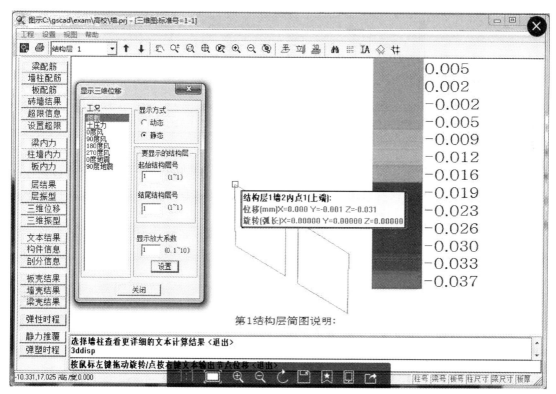

图 5-27　墙位移

5.2 墙的施工图

通过学习本节墙的施工图绘制，你将能够：

1）掌握墙施工时要布置哪些钢筋；

2）了解根据内力计算墙钢筋的原理；

3）了解墙的构造要求；

4）学会认识墙的施工图表示法。

5.2.1 墙的钢筋

如图 5-28，墙钢筋包括 3 个部分：边缘构件钢筋（也叫暗柱钢筋）、墙身钢筋和连梁钢筋。

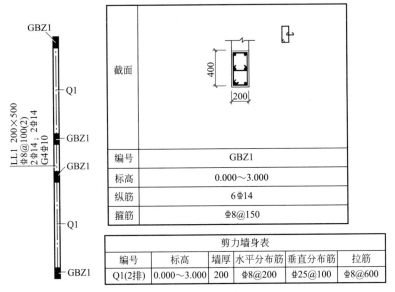

截面	
编号	GBZ1
标高	0.000～3.000
纵筋	6Φ14
箍筋	Φ8@150

剪力墙身表					
编号	标高	墙厚	水平分布筋	垂直分布筋	拉筋
Q1(2排)	0.000～3.000	200	Φ8@200	Φ25@100	Φ8@600

图 5-28 墙钢筋

边缘构件分两类：约束边缘构件和构造边缘构件，抗震等级一、二和三级且墙轴压比较大时，地面嵌固附近的边缘构件为约束边缘构件，约束边缘构件的构造要求比构造边缘构件大。

1）边缘构件编号：平面内截面和钢筋相同的编同一编号，第 1 个字母为 Y 时此构件约束边缘构件，为 G 时此构件构造边缘构件；

2）标高：高度方向的范围；

3）纵筋：纵筋的根数和直径；

4）箍筋：箍筋的直径和间距；

5）截面：截面大样和箍筋抽筋图。

墙身钢筋如下：

1）编号：平面内厚度和钢筋相同的编同一编号；

2）标高：高度方向的范围；

3）墙厚：墙的厚度尺寸；

4）水平分布筋：水平布置的分布筋的根数和直径；

5）垂直分布筋：高度方向布置的分布筋的根数和直径；

6）拉筋：水平拉筋的直径和间距。

连梁钢筋的表达方法与梁相同。如图 5-28 中的连梁，梁号 LL1，截面 200mm×500mm，箍筋直径 8mm，间距 100mm，两肢箍，贯通筋 2 根 14mm，底筋 2 根 14mm，构造腰筋每侧各两根 10mm。

5.2.2 基本内力组合

5.2.2.1 结构荷载工况分类

建筑结构荷载工况分类（表 5-1）。

表 5-1 建筑结构荷载分类

工况类型	荷载工况
恒荷载	重力类恒荷载:结构自重、装修等计入质量的恒荷载
	重力类恒载:预应力荷载等不计入质量的恒荷载
	非重力类恒载:土侧压力、水侧压力和水浮力荷载等不计入质量的恒荷载
可变荷载	重力活载:规范定义的楼面活荷载,计入质量
	吊车荷载,可计入质量
	雪荷载,计入质量
	风荷载:可考虑 8 个方向
	温度:升温和降温
地震作用	地震作用:可考虑 8 个方向(工况)
	偶然偏心地震作用:可考虑 8 个方向(工况)
人防荷载	人防等效静力荷载
施工荷载	施工等效静力荷载

5.2.2.2 分项系数和组合值系数

分项系数和组合值系数见表 5-2。

表 5-2 分项系数和组合值系数

系数名称	缺省值	系数名称	缺省值
恒荷载分项系数	$\gamma_G = 1.2$	温度荷载分项系数	$\gamma_T = 1.4$
活荷载分项系数	$\gamma_L = 1.4$	温度组合值系数	$\psi_T = 0.7$
非屋面活载组合值系数	$\psi_L = 0.7$	风荷载分项系数	$\gamma_w = 1.4$
屋面活载组合值系数	$\psi_L = 0.7$	风荷载组合系数	$\psi_w = 0.6$
活载重力荷载代表值系数	$\gamma_{EG} = 0.5$	水平地震荷载分项系数	$\gamma_{Eh} = 1.3$
雪荷载分项系数	$\gamma_s = 1.4$	竖向地震荷载分项系数	$\gamma_{EV} = 0.5$
雪荷载组合值系数	$\psi_s = 0.7$		

注：γ 为分项系数，ψ 为组合值系数，下标代表荷载工况。

5.2.2.3 恒荷载、活荷载、风荷载和温度荷载作用组合

1）1.35 重力恒载＋$\psi_L\gamma_L$ 重力活载；

2）1.35 恒载＋$\psi_L\gamma_L$ 重力活载；

3）γ_G恒载＋γ_L重力活载＋γ_s雪荷载；

4）1.0 恒载＋γ_L重力活载＋γ_s雪荷载；

5）γ_G恒载＋γ_w风力；

6）1.0 恒载＋γ_w风力；

7）γ_G恒载±γ_T温度；

8）1.0 恒载±γ_T温度；

9）γ_G恒载＋γ_L重力活载＋γ_s雪荷载＋$\psi_w\gamma_w$风力±$\psi_T\gamma_T$温度；

10）1.0 恒载＋γ_L重力活载＋γ_s雪荷载 ＋$\psi_w\gamma_w$风力±$\psi_T\gamma_T$温度；

11）γ_G恒载＋$\psi_L\gamma_L$重力活载＋$\psi_s\gamma_s$雪荷载＋γ_w风力±$\psi_T\gamma_T$温度；

12）1.0 恒载＋$\psi_L\gamma_L$重力活载＋$\psi_s\gamma_s$雪荷载＋γ_w风力±$\psi_T\gamma_T$温度；

13）γ_G恒载＋$\gamma_L\gamma_L$重力活载＋$\psi_s\gamma_s$雪荷载＋$\psi_w\gamma_w$风力±γ_T温度；

14）1.0 恒载＋$\psi_L\gamma_L$重力活载＋$\psi_s\gamma_s$雪荷载＋$\psi_w\gamma_w$风力±γ_T温度。

自动考虑重力恒和非重力恒（如水压力向上作用与重力互相抵消时）的有利不利组合，分项系数有利时取 1.0，不再统一取 1.2 或 1.35。

恒载为重力恒载＋非重力类恒载，当重力恒载和非重力类恒载方向相反时自动考虑之间的有利和不利组合，恒载有利部分的系数只能取 1.0，γ_L、γ_s、γ_w、γ_T为活荷载、雪荷载、风荷载和温度荷载的分项系数，缺省按规范民用结构取值，工业结构可由用户输入；ψ_L、ψ_s、ψ_w、ψ_T为活荷载、雪荷载、风荷载和温度荷载的组合值系数，缺省按规范民用结构取值，工业结构可由用户输入。

当结构考虑活载不利布置时，考虑活载不利布置对梁柱墙的影响，产生了 11 项梁柱墙活荷载内力，即活 1，全楼一次性加载，活 2～活 11 的 10 组布置为从 1 跨开始间隔 10 跨布置梁活载，11 组活荷载内力参与所有活荷载有关的组合。

5.2.2.4 地震作用组合

对多层结构，重力恒、重力活、风、地震的作用组合。

对高层结构（层高＞28m，或主体建筑层≥10），层高≤60m：

1）1.2（重力恒载＋γ_{EG}重力活载＋0.5雪荷载）＋γ_{Eh}水平地震作用＋γ_{EV}竖向地震作用；

2）1.0（重力恒载＋γ_{EG}重力活载＋0.5雪荷载）＋γ_{Eh}水平地震作用＋γ_{EV}竖向地震作用；

3）1.2（重力恒载＋γ_{EG}重力活载＋0.5雪荷载）＋γ_{EV}水平地震作用＋γ_{Eh}竖向地震作用；

4）1.0（重力恒载＋γ_{EG}重力活载＋0.5雪荷载）＋γ_{EV}水平地震作用＋γ_{Eh}竖向地震作用；

5）1.2（重力恒载＋γ_{EG}重力活载＋0.5雪荷载）＋γ_{Eh}竖向地震作用；

6）1.0（重力恒载＋γ_{EG}重力活载＋0.5雪荷载）＋γ_{Eh}竖向地震作用。

对高层结构（层高＞28m，或主体建筑层≥10），层高＞60m：

1）1.2（重力恒载＋γ_{EG}重力活载＋0.5雪荷载）＋ 0.2γ_w风力＋γ_{Eh}水平地震作用＋γ_{EV}竖向地震作用；

2）1.0（重力恒载＋γ_{EG}重力活载＋0.5雪荷载）＋ 0.2γ_w风力＋γ_{Eh}水平地震作用＋γ_{EV}竖向地震作用；

3）1.2（重力恒载＋γ_{EG}重力活载＋0.5雪荷载）＋ 0.2γ_w风力＋γ_{EV}水平地震作用＋γ_{Eh}竖向地震作用；

4）1.0（重力恒载＋γ_{EG}重力活载＋0.5雪荷载）＋ 0.2γ_w风力＋γ_{EV}水平地震作用＋

γ_{Eh}竖向地震作用；

5）1.2（重力恒载＋γ_{EG}重力活载＋0.5雪荷载）＋γ_{Eh}竖向地震作用；

6）1.0（重力恒载＋γ_{EG}重力活载＋0.5雪荷载）＋γ_{Eh}竖向地震作用。

其中，重力恒载和活载为产生质量的恒载和活载，γ_{EG}为活载重力荷载代表值系数，缺省按规范民用结构取值，工业结构可由用户输入；γ_{Eh}、γ_{EV}为水平地震作用分项系数和竖向地震作用分项系数，缺省按规范民用结构取值，工业结构可由用户输入。

当结构地震力分析考虑偶然偏心时，对每个地震作用方向进行＋5%和－5%的偶然偏心地震力组合。

程序自动按照《高层建筑混凝土结构技术规范》（以下简称《高规》）10.2.6条规定，8度抗震设计时转换构件尚应考虑竖向地震。

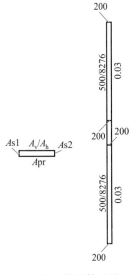

图 5-29　墙计算配筋

第 5 章　墙的设计

5.2.3　墙的计算配筋（图5-29）

剪力墙中 $As1$ 和 $As2$ 为暗柱总配筋面积（mm^2），A_v 为 1m 范围内水平分布筋配筋面积（mm^2/m），A_h 为 1m 范围内内外侧总的配筋面积（mm^2/m），Apr 为轴压比。

200 为墙端暗柱总配筋面积，500 为 1m 范围内水平分布筋配筋面积，8276 为 1m 范围内内外侧总的配筋面积，0.03 为轴压比。

5.2.3.1　墙的正截面承载力设计方法

在轴力和弯矩作用下墙的正截面承载力设计方法原理与柱相同，平面内计算时，只是多考虑了垂直分布筋的作用，计算墙的暗柱纵向钢筋面积为 $As1$ 和 $As2$，平面外计算钢筋为 A_h。

5.2.3.2　墙的斜截面承载力设计方法

1）剪力墙的截面应符合下列要求

非抗震设计：$\qquad V_w \leqslant 0.25\beta_c f_c b_w h_w$ 　（《高规》7.2.7-1）

抗震设计：$\qquad V_w \leqslant (0.20\beta_c f_c b_w h_w)/\gamma_{RE}$（剪跨比大于 2.5 时）　（《高规》7.2.7-2）

$\qquad\qquad V_w \leqslant (0.15\beta_c f_c b_w h_w)/\gamma_{RE}$（剪跨比不大于 2.5 时）　（《高规》7.2.7-3）

2）偏心受压剪力墙的斜截面受剪承载力按下列公式计算。

非抗震设计：

$$V_w \leqslant \frac{1}{\lambda-0.5}\left(0.5f_t b_w h_{w0} + 0.13N\frac{A_w}{A}\right) + f_{yv}\frac{A_{sh}}{s}h_{w0}$$

（《高规》7.2.10-1）

抗震设计：

$$V_w \leqslant \frac{1}{\gamma_{RE}}\left[\frac{1}{\lambda-0.5}\left(0.4f_t b_w h_{w0} + 0.1N\frac{A_w}{A}\right) + 0.8f_{yv}\frac{A_{sh}}{s}h_{w0}\right]$$

（《高规》7.2.10-2）

式中　N——剪力墙的轴向压力设计值，当 N 大于 $0.2f_c b_w h_w$ 时，取 N 等于 $0.2f_c b_w h_w$；

A——剪力墙截面积；

A_w——对于矩形截面的剪力墙，取 $A_w=A$；

λ——剪跨比，$\lambda=M/Vh_{w0}$，取 $1.5 \leqslant \lambda \leqslant 2.2$；

S——剪力墙水平分布钢筋间距，取 $S=0$。

113

5.2.4 剪力墙的构造要求

（1）剪力墙轴压比限值

根据抗规 6.4.2 的要求，一、二、三级抗震等级的剪力墙，其重力荷载代表值作用下墙肢的轴压比不宜超过表 5-3 的限值。

表 5-3　剪力墙轴压比限值

轴压比	一级（9 度）	一级（7、8 度）	二、三级
$N/(f_c \times A)$	0.4	0.5	0.6

重力荷载代表值 $N = 1.2$（恒 $+ 0.50$ 活）$= 1.2 \times 261 = 313$（kN）

轴压比 $N/(f_c \times A) = 313/(14.3 \times 10^3 \times 0.2 \times 4) = 0.027$，满足要求。

（2）约束边缘构件

根据抗规 6.4.5 的要求，一、二、三级加强部位及相邻的上一层轴压比大于如表 5-4时，两端设置如图 5-30 所示约束边缘构件。

表 5-4　约束边缘构件轴压比要求

抗震等级或烈度	一级（9 度）	一级（7、8 度）	二、三级
轴压比	0.1	0.2	0.3

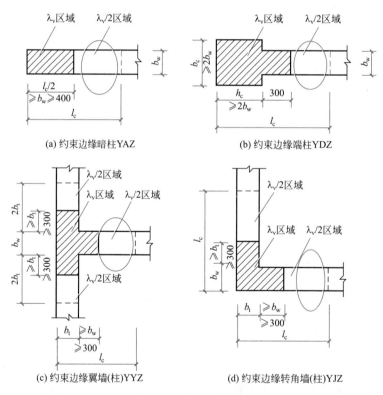

(a) 约束边缘暗柱YAZ　　　(b) 约束边缘端柱YDZ

(c) 约束边缘翼墙(柱)YYZ　　　(d) 约束边缘转角墙(柱)YJZ

图 5-30　约束边缘构件

本章算例轴压比 0.027，不需要按约束边缘构件设置。

若是约束边缘构件，范围、箍筋、纵筋和拉筋要满足如表 5-5 所示要求：

表 5-5 约束边缘构件的范围和配筋要求

项目	一级（9度）		一级（6、7、8度）		二级		三级	
	$\mu_N \leqslant 0.2$	$\mu_N \geqslant 0.2$	$\mu_N \leqslant 0.3$	$\mu_N \geqslant 0.3$	$\mu_N \leqslant 0.4$	$\mu_N \geqslant 0.4$	$\mu_N \leqslant 0.4$	$\mu_N \geqslant 0.4$
l_c（暗柱）	$0.20 h_w$	$0.25 h_w$	$0.15 h_w$	$0.20 h_w$	$0.15 h_w$	$0.20 h_w$	$0.15 h_w$	$0.20 h_w$
l_c（转角墙、翼墙或端柱）	$0.15 h_w$	$0.20 h_w$	$0.10 h_w$	$0.15 h_w$	$0.10 h_w$	$0.15 h_w$	$0.10 h_w$	$0.15 h_w$
λ_v	0.12	0.2	0.12	0.2	0.12	0.2	0.12	0.2
阴影区纵向钢筋（取较大值）	$1.4\% A_c$、8Φ16		$1.2\% A_c$、8Φ16		$1.0\% A_c$、6Φ16		$1.0\% A_c$、6Φ14	
箍筋或拉筋沿竖向距离/mm	≤100		≤100		≤150		≤150	

根据《抗规》6.1.10 和《高规》7.1.4 要求，剪力墙底部加强部位的定义如下。

1）底部加强部位的高度，应从地下室顶板算起。

2）底部加强部位的高度可取墙肢总高度的 1/10 和底部二层二者的较大值，房屋高度≤24m 时，底部加强部位可取底部一层。

3）当结构计算嵌固端位于地下一层底板及以下时，底部加强部位尚宜向下延伸到地下部分的计算嵌固端。

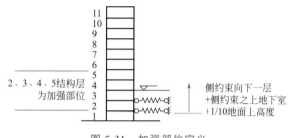

图 5-31 加强部位定义

如图 5-31 所示 3 层地下室，两层有挡土墙，在结构基底嵌固，实际有侧约束层向下一层为加强部位即可。

（3）构造边缘构件

根据抗规 6.4.5 的要求，一、二、三级抗震的其他部位和四级抗震墙，两端设置如图 5-32 构造边缘构件。

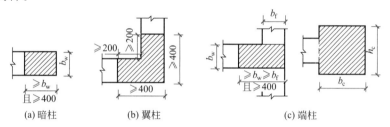

(a) 暗柱　　　　(b) 翼柱　　　　(c) 端柱

图 5-32 构造边缘构件

构造边缘构件的纵筋和箍筋满足表 5-6 要求。

表 5-6 构造边缘构件的配筋要求

抗震等级	底部加强部位			其他部位		
	纵向钢筋最小值（取较大值）	箍筋		纵向钢筋最小值（取较大值）	箍筋	
		最小直径/mm	沿竖向最大间距/mm		最小直径/mm	沿竖向最大间距/mm
一	$0.010 A_c$、6D16	8	100	$0.008 A_c$、6D14	8	150
二	$0.008 A_c$、6D14	8	150	$0.006 A_c$、6D12	8	200
三	$0.006 A_c$、6D12	6	150	$0.005 A_c$、4D12	6	200
四	$0.005 A_c$、4D12	6	200	$0.004 A_c$、4D12	6	250

（4）水平和竖向分布钢筋的最小配筋率

根据《混规》9.4.4 和《抗规》6.4.3 的要求，水平和竖向分布钢筋的配筋率 ρ_{sh} $\left(\rho_{sh} \geqslant \dfrac{A_{sh}}{b s_v} , s_v \text{为水平分布钢筋的间距} \right)$ 和 $\rho_v \left(\rho_{sv} \geqslant \dfrac{A_{sv}}{b s_h} , s_h \text{为水平分布钢筋的间距} \right)$ 满足表 5-7 要求。

表 5-7 水平和竖向分布钢筋的最小配筋率

抗震等级	一、二、三级	四级	非抗震
水平和竖向分布钢筋的最小配筋率	0.25%	0.2%	0.2%

5.2.5 剪力墙施工图的表示法

剪力墙施工图有如图 5-33 所示的两种表示法：列表注写方式和截面注写方式。

1）列表注写方式：在平面图上相同的暗柱和墙身编相同的编号，另绘制暗柱表和墙

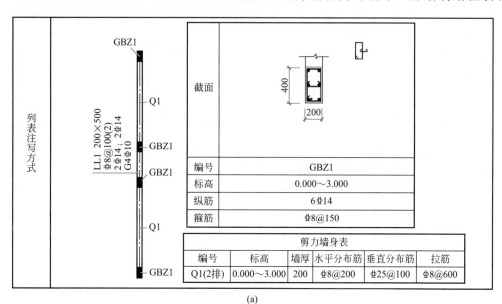

图 5-33 墙施工图的两种表示法

身表。

2）截面注写方式：在平面图上原位置表示纵筋和箍筋，其他相同的暗柱和墙身编相同的编号。

如图 5-33 所示：

1）暗柱号 GBZ1，截面 200mm × 400mm，纵筋 6 根 14mm，箍筋直径 8mm，间距 150mm。

2）墙身号 Q1，厚度 200mm，水平分布筋直径 8mm，间距 200mm，垂直分布筋直径 25mm，间距 100mm，拉筋直径 8mm，间距 600mm。

3）连梁编号 LL1，截面 200mm×500mm，箍筋两肢箍，直径 8mm，间距 100mm，面筋和底筋两根 14mm 贯通，侧向各两根 10 腰筋。

如图 5-34 显示三维暗柱纵筋、暗柱箍筋、水平分布筋、垂直分布筋和拉筋。

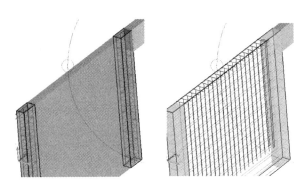

图 5-34　三维墙钢筋

5.2.6　上机操作

接力上节墙的模型，在图 5-35 主控菜单点击［平法配筋］。

图 5-35　主控菜单

弹出图 5-36 对话框，在对话框中选择计算模型为 "GSSAP"，然后点击［生成施工图］，生成完毕后退出对话框。

在图 5-37 的主控菜单点击［AutoCAD 自动成图］，进入 AutoCAD 自动成图系统。

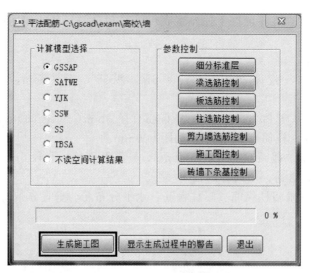

图 5-36 平法配筋对话框

图 5-37 AutoCAD 窗口

在图 5-38 中点击左边工具栏的 [生成 DWG]，在弹出的对话框中点击 [确定] 按钮，生成施工图。

在图 5-38 中点击 [分存 DWG] 按钮，弹出如图 5-39 所示是否自动生成钢筋算量数据时选择"是"。

在图 5-40 中，弹出分存对话框时选择确认，GSPLOT 生成如图 5-41 所示的送给打印室的钢筋施工图和计算配筋图 Dwg 文件。

分存 DWG 时会自动提示是否打开钢筋图，打开后可看到如图 5-41 所示的墙钢筋图。

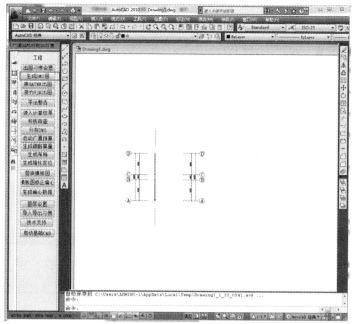

图 5-38 墙施工图

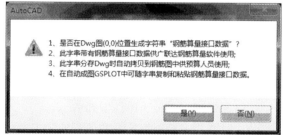

图 5-39 生成钢筋算量数据

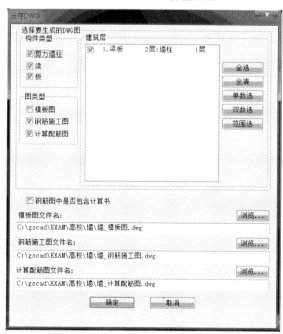

图 5-40 分存对话框

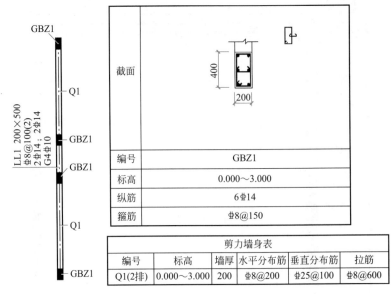

截面	400 200				
编号	GBZ1				
标高	0.000～3.000				
纵筋	6Φ14				
箍筋	Φ8@150				

剪力墙身表					
编号	标高	墙厚	水平分布筋	垂直分布筋	拉筋
Q1(2排)	0.000～3.000	200	Φ8@200	Φ25@100	Φ8@600

图 5-41　墙钢筋图

5.3　本章总结

一个结构可由柱、梁、板、墙和斜杆组成，墙是应用广泛的竖向构件之一。

1）在一定的荷载作用下墙产生变形；

2）墙的钢筋和混凝土共同抵抗相应的轴力、弯矩和剪力；

3）列表注写方式和截面注写方式来绘制墙暗柱和墙身的施工图。

思考题

根据本章算例，查看内力和位移，在 AutoCAD 自动成图的墙柱施工图习惯中修改墙施工图习惯，分别生成列表注写方式和截面注写方式的施工图 。

第6章
框架结构的设计、算量和下料

通过学习本章培训楼的设计、算量和下料，你将能够：
1）计算框架结构；
2）绘制梁柱板的钢筋施工图；
3）掌握结构施工图和钢筋算量软件的接口；
4）完成框架结构的钢筋算量；
5）进行框架结构的混凝土算量；
6）熟悉框架结构的钢筋下料。

6.1 框架结构的力学计算

6.1.1 框架结构的工程概况

快算公司培训楼位于 7 度抗震设防地区，抗震等级设为二级。

几何：总共 3 层，每层层高 3m，柱下采用 500mm 高的独立扩展基础。三维图如图 6-1 所示。

所有柱截面尺寸 300mm×400mm，框架梁截面尺寸 200mm×500mm，次梁截面尺寸 200mm×400mm，板厚 100mm。

图 6-1　培训楼三维结构

结构 1 和 2 层模板图如图 6-2 所示，其中第 3 层（屋顶）无阳台。

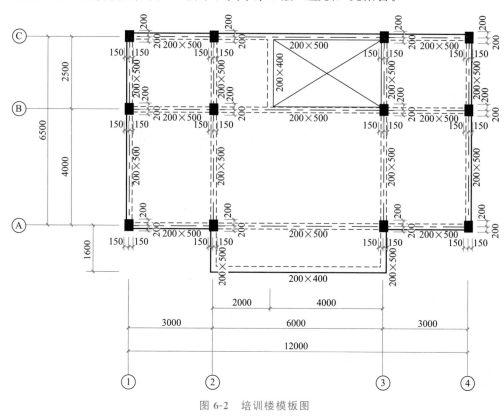

图 6-2　培训楼模板图

荷载：结构 1 和 2 层梁板荷载图如图 6-3 所示。

1）梁荷：填充墙加抹灰自重为梁上荷载 13kN/m，女儿墙加抹灰自重梁上荷载 5kN/m。

2）板荷：瓷砖加抹灰自重为板恒载 1.5kN/m²，人员和设备重量为板活载 2.0kN/m²。楼梯间板厚度为 0，楼梯和瓷砖自重按 4.0kN/m²，楼梯上人员和设备重量为楼梯板活载 2.0kN/m²。

3）板导荷模式：楼梯板采用单向短边导荷模式，阳台板采用单向长边导荷模式，其他板采用双向导荷模式。

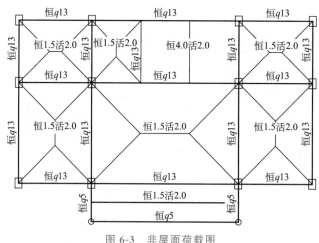

图 6-3　非屋面荷载图

结构 3 层梁板荷载图如图 6-4 所示。

1）梁荷：周圈女儿墙加抹灰自重梁上荷载 5kN/m；

2）板荷：瓷砖加抹灰自重为板恒载 1.5kN/m²，人员重量为板活载 0.7kN/m²。

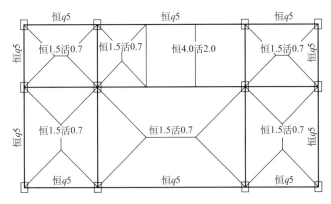

图 6-4　屋面荷载图

材料：柱混凝土等级 C30，梁板混凝土等级 C25，钢筋全部采用 HRB400。

6.1.2　框架结构的模型输入

启动广厦结构 CAD 软件，出现图 6-5 所示广厦结构 CAD 主控菜单，点击［新建工程］，在弹出对话框中选择要存放工程的文件夹，若没有 C：\GSCAD\EXAM\高校\框架，可新建一个文件夹，并输入新的工程名：C：\GSCAD\EXAM\高校\框架\框架.prj。

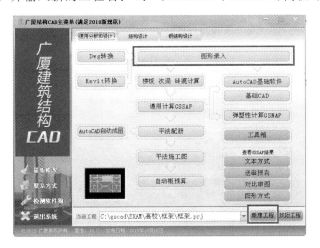

图 6-5　广厦结构 CAD 主控菜单

建立计算模型 5 个步骤图 6-6：

① 填写总信息和各层信息；

② 输入轴线和轴网；

③ 布置墙柱梁板；

④ 布置墙柱梁板荷载；

⑤ 编辑其他标准层。

点击［图形录入］，点击菜单［结构信息］-［GSSAP 总体信息］，如图 6-7 所示填写结构计算总层数为 3。

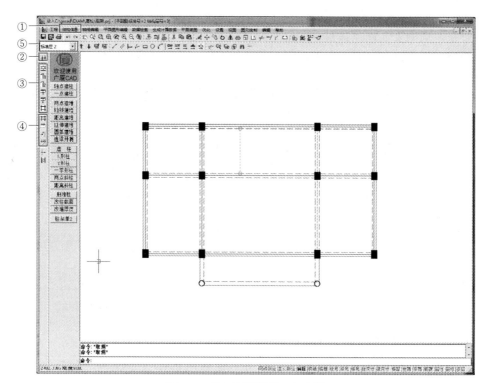

图 6-6　建立计算模型 5 个步骤

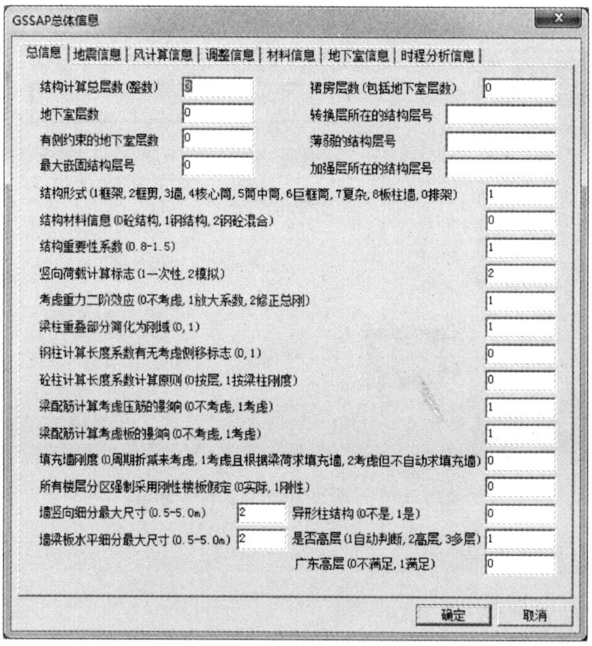

图 6-7　总信息

如图 6-8 所示，在地震信息中输入：抗震烈度 7，二级抗震等级，框架结构周期折减系数 0.7。

如图 6-9 所示，在材料信息中设置：砼构件容重 25kN/m³，所有钢筋强度为 360N/mm²，点击［确定］按钮退出。

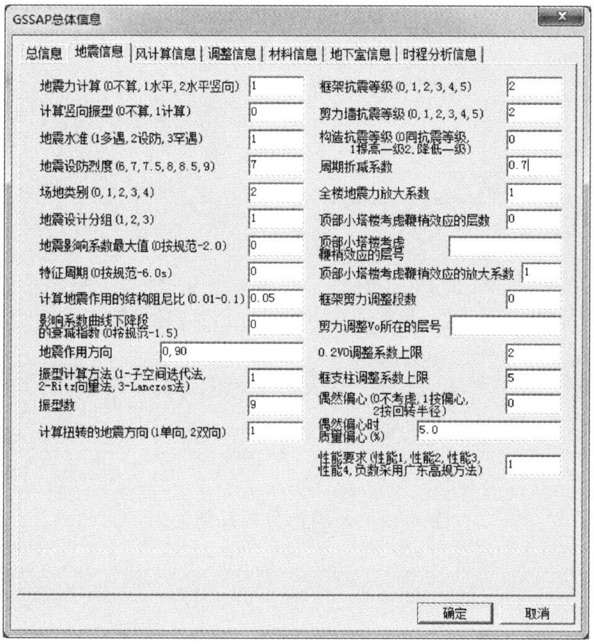

图 6-8　地震信息

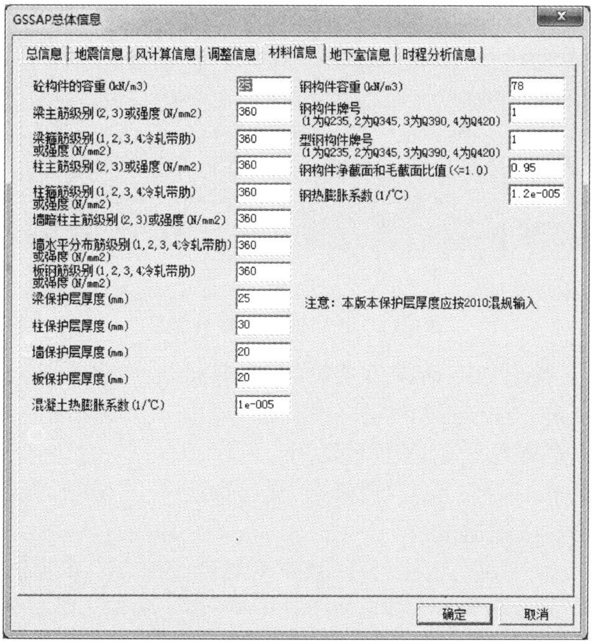

图 6-9　材料信息

点击菜单［结构信息］-［各层信息］，如图 6-10 所示，填写结构层 1～2 和 3 分别对应标准层 1 和 2。结构层 1～2 几何和荷载相同为第 1 标准层，结构层 3 为第 2 标准层。

在图 6-11［材料信息］中，墙柱混凝土等级填写 30，梁和板混凝土等级填写 25，点击［确定］按钮退出。

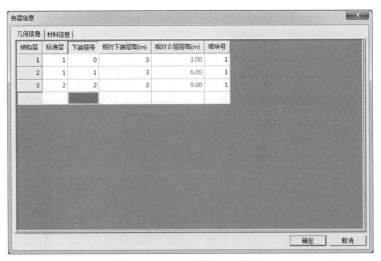

图 6-10　各层信息的几何信息

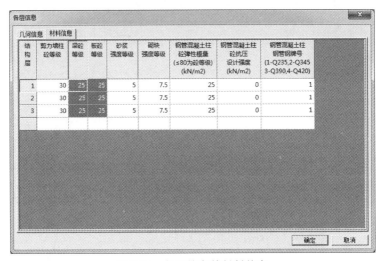

图 6-11　各层信息的材料信息

点击［正交轴网］，弹出如对话框设置轴网 X 向间距：3000，6000，3000 和 Y 向间距 4000，2500，点击［确定］按钮退出（图 6-12）。

在屏幕上选择一点，布置图 6-13 所示轴网。

点击［剪力墙柱菜单 1］，点击参数窗口，弹出如图 6-14 所示对话框，输入柱截面尺寸 300×400，点击［确定］按钮退出。

如图 6-15 所示，点击［轴点建柱］，窗选所有轴网交叉点，布置框架柱。

点击［梁菜单 1］，点击参数窗口，弹出如图 6-16 所示对话框输入梁截面尺寸 200×500。

点击［轴线主梁］，窗选所有轴网线，布置如图 6-17 所示主梁。

如图 6-18 所示，点击［建悬臂梁］，根据命令窗口中的提示回车设置悬臂长度默认 1500mm，按图示虚线交选（从右下到左上框选）内跨 Y 向的两根主梁，然后点右键确认选择；此时被选中的梁变成可延伸状态，向下拉伸并按鼠标左键，此时屏幕可见梁下端布置好了两根悬臂梁。

如图 6-19 所示，点击［两点主梁］，点击参数窗口，弹出如图所示，对话框输入梁截面尺寸 200×400。

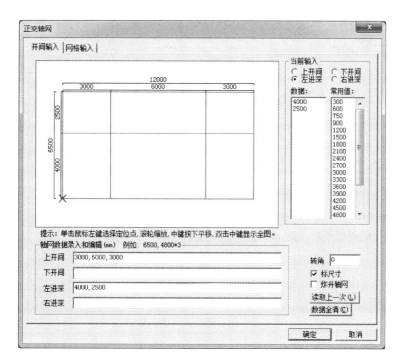

图 6-12 轴网对话框

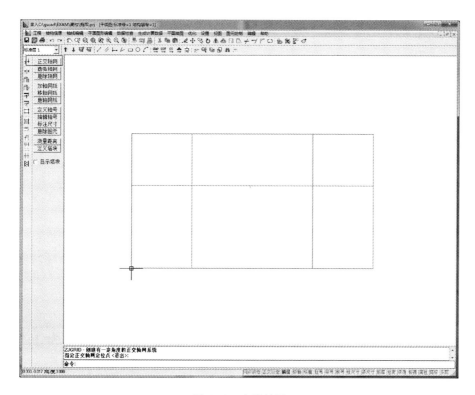

图 6-13 布置轴网

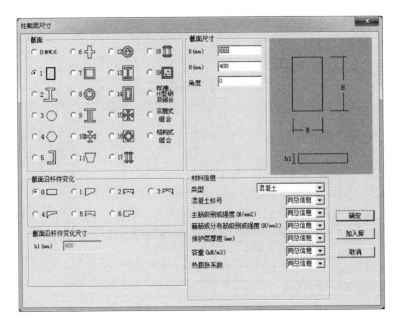

图 6-14　柱截面尺寸对话框

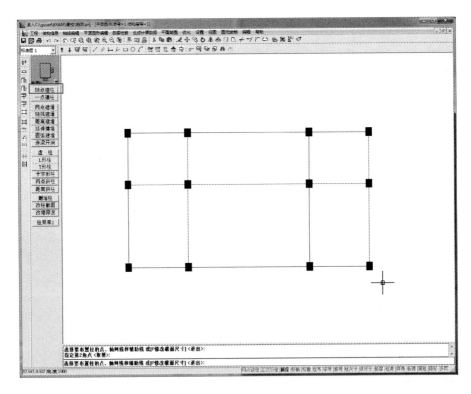

图 6-15　布置柱

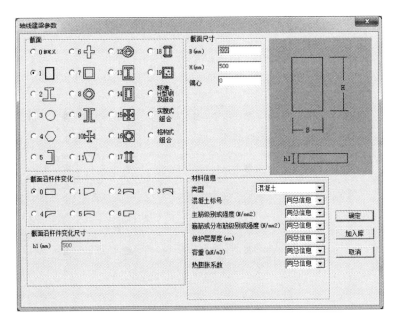

图 6-16 梁截面尺寸对话框

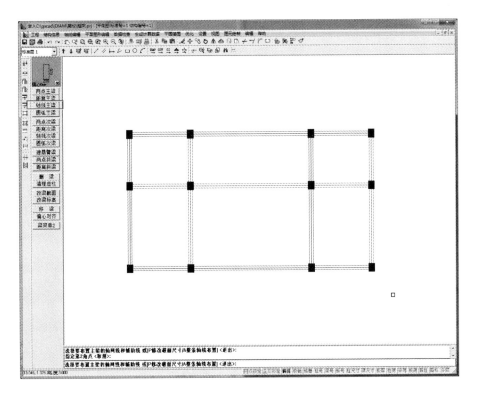

图 6-17 布置框架梁

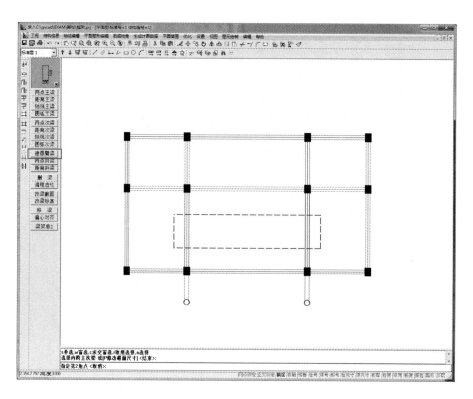

图 6-18　布置悬臂梁

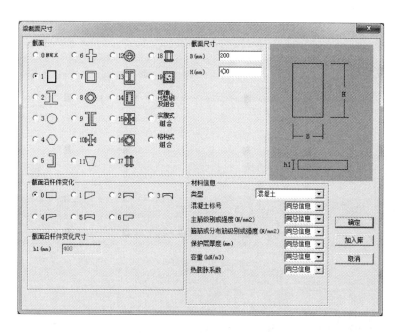

图 6-19　梁截面尺寸对话框

如图 6-20，选择两点，布置封口梁。封口梁其实为次梁，若建模时按主梁输入，计算和绘图时无墙柱搭接的梁自动会判定为次梁。

如图 6-21，点击［距离次梁］，选择此梁的左端，输入离左端 2000。布置普通次梁见图 6-22。

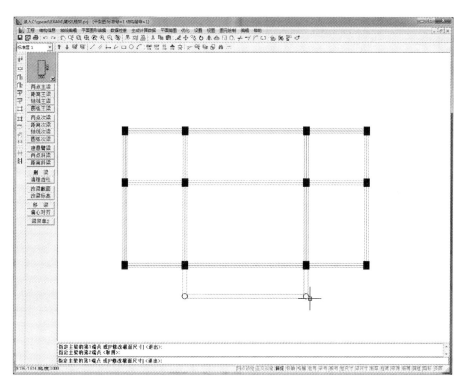

图 6-20　布置封口梁

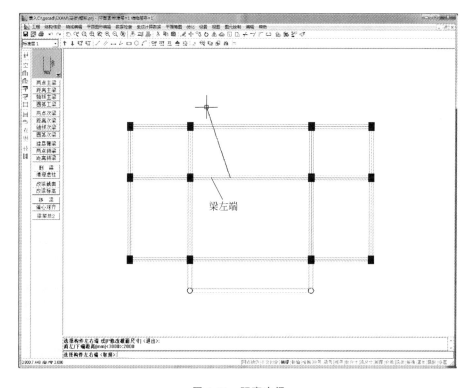

图 6-21　距离次梁

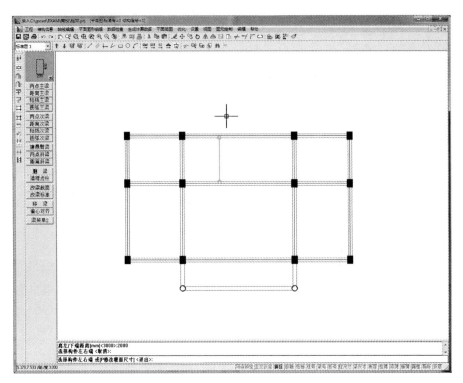

图 6-22　布置普通次梁

点击［板几何菜单］（图 6-23），再点击参数窗口弹出如下对话框设置板厚 100mm。

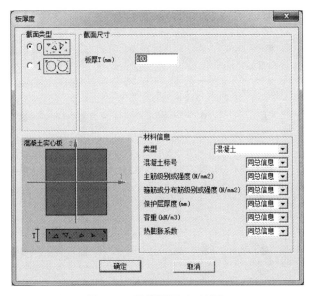

图 6-23　板截面尺寸对话框

如图 6-24 所示，点击［布现浇板］-［所有开间自动布置现浇板］。

如图 6-25 所示，在梁墙围成的区域自动生成现浇板。

点击［板几荷菜单］，再点击参数窗口，弹出如图 6-26 所示对话框，输入楼梯间板厚 0，楼梯按荷载输入。

如图 6-27，点选楼梯间，修改楼梯间板厚为 0。

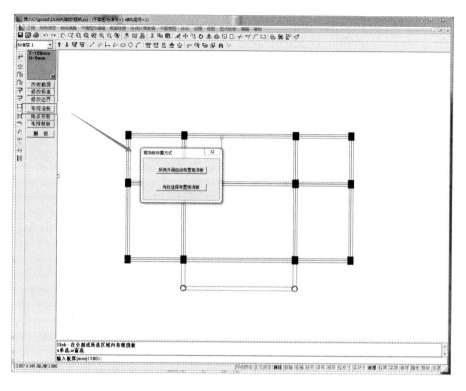

图 6-24 自动布置板

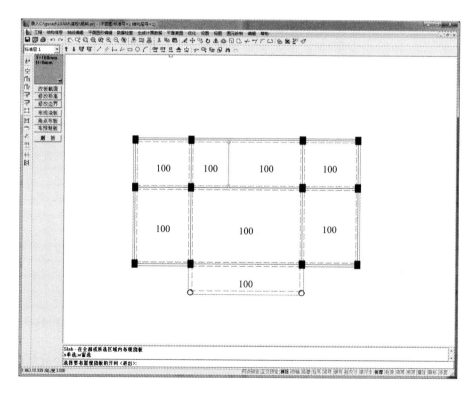

图 6-25 布置板

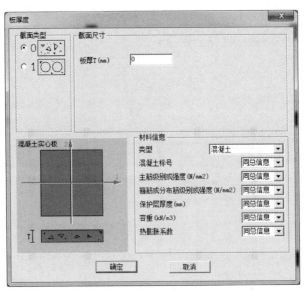

图 6-26　板截面尺寸对话框

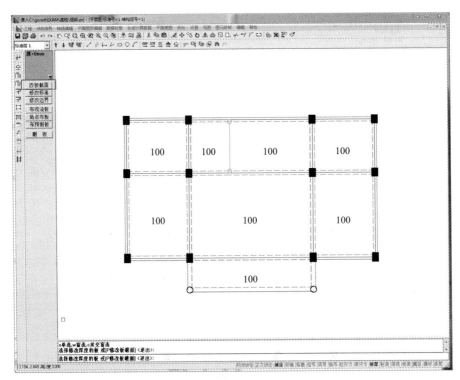

图 6-27　楼梯间板厚

点击［板荷载菜单］，再点击参数窗口，弹出如图 6-28 所示对话框，输入恒载 $1.5kN/m^2$、活载 $2.0kN/m^2$。注意程序会自动计算板的自重，不需要另外输入。

如图 6-29，单击［各板同载］，在弹出对话框中选择"同时改导荷模式和荷载值"，点击［确定］按钮，即可一次性布置所有板的荷载。

如图 6-30，在菜单栏导荷模式简图中点击单向板短边导荷模式，再点击参数窗口，弹出如图 6-30 所示对话框，输入恒载 $4.0kN/m^2$、活载 $2.0kN/m^2$。

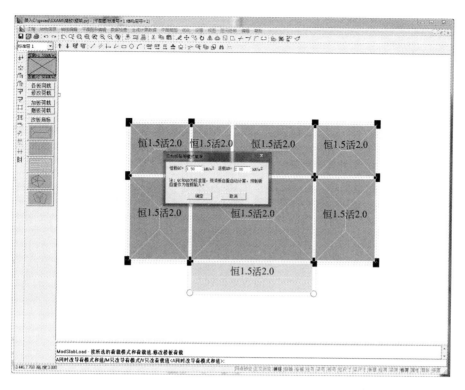

图 6-28　板荷载对话框

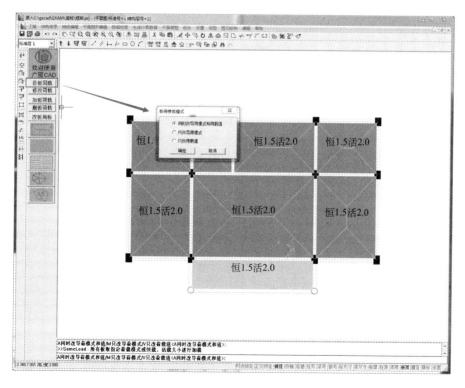

图 6-29　布置板荷载

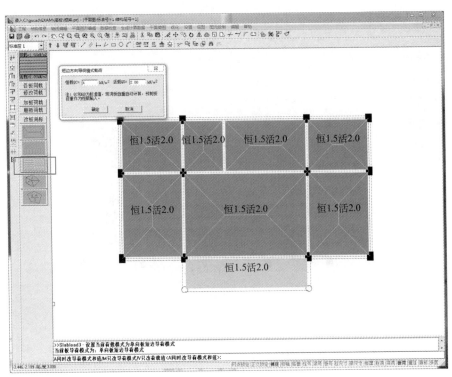

图 6-30　板荷载对话框

再选择楼梯板，设置楼梯板的导荷模式及荷载（图 6-31）。

点击［梁荷载菜单］，再点击参数窗口，弹出如图 6-32 所示对话框，选择荷载类型为均布，荷载方向为重力方向，输入荷载值 $q = 13\mathrm{kN/m}$，选择工况为重力恒载。注意程序会自

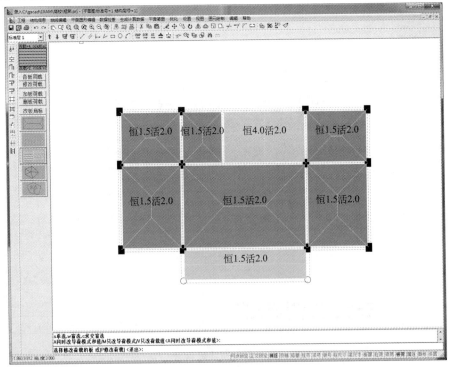

图 6-31　设置楼梯板的荷载模式

动计算梁的自重，不需要另外输入。

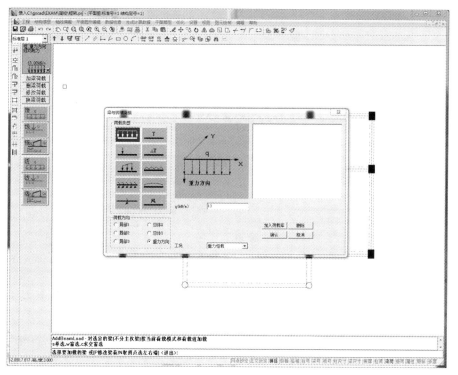

图 6-32　梁的荷载对话框

如图 6-33，单击［加梁荷载］，窗选如图所示梁，布置梁上填充墙自重荷载 13kN/m。

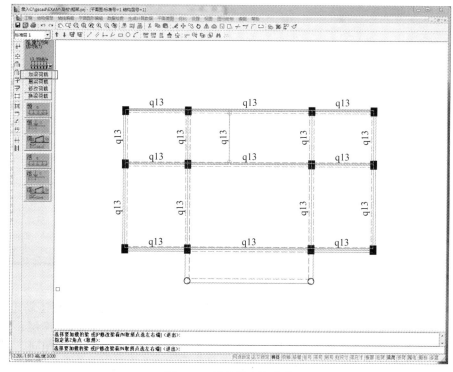

图 6-33　梁的填充墙荷载

再点击参数窗口，弹出如图 6-34 所示对话框，修改荷载值 $q=5\mathrm{kN/m}$，此为阳台女儿墙的自重荷载。

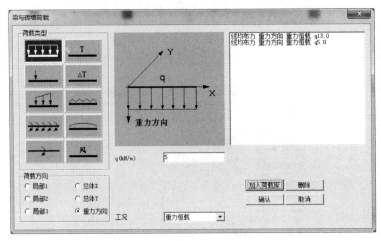

图 6-34 梁的荷载对话框

按图 6-35 所示虚线交选（从右下到左上框选）阳台三根梁，布置上女儿墙荷载 $5\mathrm{kN/m}$。

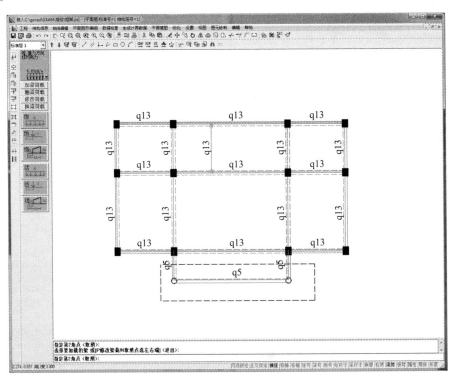

图 6-35 梁的女儿墙荷载

如图 6-36 所示，点击工具栏中的［保存］按钮，保存模型。接下来我们还需建标准层 2（屋面层）。如图 6-36 所示，下拉标准层输入框，选择标准层 2，由于目前标准层 2 没有任何构件，因此程序自动提示是否跨层复制，而本模型标准层 1 和标准层 2 基本相同，因此在跨层复制对话框中输入 1，并点击［确认］按钮，建立标准层 2 的初始模型。

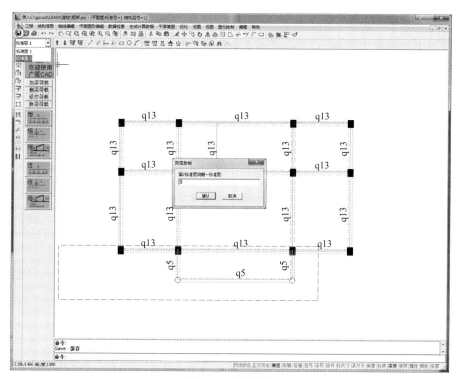

图 6-36　跨层拷贝

　　然后在初始模型的基础上修改。由于屋面层没有阳台，因此需要删除。点击工具栏中的
橡皮擦按钮，可同时删除梁和虚柱。点击后，交选选中阳台梁和阳台梁相交点上的虚柱，右
键删除（图 6-37）。

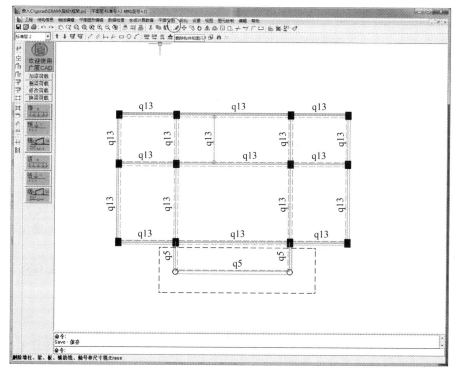

图 6-37　删除阳台梁

第 6 章　框架结构的设计、算量和下料

139

删除后的效果如图 6-38 所示。

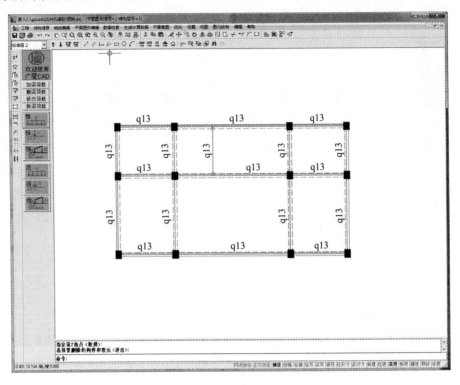

图 6-38 删除阳台梁的结果

点击［板荷载菜单］，再单击参数窗口，弹出如图 6-39 所示对话框，输入不上人屋面活载 0.7kN/m^2。

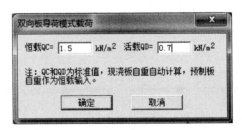

图 6-39 板荷载对话框

再单击［双向板荷载］，点选如图 6-40 所示板，布置板荷载：恒 1.5，活 0.7。

点击［梁荷载菜单］，在图 6-41 中单击［删梁荷载］，窗选所有梁，删除梁上荷载。再单击［加梁荷载］，窗选周边梁，布置屋面女儿墙自重荷载 5kN/m。

在图 6-42 中，点击工具栏中的［保存］按钮，保存模型，再点击［生成 GSSAP 数据］按钮，生成计算数据，退出图形录入。

6.1.3 楼板计算

在主控菜单中点击［楼板次梁砖混计算］，如图 6-43 进入楼板次梁砖混计算系统，程序自动计算所有标准层楼板，退出即可。

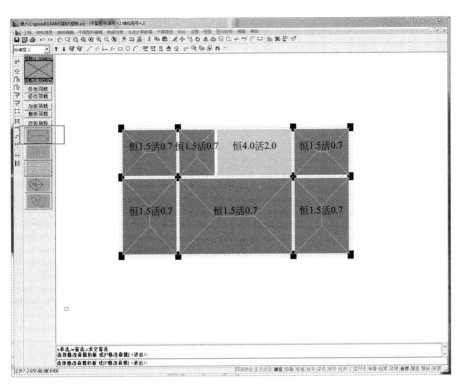

图 6-40　屋面板荷载

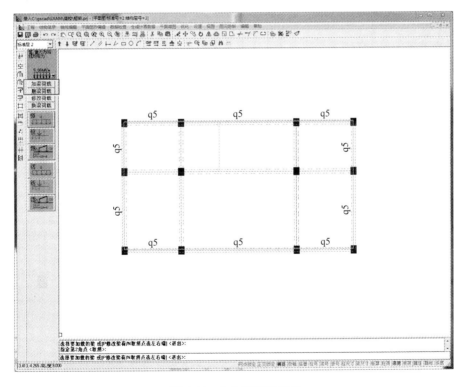

图 6-41　女儿墙自重荷载

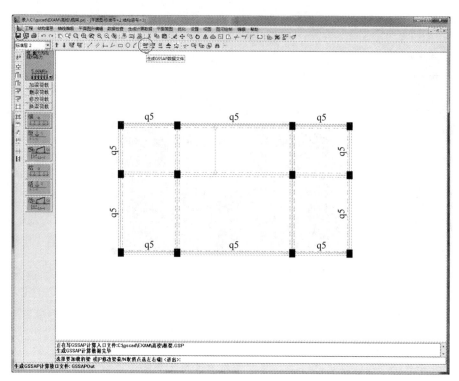

图 6-42 ［生成 GSSAP 数据］按钮

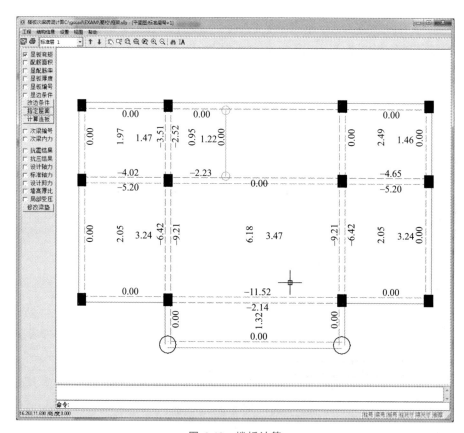

图 6-43 楼板计算

6.1.4 GSSAP 计算

在主控菜单点击［通用计算 GSSAP］（图 6-44），在 GSSAP 中进行梁柱内力和承载力计算，完成退出即可。

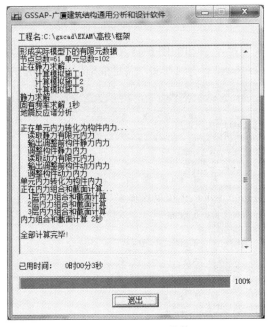

图 6-44　GSSAP 计算

6.1.5　查看楼层和构件控制指标

在图 6-45 的［文本方式］中，先要审核楼层控制指标：层间位移角，再审核柱梁构件控制指标：柱梁的超筋超限验算。

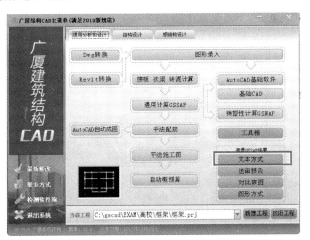

图 6-45　主控菜单

6.1.5.1　层间位移角

结构的地震作用下水平位移不能太大，采用最大层间位移角来控制结构位移，层间位移角为柱顶水平位移和层高之比，满足如表 6-1 所示，《抗规》5.5.1 的要求。

表 6-1　层间位移角限值表

结构类型	$[\theta_e]$
钢筋混凝土框架	1/550
钢筋混凝土框架-抗震墙、板柱-抗震墙、框架-核心筒	1/800
钢筋混凝土抗震墙、筒中筒	1/1000
钢筋混凝土框支层	1/1000
多、高层钢结构	1/250

在主控菜单点击［文本方式］，弹出如图 6-46 所示，选择［结构位移］，查看 0°和 90°地震作用下层间位移角 1/1312 和 1/1808，小于 1/550，满足框架层间位移角的要求（图 6-47）。

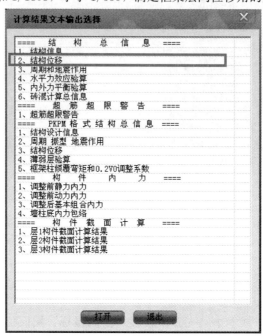

图 6-46　文本方式对话框

2.地震作用下位移

工况　7 -- 地震方向0度
　位移与地震同方向,单位为mm
　层位移比=最大位移/层平均位移
　层间位移比=最大层间位移/平均层间位移

层号	塔号	构件编号 构件编号	水平最大位移 最大层间位移	层平均位移 平均层间位移	层位移比 层间位移比	层高(mm) 层间位移角	有害位移 比例(%)
1	1	柱　1	2.29	2.19	1.04	3000	
		柱　1	2.29	2.19	1.04	1/1312	100.00
2	1	柱　1	4.41	4.22	1.04	3000	
		柱　1	2.14	2.05	1.04	1/1403	43.07
3	1	柱　1	5.33	5.11	1.04	3000	
		柱　1	0.95	0.95	1.00	1/3163	100.00

最大层间位移角= 1/1312(及其层号=1)

工况　8 -- 地震方向90度
　位移与地震同方向,单位为mm
　层位移比=最大位移/层平均位移
　层间位移比=最大层间位移/平均层间位移

层号	塔号	构件编号 构件编号	水平最大位移 最大层间位移	层平均位移 平均层间位移	层位移比 层间位移比	层高(mm) 层间位移角	有害位移 比例(%)
1	1	柱　1	1.60	1.43	1.12	3000	
		柱　1	1.60	1.43	1.12	1/1877	100.00
2	1	柱　1	3.25	2.89	1.12	3000	
		柱　1	1.66	1.47	1.13	1/1808	50.89
3	1	柱　1	4.06	3.58	1.13	3000	
		柱　1	0.83	0.83	1.00	1/3618	100.00

最大层间位移角= 1/1808(及其层号=2)

图 6-47　结构层间位移角

6.1.5.2 柱梁的超筋超限验算

生成施工图前必须先查看超筋超限警告（图 6-48）。不满足规范的强制性条文时，请先检查计算模型有无错误，再修改截面、材料或模型。详细的超筋超限验算内容见《建筑结构通用分析与设计软件 GSSAP 说明书》第 3 章 4.1 超筋超限警告。

没有超筋和超限警告，柱梁满足规范要求退出警告文件即可。

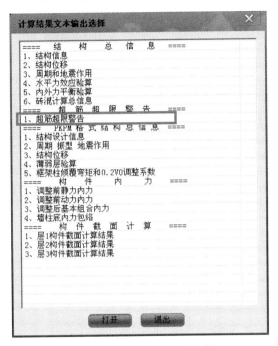

图 6-48　计算结果文本输出选择

6.2　AutoCAD 自动成图

在主控菜单点击［平法配筋］（图 6-49）。

弹出图 6-50 所示对话框，在对话框中选择计算模型为"GSSAP"，然后点击［生成施工

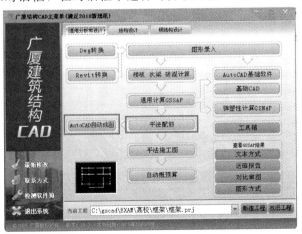

图 6-49　主控菜单

图］，生成完毕后退出对话框。

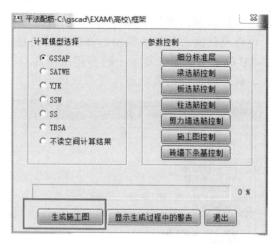

图 6-50　平法配筋

在主控菜单点击［AutoCAD 自动成图］，进入 AutoCAD 自动成图系统，如下 4 步骤完成施工图绘制。

1）生成 DWG；

2）根据"平法警告"修改；

3）根据"校核审查"修改；

4）分存 DWG，生成钢筋算量数据，形成送给打印室的钢筋施工图和计算配筋图 Dwg 文件。

如图 6-51，点击左边工具栏的［生成 DWG 图］，在弹出的对话框中点击［确定］按钮，生成施工图。

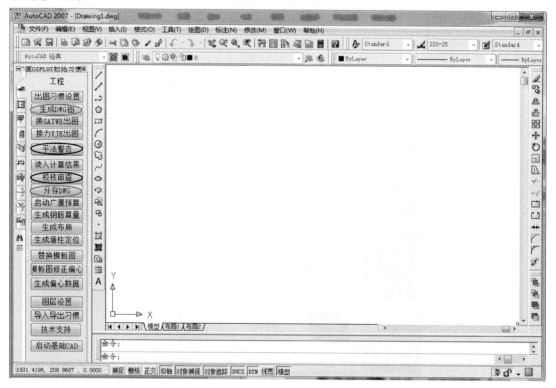

图 6-51　AutoCAD 自动成图

如图 6-52，分别点击［平法警告］和［校核审查］按钮，若有警告，切换到相应的板、梁、柱和墙钢筋图菜单，进行相应的修改。

如图 6-52 点击［分存 DWG］按钮，弹出如图 6-53 所示是否自动生成钢筋算量数据时选择"是"。

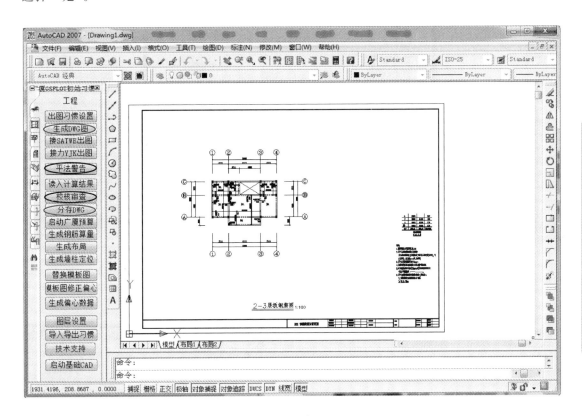

图 6-52　生成 DWG

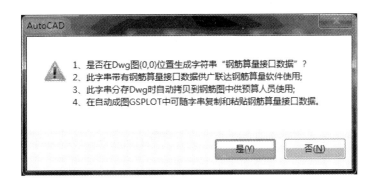

图 6-53　生成钢筋算量数据

弹出分存对话框时选择确认，GSPLOT 生成如图 6-54 所示的送给打印室的钢筋施工图和计算配筋图 Dwg 文件。

分存 DWG 时会自动提示是否打开钢筋图，打开后可看到梁板柱钢筋图（图 6-55）。

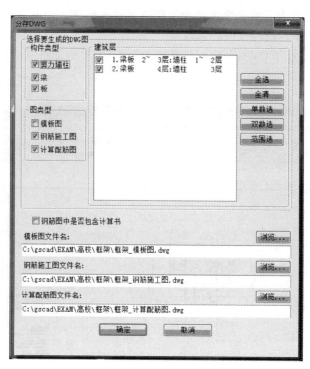

图 6-54　钢筋施工图和计算配筋图 Dwg 文件

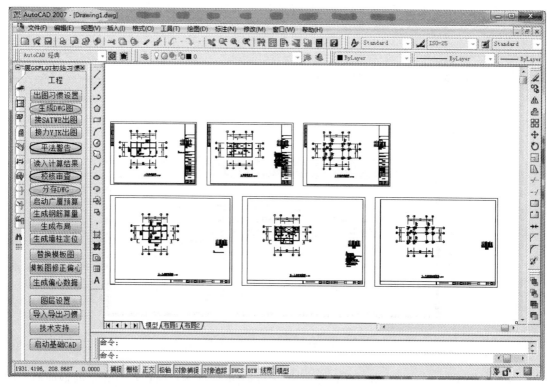

图 6-55　梁板柱钢筋图

6.3 广厦和广联达钢筋算量接口

广联达钢筋算量软件接口广厦 Dwg 结构施工图的操作整体分如下 3 步。

6.3.1 生成钢筋算量接口数据

在 AutoCAD 自动成图里"分存 DWG"时生成"钢筋算量接口数据",分存后的图纸:框架_钢筋施工图.Dwg 文件的左下角会带有如图 6-56 所示"钢筋算量接口数据"几个字。看到这几个字,表明"钢筋算量接口数据"生成成功。

注意:1)"钢筋算量接口数据"几个字比较小,需放大才能看到;这几个字不能删除,这个字串带有接口数据,删除后数据会丢失;

2)钢筋算量接口数据在广厦 AutoCAD 自动成图 GSPLOT 启动下可随字串"钢筋算量接口数据"拷贝粘贴。

结构 BIM 模型包括:柱、梁、墙暗柱、墙身、连梁、板、辅助线等钢筋算量需要的几何和钢筋信息;

1)形成楼层:层高、混凝土等级、抗震等级和保护层厚度等信息;

2)求柱和暗柱(图 6-57)的每根纵筋和箍筋;

3)柱和暗柱的保护层厚度在平面图中是假的,应按规范要求取值;

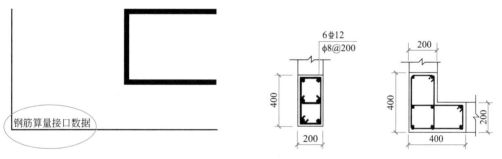

图 6-56 钢筋算量接口数据　　　　　　图 6-57 暗柱

4)形成梁钢筋(图 6-58)、支座位置和支座宽度信息;

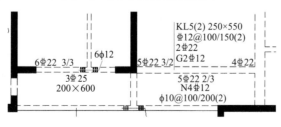

图 6-58 梁钢筋

5)形成连梁和墙身几何和钢筋信息;

6)板支座短筋的布置范围(图 6-59);

7)板底筋(图 6-60)的多边形贯通范围;

8)屋面双向贯通筋的多边形带洞口贯通范围,如图 6-61,全楼多边形带 3 个洞口双向贯通Φ8@200;

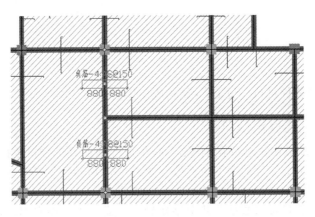

图 6-59　板支座短筋

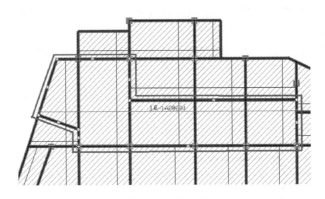

图 6-60　板底筋

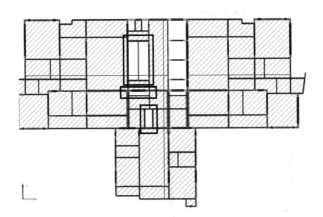

图 6-61　多边形带 3 个洞口

9）形成说明中未注明的钢筋。

6.3.2　生成 gsm 文件

用"广厦广联达钢筋算量接口软件"生成"gsm 文件"。

打开"广厦广联达钢筋算量接口软件（GSQI）"，弹出如图 6-62，选择 Dwg 文件，选择图纸文件中左下角带有"钢筋算量接口数据"的 DWG 文件：C：＼GSCAD＼EXAM＼高校＼框架＼框架＿钢筋施工图 . dwg。

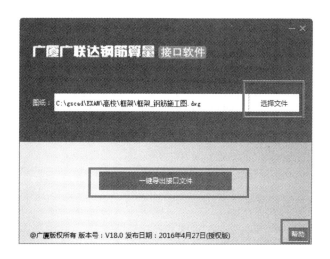

图 6-62　广厦广联达钢筋算量接口软件

　　然后点击"一键导出接口文件"，导出成功可以看到如下提示，此时在工程文件夹里可以找到如图 6-63 所示后缀为"gsm"的文件。

　　注意：点击"一键导出接口文件"前不能用 AutoCAD 打开此 Dwg 文件，否则可能无法生成"gsm 文件"。

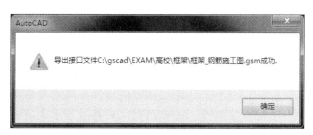

图 6-63　gsm 文件导出成功提示

6.3.3　调用 gsm 文件

　　用"广联达钢筋算量软件"调用"gsm 文件"。

　　打开"广联达钢筋算量软件 GGJ"，然后如图 6-64 所示，点击"BIM 应用——打开GICD 交互文件（GSM）"。

图 6-64　BIM 应用按钮

　　如图 6-65 所示，在 Dwg 文件同目录下找到"gsm 文件"，点击"打开"。

　　待广联达数据读取完毕后，即可用广联达软件进行计算钢筋工程量。

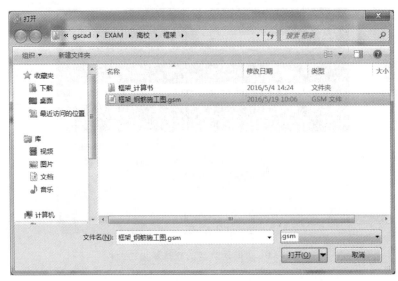

图 6-65　打开 gsm 文件

6.4　框架结构的钢筋算量

钢筋工程量计算是指工程造价人员按工程设计图纸和平法标准设计图集，结合现行规范计算出建筑工程钢筋工程预算量，主要计算钢筋中心线的设计长度，是准确计算建筑工程项目造价重要组成部分。

建筑工程中钢筋工程量计算有手工计算和计算机软件计算两种方法。手工计算钢筋工程量是传统的方法，这种方法计算速度慢、适应面宽，对算量技术人员要求高。另一种是计算机软件算量，将平法图集内置，通过软件建立结构的三维模型进行计算，计算速度快、结果规范，对算量技术人员的结构识图能力要求高。

BIM 技术应用是建筑业将来发展的必然之路，软件算量是将来的发展趋势。

本节结合框架结构快算公司培训楼工程图纸进行钢筋工程量计算，只计算柱、梁、板的结构部分，其他如楼梯和二次结构（构造柱、砌体加筋、过梁）部分不在此计算。

6.4.1　钢筋算量计算依据和参数

只有掌握了影响算量的各种因素，查找、识读结构工程图中具体参数要求，就能更快地计算钢筋工程量。因此，计算依据和参数确定是各种算法的基础。

6.4.1.1　计算依据

计算依据就是进行钢筋工程量计算所根据的规定、说明、要求，应从设计图纸、设计规范、图集，施工和验收规范中找到明确的、具体的内容。因此，要完成此项任务，首先应将上述资料找齐，然后按项逐条地理清详细要求。

钢筋工程量计算依据：

1）快算公司培训楼工程图纸。

2）平法标准设计国标图集《11G101》系列，《11G10329》系列，《12G901》系列。

3）《混凝土结构设计规范》（GB 50010—2010），《建筑抗震设计规范》（GB 50011—2010）。

6.4.1.2 计算参数

钢筋工程量计算时的基础参数应从钢筋混凝土构件中钢筋起到什么作用、放置的位置、连接方法及要求等来展开，同时结合实际工程项目中的建筑结构设计说明和结构施工图纸。

钢筋工程量计算相关的基础参数主要包括：设防烈度与抗震等级、混凝土强度、钢筋保护层厚度、钢筋的锚固长度、受力钢筋连接规定及搭接区长度、钢筋弯钩长度、钢筋级别、钢筋公制直径及理论重量。查阅快算公司培训楼工程图纸和《11G101》系列等规范，确定快算公司培训楼工程图纸框架结构钢筋工程量计算参数。

(1) 框架结构钢筋工程量计算

计算参数汇总见表6-2。

表 6-2 计算参数汇总

项目	基础	柱	梁	板	其他
抗震等级		二	二		
设防烈度		7	7		
混凝土强度	C30	C30	C25	C25	C25
保护层厚度/mm	40	30	25	20	
工作环境	二 a	二 a	二 a	二 a	
连接规定	机械连接	机械连接	机械连接	绑扎搭接	
钢筋级别	HRB400	HRB400	HRB400	HRB400	
定尺长度/mm		按楼层	8000		
受拉锚固长度 l_{aE}/l_a	$40d/35d$	$40d/35d$	$46d/40d$	$46d/40d$	
连接区错头百分比		25%	25%	25%	
L_{lE}长度/mm		700	700	700	

注：1. 钢筋连接规定可以有多种连接方式选择，在本项目中各构件只计算一种。

2. 根据混凝土结构的环境类别确定柱、梁、板保护层厚度。详见11G101-1的第54页。

3. 根据设防烈度与抗震等级、混凝土强度、钢筋级别确定受拉锚固长度laE/la。详见11G101-1的第53页。

4. 根据连接规定，查11G101-1的第57页，机械连接时，L_{lE}长度=35d=700mm。

(2) 钢筋弯钩长度

工程造价时计算钢筋长度是以钢筋的外皮长度计算，不再考虑因下料加工时增加的延伸率，因此弯钩增加值的计算按常用的经验值进行计算，汇总如表6-3。

表 6-3 常用弯钩增长值

钢筋类型	弯折角度 θ	不抗震	抗震
直筋	180°	6.25d	6.25d
	90°	4.75d	4.75d
箍筋	180°	8.25d	13.25d
	135°	6.9d	11.9d
	90°	5.5d	10.5d

(3) 钢筋公称直径、公称截面面积及理论质量

在钢筋工程量计算过程中，一般是先计算钢筋的总长度，再以总长度乘以单位长度理论质量得出总质量。详见表6-4。

表 6-4　钢筋公称直径、公称截面面积及理论质量表

称直径/mm	不同根数钢筋的计算截面面积/mm²									单根钢筋理论质量/(kg/m)
	1	2	3	4	5	6	7	8	9	
6	28.3	57	85	113	142	170	198	226	255	0.222
6.5	33.2	66	100	133	166	199	232	265	299	0.26
8	50.3	101	151	201	252	302	352	402	453	0.395
8.2	52.8	106	158	211	264	317	370	423	475	0.432
10	78.5	157	236	314	393	471	550	628	707	0.617
12	113.1	226	339	452	565	678	791	904	1017	0.888
14	153.9	308	461	615	769	923	1077	1231	1385	1.21
16	201.1	402	603	804	1005	1206	1407	1608	1809	1.58
18	254.5	509	763	1017	1272	1527	1781	2036	2290	2
20	314.2	628	942	1256	1570	1884	2199	2513	2827	2.47
22	380.1	760	1140	1520	1900	2281	2661	3041	3421	2.98
25	490.9	982	1473	1964	2454	2945	3436	3927	4418	3.85
28	615.8	1232	1847	2463	3079	3695	4310	4926	5542	4.83
32	804.2	1609	2413	3217	4021	4826	5630	6434	7238	6.31
36	1017.9	2036	3054	4072	5089	6107	7125	8143	9161	7.99
40	1256.6	2513	3770	5027	6283	7540	8796	10053	11310	9.87
50	1964	3928	5892	7856	9820	11784	13748	15712	17676	15.42

注：表中直径 $d=8.2$mm 的计算截面面积及理论质量仅适用于有纵肋的热处理钢筋。

6.4.2　框架结构钢筋工程量计算

培训楼工程是框架结构，基础为 500mm 的独立扩展基础，基础下设垫层 100mm，基础保护层厚度为 40mm。基础部分的钢筋量不计算，只计算主体结构的柱、梁、板构件的钢筋量。

6.4.2.1　框架柱

以培训楼工程框架柱 KZ1 为例，计算 KZ1 柱纵筋和箍筋，纵筋采用机械连接。

框架柱中的钢筋按楼层位置可分为：底层钢筋、中间层钢筋、顶层钢筋。框架柱所处位置不同分为中柱、边柱、角柱三种。柱纵筋连接方式包括绑扎搭接、机械连接、焊接连接，连接方式不同，计算长度有所不同。

柱纵筋＝基础插筋部分＋中间楼层部分＋顶层锚固部分。箍筋需要计算根数和长度。

（1）柱基础插筋计算

1）柱基础插筋连接构造　柱插入到基础中的预留接头的钢筋称为插筋。柱基础插筋由两大段组成，一段是插入基础的部分，一段是伸出基础的部分，要分别考虑这两部分如何计算，计算思路见表 6-5。

2）柱基础插筋工程量计算

① 柱基础插筋计算条件见表 6-6。

② 11G101-3 图集第 59 页"柱插筋在基础中锚固构造（四）"，本例基础为独立基础，h_j 为基础底面到基础顶面高度 500mm，基础插筋各部分组成示意见图 6-66。

表 6-5　柱基础插筋计算思路

计算项目		影响因素	
纵筋	基础内长度	基础类型	筏基基础梁
			筏基基础板
			独基
			条基
			大直径灌注桩
		基础深度	
	伸出基础高度	$H_n/3$	
箍筋	基础类型		

表 6-6　柱基础插筋计算条件

基础混凝土 强度等级	抗震等级	基础类型	基础底部 保护层	柱混凝土 保护层	钢筋 连接方式	l_{aE}
C30		独立基础	40mm	30mm	机械连接	$40d$

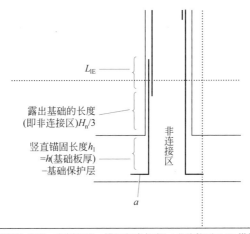

基础插筋的长度 = 弯折长度a + 锚固竖直长度h_1 + 非连接区$H_n/3$ + 搭接长度L_{lE}

图 6-66　基础插筋长度组成示意图

量计算过程见表 6-7。

表 6-7　柱基础插筋计算过程

基础内插筋长度	本例基础为独立基础，h_j 为基础底面到基础顶面高度 500mm
	第一步：判断锚固方式 柱外侧插筋保护层厚度 40mm < $5d$ = 100mm （500 − 40 = 460mm）<（l_{aE} = $40d$ = 800mm），柱插筋插至基础底部，支在底板钢筋网上，底部弯折 $15d$，且箍筋加密
	第二步：底部弯折长度 底部弯折长度 = $15d$ = 300（mm）
	第三步：计算基础内纵筋总长 500 − 40 + 300 = 760（mm）

伸出基础高度（非连接区）	$H_n/3$（错开连接） 其中 H_n 为所在楼层柱净高 $H_n/3=(3000-500)/3=834(mm)$
连接区长度	$35d=35\times20=700(mm)$
箍筋根数	锚固区横向箍筋加密
	根数＝取整$[(500-40-50)/100]+1=5$ 根

因此，KZ1 柱基础插筋长度＝基础内插筋长度＋伸出基础高度＋连接区长度＝760＋834＋700＝2294（mm），箍筋根数为 5 根。

（2）首层抗震 KZ1 钢筋计算

1）抗震 KZ1 纵向钢筋构造　框架柱纵向钢筋的连接方式有绑扎搭接、机械连接、焊接连接三种方式。连接位置应避开非连接区，相邻纵向钢筋连接接头相互错开，在同一截面内钢筋接头面积百分率不宜大于 50％。轴心受拉及小偏心受拉柱内的纵向钢筋不得采用绑扎搭接接头。按抗震框架柱纵向钢筋连接构造 11G101-3 图集第 59 页"抗震 KZ 纵向钢筋连接构造"的规定执行。

2）抗震 KZ1 纵向钢筋计算　KZ1 计算过程见表 6-8。

表 6-8　KZ1 首层钢筋计算过程

纵筋	低位	计算公式＝层高－本层下端非连接区高度＋伸入上层非连接区高度
		本层下端非连接区高度＝$H_n/3$ ＝$(3000-500)/3=834(mm)$ 其中　H_n 为本层净高
		伸入 2 层的非连接区高度＝$\max(H_n/6,h_c,500)$ ＝$\max[(3000-500)/6,h_c,500]$ ＝$500(mm)$
		总长＝$3000-834+500=2666(mm)$
	高位	计算公式＝层高－本层下端非连接区高度－本层错开接头＋伸入上层非连接区高度＋上层错开接头
		本层下端非连接区高度＝$H_n/3=834(mm)$
		错开接头＝$\max(35d,500)=700(mm)$
		伸入 2 层的非连接区高度＝$\max(H_n/6,h_c,500)=500(mm)$
		总长＝$3000-834-700+500+700=2666(mm)$

3）抗震 KZ 箍筋计算　查 11G101-1 图集第 58 页，箍筋加密区范围如图 6-67 所示，KZ1 在首层层高内，箍筋量计算如表 6-9 所示。

表 6-9　KZ1 箍筋计算过程

下部加密区长度	$H_n/3=834(mm)$
上部加密区长度	梁板厚＋梁下箍筋加密区高度 ＝$500+\max(H_n/6,h_c,500)$ ＝$500+\max[(3000-500)/6,400,500]$ ＝$500+500$ ＝$1000(mm)$
箍筋根数	$(834/100+1)+(1000/100+1)+(3000-834-1000)/200-1$ ≈25（根）

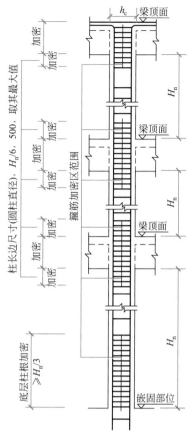

图 6-67 抗震 KZ、QZ、LZ 箍筋加密区范围

（3）中间层抗震 KZ 钢筋计算

二层抗震 KZ 纵向钢筋和箍筋计算过程见表 6-10。

表 6-10　KZ 二层钢筋计算过程

纵筋	高位（低位）	计算公式＝层高-本层下端非连接区高度＋伸入上层非连接区高度
		本层下端非连接区高度＝$\max(H_n/6, h_c, 500)＝\max[(3000-500)/6, h_c, 500]$ $＝500(\text{mm})$ 其中　H_n 为本层净高
		伸入 3 层的非连接区高度＝$\max(H_n/6, h_c, 500)$ $＝\max[(3000-550)/6, h_c, 500]$ $＝500(\text{mm})$
		总长＝$3000-500+500＝3000(\text{mm})$
箍筋	下部加密区长度	伸入 2 层的非连接区高度＝$\max(H_n/6, h_c, 500)$ $＝\max[(3000-500)/6, h_c, 500]$ $＝500(\text{mm})$
	上部加密区长度	梁板厚＋梁下箍筋加密区高度 $＝500+\max(H_n/6, h_c, 500)$ $＝500+\max[(3000-500)/6, 400, 500]$ $＝500+500$ $＝1000(\text{mm})$
	箍筋根数	$(500/100+1)+(1000/100+1)+(3000-500-1000)/200-1$ ≈ 24 根

（4）顶层抗震 KZ 钢筋计算

1）柱及钢筋类型　根据柱的平面位置，把柱分为边柱、中柱、角柱，钢筋伸到顶层梁板的方式和长度不同，具体位置见图 6-68。柱顶钢筋分类见图 6-69。

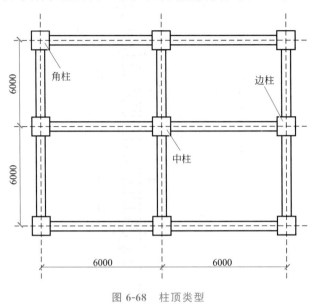

图 6-68　柱顶类型

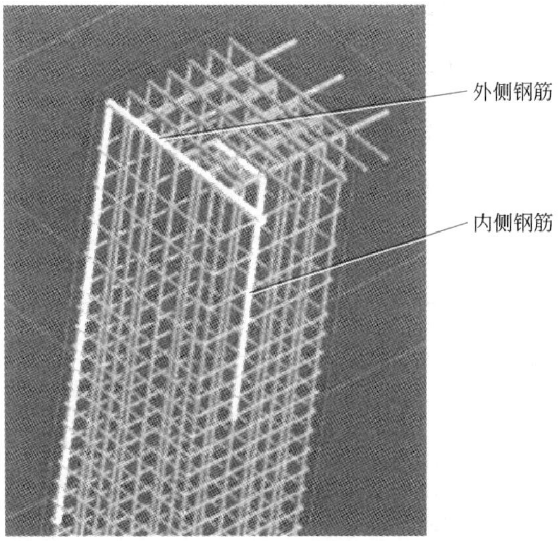

顶层边柱、角柱	外侧钢筋
钢筋分类	内侧钢筋

图 6-69　柱顶钢筋分类

2）顶层中柱钢筋计算

① 边柱、中柱、角柱的钢筋计算方法不同，以中柱 KZ1 为例，计算条件见表 6-11，柱纵筋计算示意图，见图 6-70。

表 6-11　KZ1 计算条件

混凝土强度等级	抗震等级	梁保护层	柱混凝土保护层	钢筋连接方式	l_{aE}
C30	二级	25	30	机械连接	$40d$

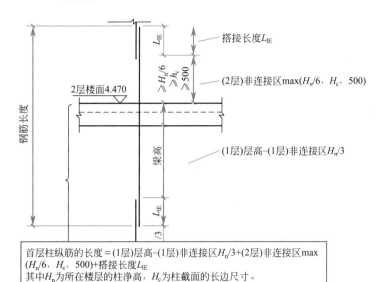

首层纵筋

搭接长度L_{lE}

(2层)非连接区$\max(H_n/6,H_c,500)$

2层楼面4.470

(1层)层高-(1层)非连接区$H_n/3$

钢筋长度

梁高

首层柱纵筋的长度＝(1层)层高-(1层)非连接区$H_n/3$+(2层)非连接区$\max$ $(H_n/6,H_c,500)$+搭接长度L_{lE}
其中H_n为所在楼层的柱净高，H_c为柱截面的长边尺寸。

图 6-70　柱纵筋计算示意图

② KZ1 柱顶钢筋计算过程见表 6-12。

表 6-12　KZ1 计算过程

锚固方式 判别	$(l_{aE}=800mm)>(h_b=500mm)$，故本例中柱所有纵筋伸入顶层梁板内弯锚 其中　与 KZ1 相连的梁高 $h_b=500mm$，且$(500-30=470mm)>(0.5l_{aE}=400mm)$		
纵筋	计算公式＝本层层高－梁保护层－本层非连接区高度＋弯折长度$(12d)$		
	本层非连接区高度＝$\max(H_n/6,h_c,500)$ ＝$\max[(3000-500)/6,400,500]$ ＝$500(mm)$		
	总长＝$3000-30-500+12\times20=2710(mm)$		
箍筋	下部加密区 长度	伸入 5 层的非连接区高度＝$\max(H_n/6,h_c,500)$ ＝$\max[(3000-500)/6,700,500]$ ＝$700(mm)$	
	上部加密区长度	梁板厚＋梁下箍筋加密区高度 ＝$500+\max(H_n/6,h_c,500)$ ＝$1000(mm)$	
	箍筋根数	$(700/100+1)+(1000/100+1)+(3000-700-1000)/200-1$ $\approx24(根)$	

3）顶层角柱钢筋计算

① 连接构造。

顶层角柱钢筋伸入梁板内有两种类型，一种称为"梁纵筋与柱钢筋弯折搭接型"，工程上俗称"柱包梁"，见 11G101-1 第 59 页Ⓐ～Ⓓ节点；另一种称为"梁纵筋与柱钢筋竖直搭接型"，工程上俗称"梁包柱"，见 11G101-1 第 59 页Ⓔ节点。

② 计算步骤。

顶层角柱计算步骤见表 6-13。

表 6-13　顶层角柱计算步骤

第一步	区分内侧钢筋、外侧钢筋
第二步	外侧钢筋中,区分第一层、第二层,区分伸入梁板内不同长度的钢筋
第三步	分别计算每根钢筋

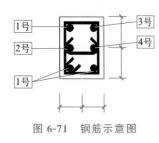

图 6-71　钢筋示意图

③ 计算实例。

该计算实例以某工程顶层的矩形框架角柱 KZ1 为例,计算条件见表 6-11。

④ 计算过程见表 6-14～表 6-17。

图 6-71 中阴影部分为外侧钢筋(1 号和 2 号钢筋),其余为内侧钢筋(3 号和 4 号钢筋),其中,不少于 65% 的柱外侧钢筋(1 号钢筋)伸入梁内:$4 \times 65\% = 2.6 \approx 3$(根),其余外侧钢筋(1 根 2 号钢筋)伸至柱内侧下弯 $8d$。

表 6-14　1 号钢筋计算过程

1 号钢筋	计算公式=净高－下部非连接区高度＋伸入梁板内长度 层高=3000mm,与 KZ1 相连的梁高 h_b=500mm
	下部非连接区高度＝$\max(H_n/6, h_c, 500)$ 　　　　　　　　　＝$\max[(3000-500)/6, h_c, 500]$ 　　　　　　　　　＝500(mm)
	伸入梁板内长度＝$1.5 l_{aE}$ 　　　　　　　　＝$1.5 \times 40 \times d$＝1200mm
	总长＝$3000-500-500+1200=3200$(mm)

表 6-15　2 号钢筋计算过程

2 号钢筋	计算公式=净高－下部非连接区高度＋伸入梁板内长度－错开连接高度
	下部非连接区高度＝$\max(H_n/6, h_c, 500)=\max[(3300-570)/6, h_c, 500]=500$(mm)
	伸入梁板内长度＝(梁高－保护层)＋(柱宽－保护层)＋$8d$＝$(500-30)+(300-30)+8 \times 18=984$(mm)
	错开接头＝$\max(35d, 500)=630$(mm)
	总长＝$3000-500+984-630=2854$(mm)

表 6-16　内侧钢筋(3 号和 4 号钢筋)计算过程

锚固方式判别	($l_{aE}=40d=800$mm)＞($h_b=500$mm),故本例中柱所有纵筋伸入顶层梁板内弯锚 其中　与 KZ2 相连的梁高 h_b＝500mm
3 号钢筋	计算公式＝本层层高＋(梁高－保护层+$12d$)－本层非连接区高度
	本层非连接区高度＝$\max(H_n/6, h_c, 500)$ 　　　　　　　　　＝$\max[(3300-570)/6, 400, 500]$ 　　　　　　　　　＝500(mm)
	总长＝$3000-500+(500-30+12 \times 20)=3210$(mm)
4 号钢筋	总长＝$3000-500+(500-30+12 \times 18)=3186$(mm)

顶层边柱的钢筋计算与顶层角柱的钢筋计算相同,只是外侧钢筋和内侧钢筋的根数不同。

表 6-17　KZ1 柱钢筋工程量计算汇总表

工程名称：框架								编制日期：		
楼层名称：首层(绘图输入)								钢筋总重：2465.662kg		
钢筋号	级别	直径/mm	钢筋图形	计算公式	根数	总根数	单长/m	总长/m	总重/kg	
构件名称：KZ1[7]			构件数量：4				本构件钢筋重：74.815kg			
构件位置：〈A,1〉；〈A,4〉；〈C,4〉；〈C,1〉										
全部纵筋 1	Φ	20	4200	$3000+\max(2500/6,400,500)+1\times\max(35\times d,500)$	1	4	4.2	16.8	41.496	
全部纵筋 2	Φ	18	4760	$3000+\max(2500/6,400,500)+2\times\max(35\times d,500)$	1	4	4.76	19.04	38.08	
全部纵筋 3	Φ	18	4130	$3000+\max(2500/6,400,500)+1\times\max(35\times d,500)$	1	4	4.13	16.52	33.04	
全部纵筋 4	Φ	20	5000	$3000+2000$	1	4	5	20	49.4	
全部纵筋 5	Φ	20	3500	$3000+\max(2500/6,400,500)$	2	8	3.5	28	69.16	
箍筋 1	Φ	8	250 350	$2\times(350+250)+2\times(11.9\times d)$	31	124	1.39	172.36	68.082	

6.4.2.2　框架梁

以培训楼工程三层框架梁 WKL5（2A）为例，计算梁钢筋工程量，采用机械连接。

（1）多跨框架梁钢筋构造

11G101 第 79 页，多跨屋面框架梁钢筋构造规定如图 6-72 所示；11G101-1 第 89 页，悬挑梁配筋构造如图 6-73 所示。

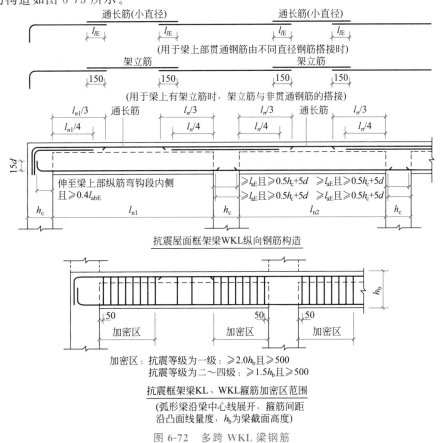

图 6-72　多跨 WKL 梁钢筋

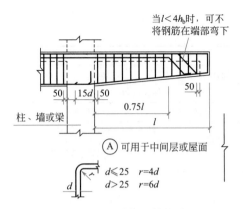

图 6-73 悬挑梁配筋构造

（2）计算条件（表 6-18）

表 6-18　WKL5（2A）计算条件

WKL5(2A)	层属性	抗震等级	混凝土等级	混凝土保护层
	楼层梁	二级	C25	25

（3）钢筋计算过程

WKL5（2A），计算的钢筋上部、下部通长筋，支座负筋，箍筋：分成一端悬挑和非悬挑两部分计算钢筋。

1）非悬挑部分通长筋计算（表 6-19）

表 6-19　上部通长筋长度计算

第一步	计算得 l_{aE}		查 11G101 第 53 页，$l_{aE}=46d=46\times16=736$	
第二步	判断直锚/弯锚	直锚	$h_c-c\geqslant l_{aE}$	$500-25=475\leqslant640$	弯锚
		弯锚	$h_c-c\leqslant l_{aE}$		
第三步	弯锚长度	取大值	$h_c-c+15d$	$500-25+15\times18=745$	745
			$0.4l_{aE}+15d$	$0.4\times640+15\times18=526$	
第四步	净跨		$2500+4000-400-400=5700$	
第五步	上部通长筋长度	左支座锚固+净跨+右支座锚固	$745-25+5700+745-25=7140$	根数
				2

同理，下部钢筋长度计算=7140，2根。

悬挑部分通长筋计算（表 6-20）。

表 6-20　下部钢筋长度计算

第一步	支座宽	400	
第二步	第二跨净长/3	$(4500-400)/3=1367$	
第三步	弯折 $12d$	$12\times16=192$	
第四步	净跨	$1600-200=1400$	
第五步	上部通长筋长度	第二跨净长/3+支座宽+净跨+弯折 $12d$-保护层	$1367+1400+400+192=3359$	根数
				2

同理，下部钢筋长度计算＝3335，2根。

2）端支座负筋计算（表6-21）

表6-21 均跨端支座负筋长度计算

第一步	计算得 l_{aE}	查11G101第53页，l_{aE}＝46d＝46×16＝736			
第二步	判断直锚/弯锚	直锚	$h_c-c\geqslant l_{aE}$;	400－25＝375≤699	弯锚
		弯锚	$h_c-c\leqslant l_{aE}$		
第三步	弯锚长度	取大值	$h_c-c+15d$	400－25＋15×16＝615	615
			$0.4l_{aE}+15d$	0.4×640＋15×16＝526	
第四步	第一跨净跨	4000－400＝3600			
第五步	第一跨左端支座负筋长度	净跨/3＋左支座负筋锚固	3600/3＋615＝1815		根数
					1
第六步	悬挑端净跨	1600－200＝1400			
	悬挑端右支座负筋长度	净跨/3＋右支座负筋锚固	1600/3＋615＝1148		根数
					1

3）箍筋计算（表6-22）

表6-22 封闭箍筋计算

第一步	箍筋长度		［(200－50)＋(500－50)］×2＋2×11.9×8＝1390		
第二步	加密区长度	一级抗震	≥2.0h_b且≥500	1.5×500＝750	750
		二～四级抗震	≥1.5h_b且≥500		
第三步	第一跨	加密区	(1.5h_b－50)/加密间距＋1	(1.5×500－50)/100＋1	16根
		非加密区	(净跨长－左加密区长－右加密区长)/非加密间距－1	(2500－750×2)/200－1	4根
第四步	第二跨	加密区	(1.5h_b－50)/加密间距＋1	(1.5×500－50)/100＋1	16根
		非加密区	(净跨长－左加密区长－右加密区长)/非加密间距－1	(4000－750×2)/200－1	12根
第五步	悬挑端	全程加密	净跨长＝1600－200＝1400	(1400－50)/100＋1	15根
第六步	封闭箍筋总根数		63根		

同理，拉筋长度＝(200－50)×2＋2×11.9×8＝490，63根。

6.4.2.3 板钢筋

计算三层板B3的钢筋工程量。查阅图纸板B3要计算钢筋有底筋、负筋及分布筋、跨板受力筋。

① 板钢筋构造：11G101第92页，板钢筋构造规定如图6-74。

② 计算条件：二级抗震，板的混凝土强度等级为C25，板钢筋的保护层厚度为20mm，梁钢筋的保护层厚为25mm，l_{aE}＝46d＝46×8＝368（mm）。本工程案例中，板的端部支座为梁，因此计算时，参考图6-73，即板下部钢筋端支座锚固长度应＞5d且至少到梁中线。另外，此工程钢筋为HRB400，只需弯折90°。

板的底筋计算过程见表6-23。

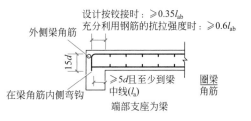

图6-74 板钢筋构造

表 6-23　板底筋计算过程

B3	X 水平方向	长度	计算公式＝首端支座锚固＋净长＋尾端支座锚固＋弯折×2
			端支座锚固长度＝ $\max(H_b/2,5d)＝\max(100,40)＝100$
			需要 90°弯折长度＝$4.75d＝4.75×8＝38$
			总长＝$100＋1600－100－100＋100＋38×2＝1676$
		根数	计算公式＝(钢筋布置范围长度－起步距离)/间距＋1
			$(6000－100－100－50×2)/200＋1＝30$
	Y 竖直方向	长度	计算公式＝首端支座锚固＋净长＋尾端支座锚固＋弯钩长度(光圆钢筋才有)
			端支座锚固长度＝$\max(H_b/2,5d)$ 　　　　　　　　＝$\max(100,40)＝100$
			需要 90°弯折长度＝$4.75d＝4.75×8＝38$
			总长＝$100＋6000－100－100＋100＋38×2＝6076$
		根数	计算公式＝(钢筋布置范围长度－起步距离)/间距＋1
			$(1600－100－100－50×2)/200＋1＝8$

　　在计算支座负筋时，通过分析可以知道本案例中有中间支座负筋和端支座负筋，其中中间支座负筋与不同长度支座负筋相交，转角处分布筋应扣减，其计算过程见表 6-24。

　　同理，可以按构件逐一计算出钢筋工作量。

表 6-24　板负筋计算过程——中间支座负筋

B3	2 轴支座负筋	长度	计算公式＝平直段长度＋两端弯折
			弯折长度＝$h－20×2$ 　　　　　＝$100－20×2＝60$
			长度＝$600＋2×60＝720$
		根数	计算公式＝(布置范围净长－两端起步距离)/间距＋1
			起步距离＝1/2 钢筋间距
			根数＝$(1400－100×2)/200＋1＝7$
	2 轴中间支座负筋的右侧分布筋	长度	计算公式＝负筋布置范围长－与其相交的另向支座负筋长＋150 搭接
			长度＝$1200＋150×2＝1500$
		根数	单侧根数＝$(600－100)/200＋1＝3.5$,取整数为 4 根 其中 200 是指图中未注明的分布筋间距φ6@200
	2 轴到 3 轴间跨板受力筋	长度	计算公式＝平直段长度＋两端弯折
			长度＝$1600＋100＋1100＋2×60＝2920$
		根数	根数＝$(6000－100×2)/200＋1＝30$
	2 轴到 3 轴间跨板受力筋的分布筋	长度	计算公式＝负筋布置范围长－与其相交的另向支座负筋长＋150 搭接
			长度＝$6000－600×2＋150×2＝5100$
		根数	单侧根数＝$(1600＋100＋1100－200－100－100×2)/200＋1＝12.5$,取整数为 13 根 其中 200 是指图中未注明的分布筋间距φ6@200

6.4.2.4　小结

钢筋工程量计算简明步骤和工作内容如下：

① 明确要计算的构件；

② 计算钢筋混凝土构件长度；

③ 依据构件混凝土的强度等级和抗震级别，确定钢筋保护层的厚度；

④ 计算钢筋的锚固长度 L_a、抗震锚固长度 L_{aE}；

⑤（设计规定钢筋搭接的）计算钢筋的搭接长度 L_l、抗震搭接长度 L_{le}；受拉钢筋 $L_l = 1.2L_a$，受压钢筋 $L_l = 0.7L_a$；

⑥ 计算单根钢筋的设计长度：

普通钢筋设计长度（m）= 构件图示尺寸－混凝土保护层厚度＋钢筋增加长度

⑦ 重复上述过程，计算构件中其他钢筋量并列出明细单：

钢筋工程量＝钢筋设计长度(m)×相应钢筋每米质量(kg/m)，钢筋每米质量＝$0.006165 \times d^2$（d 为钢筋直径）

⑧ 按不同钢种和直径分别汇总钢筋质量。

6.4.3 框架结构钢筋预算软件工程量计算

6.4.3.1 软件原理及应用流程

（1）软件算量的基本原理

1）钢筋算量特点分析 建筑工程钢筋的计算的影响因素多，工程钢筋计算对算量人员的要求高。

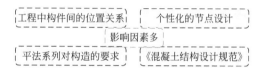

2）信息化手段

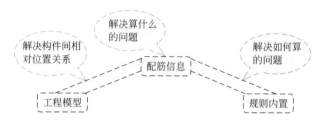

图 6-75 钢筋计算的影响因素

3）软件算量的实质 将钢筋计算转化为三大部分工作：在算量软件中配筋信息的录入、工程结构模型的建立、计算规则的调整。

（2）软件算量工程流程

1）传统的工程流程 在进行实际工程的绘制和计算时，软件的基本工作流程见图 6-76。简化，按实际功能和构件绘制顺序，操作顺序如图 6-77 所示。

"绘图输入"部分，通过建模算量是软件主要的算量方式，一般按照下列顺序进行：定义构件—画图—查量。

对于水平构件，例如梁，绘制完图元，设置了支座和钢筋之后汇总计算成功，即可查量。但是对于竖向构件，例如柱，由于和上下层的构件存在关联，上下层绘制构件与未绘制构件时的计算结果不同。也就是说，对于竖向构件，需要上下层构件绘制完毕，才能通过相关联构件之间的扣减，准确计算。

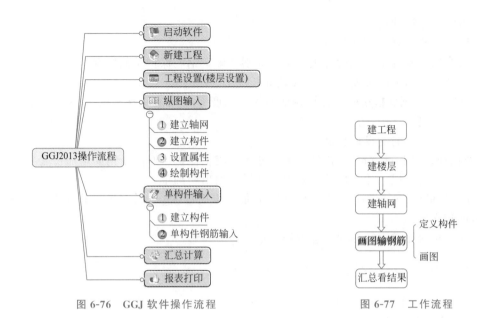

图 6-76　GGJ 软件操作流程　　　　　　　图 6-77　工作流程

2）BIM 技术与钢筋算量软件结合的工作流程　充分利用 BIM 技术一次建模多次利用的特性,将建筑结构受力计算模型信息直接导入钢筋算量软件。工作流程图如下:

优点:广夏结构受力计算模型通过专门开发的转换工具直接导入钢筋算量件,不需要再构建模型,只需钢筋算量设置调整就可计算出钢筋工程量,真正实现了一次建模多次利用。

6.4.3.2　钢筋工程量计算操作流程

（1）新建工程

1）打开软件新建向导（图 6-78）。

图 6-78　新建向导

2）鼠标左键点击欢迎界面上的"新建向导",进入新建工程界面,如图 6-79 所示。

工程名称:按工程图纸名称输入,保存时会作为默认的文件名;本工程名称输入为"快算公司培训楼";

损耗模板:根据实际工程需要选择,本工程以不计算损耗为例;

计算规则:本工程以"11 系新平法规则"为例;

汇总方式:针对报表部分的汇总设置,分为"按外皮计算钢筋长度"（一般预算时使用）和"按中轴线计算钢筋长度"（一般施工现场下料时使用）;本工程选择"按外皮计算钢筋长度"。

3）点击"下一步",进入"工程信息"界面,如图 6-80 所示。

在工程信息中,结构类型、设防烈度、檐高决定建筑的抗震等级;抗震等级影响钢筋的搭接和锚固的数值,从而会影响最终钢筋量的计算,因此需要根据实际工程的情况进行输入,并且内容会链接到报表中。本快算公司培训楼的信息输入如图 6-80 所示。依据来源于图纸。

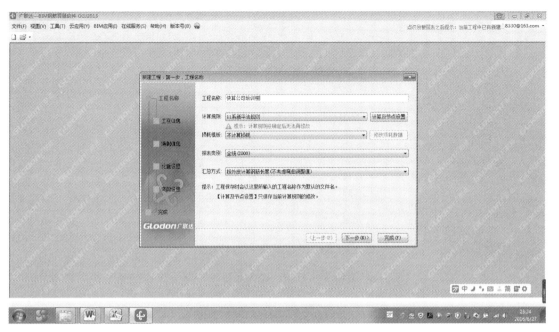

图 6-79　新建工程-工程名称

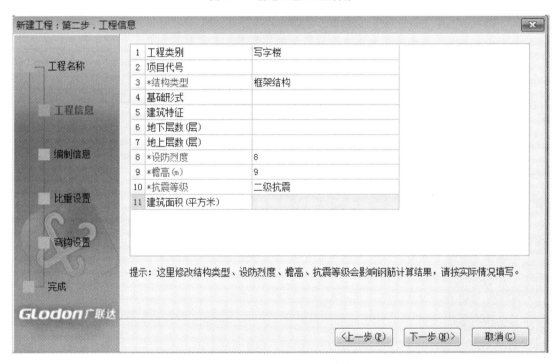

图 6-80　新建工程-工程信息

工程类别：写字楼；结构类型：框架结构；设防烈度：根抗震设防烈度 8 度；抗震等级：二；檐高：9m。

4）点击"下一步"，进入"编制信息"界面，根据实际工程情况填写相应的内容，汇总报表时，会链接到报表里。

5）点击"下一步"，进入"比重设置"界面，如图 6-81 所示，对各类钢筋的比重（相对密度）可以进行设置。比重设置会影响到钢筋质量的计算，因此需要准确设置。目前国内

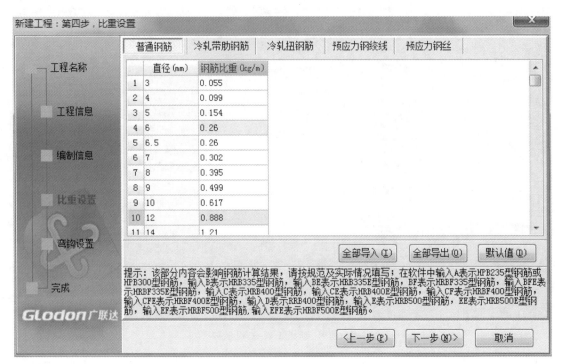

图 6-81　比重设置

市场上没有直径为 6mm 的钢筋，一般用直径为 6.5mm 的钢筋代替，这种情况，需要把直径为 6 的钢筋的比重修改为直径 6.5mm 的钢筋比重，直接在表格中复制、粘贴即可。

6）点击"下一步"，进入"弯钩设置"界面，用户可以根据需要对钢筋的弯钩进行设置。图 6-82 中可勾选的项目"箍筋弯钩平直段按工程抗震考虑"。如果选择了图元抗震考

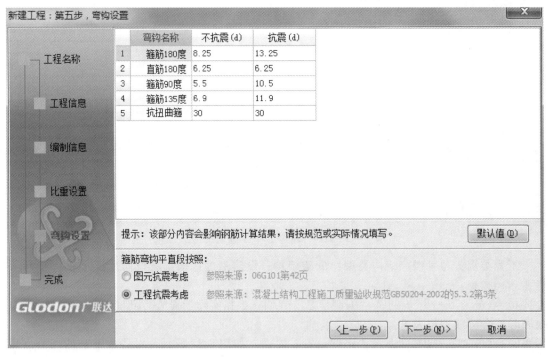

图 6-82　弯钩设置

虑，非框架梁的按照非抗震考虑，它的箍筋平直段就是 $6.9d$，如果选择了工程抗震考虑，箍筋的平直段就是和框架梁一样，在 $10d$ 与 $75mm$ 取大值后再加 $1.9d$ 计算。但是在实际工程中，非框架梁的箍筋也是和框架梁一样的长度，所以非框架梁的箍筋也为 $11.9d$，所以以选择工程抗震考虑为妥。

7）点击"下一步"，进入"完成"界面，这里显示了工程信息和编制信息，如图 6-83 所示。

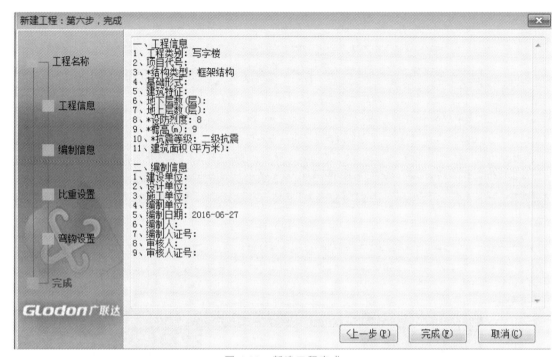

图 6-83　新建工程完成

8）点击"完成"，完成新建工程，切换到"工程信息"界面。该界面显示了新建工程的工程信息，供用户查看和修改。

（2）导入 GSM 文件

1）调用"gsm 文件"。

进入绘图界面，然后如图 6-84，点击"BIM 应用——打开 GICD 交互文件（GSM）"。

2）登录广联云账号（图 6-85）。

3）如图 6-86，在 Dwg 文件同目录下找到"gsm 文件"，点击"打开"。

软件进行数据读取。

（3）钢筋计算设置

根据图纸完成计算设置（包含计算设置、节点设置、箍筋设置、搭接设置、箍筋公式）。

1）计算设置　计算设置部分的内容，是软件内置的规范和图集的显示。包括各类构件计算过程中所用到的参数的设置，直接影响钢筋计算结果；软件中默认的都是规范中规定的数值，和工程中最常用的数值，按照图集设计的工程，一般不需要进行修改；如果工程有特殊需要时，用户可以根据结构施工说明和施工图来对具体的项目进行修改；此工程中只需更改各构件接头百分比为 25%，如图 6-87；

计算设置的所有内容，都是按照类似的方式，把规范和图集中的参数和规定放在软件中，并且可以根据需要进行修改，一方面使计算过程更加透明，另一方面也满足不同的计算需求。

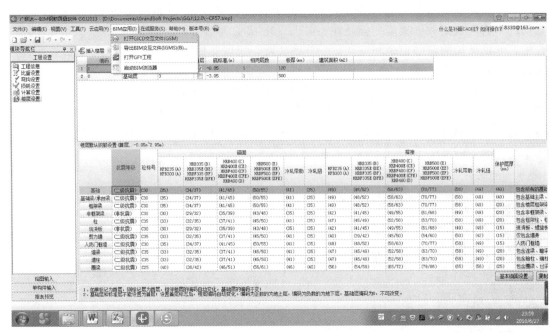

图 6-84　BIM 应用按钮

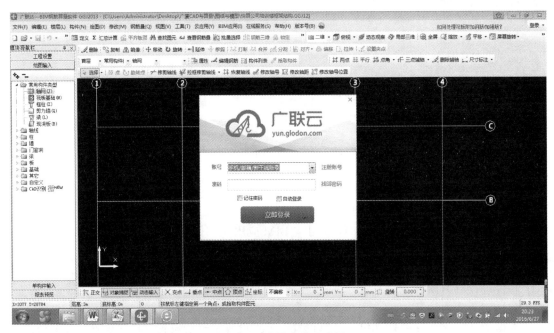

图 6-85　登录广联云账号

注意：除非图纸中特定说明，一般此处不用修改。

2）节点设置　在节点设置部分，将图集中的节点都放到软件中，供用户选择使用。

例如以柱的节点中"顶层边角柱外侧纵筋"的节点为例（图 6-88）。软件内置了图集中所有的节点形式，默认为最常用的 B 节点。这样用户在使用软件时，如果图纸是按照最常用的节点形式，就不用再进行选择和设置。如果用户的实际工程使用的是其他的节点，就可以在这里选择其他的节点进行计算。并且，用户还可以根据实际情况，对节点中的锚固和弯折的参数进行输入，满足更多的需求。

图 6-86　打开 gsm 文件

图 6-87　修改计算设置

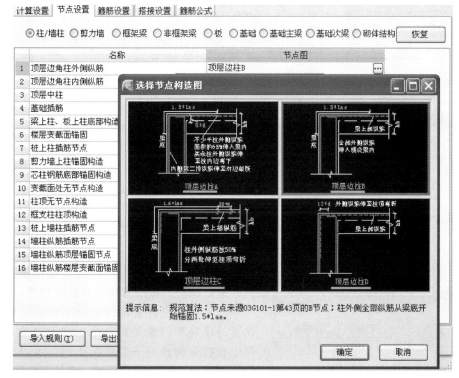

图 6-88　节点设置

3）箍筋设置　在此部分，软件提供了多种箍筋肢数组合，以供在定义构件时进行使用，如果实际工程中遇到的箍筋肢数未在此进行提供，可手动进行添加。

4）搭接设置　钢筋的搭接形式和定尺长度按工程图纸要求进行设置（图6-89）。如果没有特殊说明，则按照软件默认的方式进行即可，因为软件默认的是常用的方式。

	钢筋直径范围	连接形式								墙柱垂直筋定尺	其余钢筋定尺
		基础	框架梁	非框架梁	柱	板	墙水平筋	墙垂直筋	其它		
1	⊟ HPB235, HPB300										
2	— 3~10	绑扎	绑扎	绑扎	绑扎	绑扎	绑扎	绑扎	绑扎	8000	8000
3	— 12~14	直螺纹连接	直螺纹连接	直螺纹连接	直螺纹连接	直螺纹连接	直螺纹连接	直螺纹连接	直螺纹连接	10000	10000
4	— 16~22	直螺纹连接	直螺纹连接	直螺纹连接	电渣压力焊	直螺纹连接	直螺纹连接	电渣压力焊	电渣压力焊	10000	10000
5	— 25~32	套管挤压	套管挤压	套管挤压	套管挤压	套管挤压	套管挤压	套管挤压	套管挤压	10000	10000
6	⊟ HRB335, HRB335E, HRBF335, HRBF335E										
7	— 3~11.5	绑扎	绑扎	绑扎	绑扎	绑扎	绑扎	绑扎	绑扎	8000	8000
8	— 12~14	直螺纹连接	直螺纹连接	直螺纹连接	直螺纹连接	直螺纹连接	直螺纹连接	直螺纹连接	直螺纹连接	10000	10000
9	— 16~22	直螺纹连接	直螺纹连接	直螺纹连接	直螺纹连接	直螺纹连接	直螺纹连接	直螺纹连接	直螺纹连接	10000	10000
10	— 25~50	套管挤压	套管挤压	套管挤压	套管挤压	套管挤压	套管挤压	套管挤压	套管挤压	10000	10000
11	⊟ HRB400, HRB400E, HRBF400, HRBF400E, RRB400,										
12	— 3~10	绑扎	绑扎	绑扎	绑扎	绑扎	绑扎	绑扎	绑扎	8000	8000
13	— 12~14	直螺纹连接	直螺纹连接	直螺纹连接	直螺纹连接	直螺纹连接	直螺纹连接	直螺纹连接	直螺纹连接	10000	10000
14	— 16~22	直螺纹连接	直螺纹连接	直螺纹连接	直螺纹连接	直螺纹连接	直螺纹连接	直螺纹连接	直螺纹连接	10000	10000
15	— 25~50	套管挤压	套管挤压	套管挤压	套管挤压	套管挤压	套管挤压	套管挤压	套管挤压	10000	10000

图6-89　搭接设置

5）箍筋公式　在这里可以查看不同肢数的箍筋的长度计算公式，一般不需要进行修改。

6）汇总计算　在绘图输入界面，如图6-90。

图6-90　自动判断边角柱

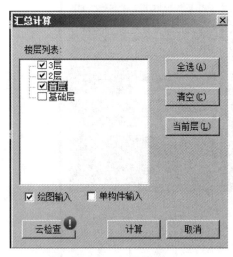

图6-91　汇总计算

点击自动判断边角柱后，成功后再按住快捷键"F9"或钢筋量下拉菜单"汇总计算"，将出现图6-91，勾选计算楼层。

汇总计算成功后，点击导航栏下方的"报表预览"，生成报表后，点击"汇总表"下的"钢筋汇总表"可查阅各种钢筋工程量，如图6-92。

6.4.3.3　小结

（1）一般情况下，如果施工图没有特殊说明，在做预算的过程中，用户不用对计算设置部分的内容进行调整，按照常用参数计算即可。

（2）在工程设置部分进行的计算设置和节点设置的设置和调整是对整个工程有效的，如果工程中有特殊构件与一般情况不同，可以在构件的属性中对单个构件进行设置，满足个性化需求。

图 6-92 钢筋统计汇总表

6.5 框架结构的混凝土算量

建设工程项目以工程设计图纸、施工组织设计或施工方案及有关技术经济文件为依据，按照相关国家标准的计算规则、计量单位等规定，进行工程数量的计算活动称为工程计量。框结构的混凝土构件主要是基础、柱、梁、板、构造柱等。在快算公司培训楼的主体结构中，需要计算的构件主要是柱、梁、板。

6.5.1 框架结构混凝土算量的计算依据、方法、计算规则

（1）计算依据

1）建筑工程量清单计算的依据是《房屋建筑与装饰工程工程量计算规范》（GB 50854—2013）。

2）经审定的施工图纸及说明、会审记录和标准图集。

3）经审定的施工组织设计和施工技术措施。

4）工程施工合同，招标文件的商务条款。

（2）方法

1）按顺时针方向计算　从平面图左上角开始，按顺时针方向逐步计算，绕一周回到左上角。适用范围：外墙、外墙基础、楼地面、天棚、室内装修等。

2）按照横竖分割计算　先横后竖，先上后下，先左后右的计算顺序。在同一张图纸上，先计算横项工程量，后计算竖向工程量。在横向采用：先左后右，从上至下；在竖向采用：先上后下，从左至右。适用范围：内墙、内墙基础和各种间隔墙。

3）按轴线编号顺序计算　从左到右、从上到下进行计算。适用于：内外墙挖地槽、内外墙基础、内外墙砌体、内外墙装修等。

4）按照图纸上构、配件编号计算　按结构构件编号顺序计算。如在计算钢筋混凝土结构工程量时，钢筋混凝土柱的计算顺序是：Z_1、Z_2、Z_3、…、Z_{15}；钢筋混凝土梁的计算顺

序是：L_1、L_2、L_3、…、L_{10} 以及 CL_1、CL_2、CL_3、…、CL_{12}；钢筋混凝土板的计算顺序是板 B_1、B_2、B_3、…、B_8。适用于柱基、柱、梁、板、门、窗和金属构件等，按自身编号分别依次计算。

（3）计算规则

1）混凝土柱　按设计图示横断面尺寸乘以柱高，以立方米计算。$V_柱＝柱横断面面积×柱高$。见柱高示意图 6-93。

柱高按下列规定计算：

① 有梁板的柱高均从自柱基的上表面或楼板的上表面算起，至上一层楼板上表面之间的高度计算。以基础的扩大顶面为界。以下为基础，以上为柱。

② 对于无梁板（由柱支撑的板），柱子的高度自柱基上表面或楼板上表面至柱头（帽）的下表面的高度计算。柱帽的体积并给无梁板。

③ 框架柱的柱高，自柱基上表面至柱顶高度计算。

④ 构造柱按设计高度计算，与墙嵌接部分的体积并入柱身体积内计算。

⑤ 依附柱上的牛腿，并入柱体积内计算。

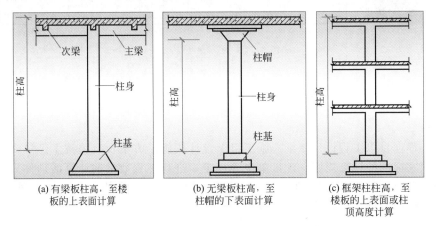

图 6-93　柱高度计算示意图

2）混凝土梁　按图示断面尺寸乘以梁长以立方米计算。不扣除构件内钢筋、预埋铁件所占体积，伸入墙内的梁头、梁垫并入梁体积内。

计算公式：$V＝梁断面面积×梁长$

梁长的取法：

① 断梁不断柱，即主、次梁与柱连接时，梁长算至柱内侧面；

② 断次梁不断主梁。次梁与柱或主梁连接时，次梁长度算至柱侧面或主梁侧面。

梁板计算关系示意详见图 6-94。

3）混凝土板　按图示面积乘以板厚以立方米计算（梁板交接处不得重复计算）。$V_板＝$ 板长×板宽×板厚。按设计图示尺寸以体积计算，不扣除单个面积 $\leqslant 0.3 m^2$ 的柱、垛以及孔洞所占体积。有梁板包括主、次梁及板，工程量按梁、板体积之和计算，无梁板按板和柱帽体积之和计算，各类板伸入墙内的板头并入板体积内，薄壳板的肋、基梁并入薄壳板体积内计算。

6.5.2　框架结构混凝土工程量计算

（1）框架柱（表 6-25）

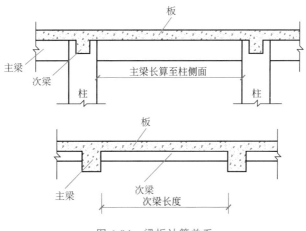

图 6-94 梁板计算关系

表 6-25 框架柱工程量计算

构件名称	计算过程	构件数量	工程量/m³	混凝土级别
KZ1	0.3×0.4×9	4	4.32	C30
KZ2	0.3×0.4×9	4	4.32	C30
KZ3	0.3×0.4×9	2	2.16	C30
KZ4	0.3×0.4×9	1	1.08	C30
KZ5	0.3×0.4×9	1	1.08	C30
小计			12.96	C30

（2）有梁板（表 6-26）

表 6-26 梁与板（有梁板）的工程量计算

构件名称		计算过程	构件数量	工程量/m³	混凝土级别
有梁板	KL1	0.2×宽度×0.5×高度×12×中心线长度−0.09×扣柱=1.11m³	3	3.33	C25
	KL2	0.2×宽度×0.5×高度×12×中心线长度−0.09×扣柱=1.11m³	3	3.33	C25
	KL3	0.2×宽度×0.5×高度×12×中心线长度−0.09×扣柱=1.11m³	3	3.3.33	C25
	KL4	0.2×宽度×0.5×高度×6.5×中心线长度−0.08×扣柱=0.57m³	6	3.42	C25
	KL5	0.2×宽度×0.5×高度×8.1×中心线长度−0.1×扣柱=0.71m³	6	4.26	C25
	L1	0.2×宽度×0.4×高度×2.5×中心线长度−0.016×扣梁=0.184m³	3	0.552	C25
	L2	0.2×宽度×0.4×高度×6×中心线长度−0.016×扣梁=0.464m³	3	1.392	C25
	B1	0.1×(3−0.2)×(4−0.2)	6	6.384	C25
	B2	0.1×(6−0.2)×(4−0.2)	3	6.612	C25
	B3	0.1×(6−0.2)×(1.5−0.2)	3	2.262	C25
	B4	0.1×(3−0.2)×(2.5−0.2)	6	3.864	C25
	B5	0.1×(2−0.2)×(2.5−0.2)	3	1.242	C25
小计				38.48	C25

6.5.3 框架结构混凝土预算软件工程量计算

6.5.3.1 土建算量软件算量原理

建筑工程量的计算是一项工程量大而繁的工作，工程量计算的算量工具也随着信息化技术的发展，经历算盘、计算器、计算机表格、计算机建模几个阶段，现在我们采用的也就是通过建筑模型进行工程量的计算（图6-95）。

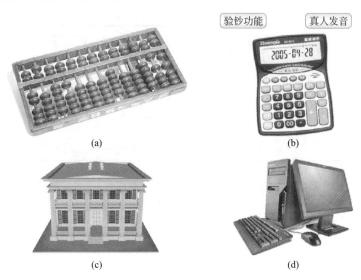

图 6-95　工程量计算的算量工具

现在建筑设计输出的图纸 90% 是采用二维设计，提供建筑的平、立、剖图纸，对建筑物进行表达。而建模算量则是将建筑平、立、剖面图结合，建立建筑的空间模型，模型的建立则可以准确地表达各类构件之间的空间位置关系，土建算量软件则按计算规则计算各类构件的工程量，构件之间的扣减关系则根据模型由程序进行处理，从而准确计算出各类构件的工程量；为方便工程量的调用，将工程量以代码的方式提供，套用清单与定额时可以直接套用（图6-96）。

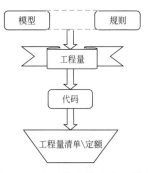

图 6-96　土建算量软件算量原理

使用土建算量软件进行工程量计算，已经从手工计算的大量书写与计算转化为建立建筑模型。无论用手工算量还是软件算量，都有一个基本的要求，那就是知道算什么，如何算。知道要什么，是做好算量工作的第一步，也就是业务关，手工算，软件算只是采用了不同的手段而已。

软件算量的重点，一是如何快速地按照图纸的要求，建立建筑模型；二是将算出来的工程量与工程量清单与定额进行关联；三是掌握特殊构件的处理及灵活应用。

6.5.3.2 BIM 技术与土建算量软件结合的工作流程

充利用 BIM 技术一次建模多次利用的特性，将建筑结构受力计算模型信息直接导入钢筋算量软件。工作流程图如图 6-97 所示。

优点：使用钢筋算量计算模型时，通过直接导入土建算量件而不需要再构建模型，只需增加结构中没的构件，然后关联清单与构件工程量，从而快速计算出土建工程量，使结构模型得到利用。

图 6-97　工作流程图

6.5.3.3　框架结构混凝土工程量操作流程

（1）新建工程

1）启动软件，进入界面"欢迎使用 GCL2013"，如图 6-98 所示。

图 6-98　"欢迎使用 GCL2013"界面

2）鼠标左键点击欢迎界面上的"新建向导"，进入新建工程界面。如图 6-99 所示。

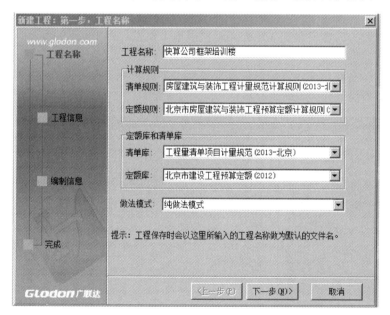

图 6-99　新建工程界面

工程名称：按工程图纸名称输入，保存时会作为默认的文件名；本工程名称输入为"样例工程"。计算规则、定额和清单库选择如图 6-99 所示。

做法模式：选择纯做法模式。

软件提供了两种做法模式：纯做法模式和工程量表模式。工程量表模式区别于纯做法模式，在于针对构件需要计算的工程量给出参考列项。

3）点击"下一步"，进入"工程信息"界面。如图 6-100 所示。

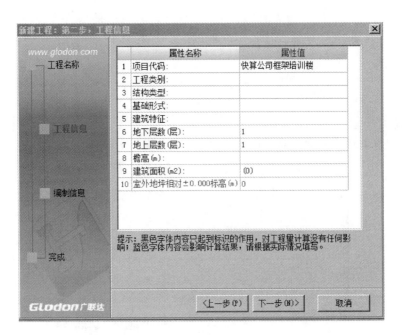

图 6-100 "工程信息"界面

在工程信息中，室外地坪相对±0.000 标高的数值：需要根据实际工程的情况进行输入。室外地坪相对±0.000 标高会影响到土方工程量计算，可根据建施-9 中的室内外高差确定。

灰色字体输入的内容只起到表示作用，所以地上层数、地下层数我们也可以不按图纸实际输入。

4）点击"下一步"，进入"编制信息"界面，根据实际工程情况添加相应的内容，汇总时，会反映到报表里。如图 6-101 所示。

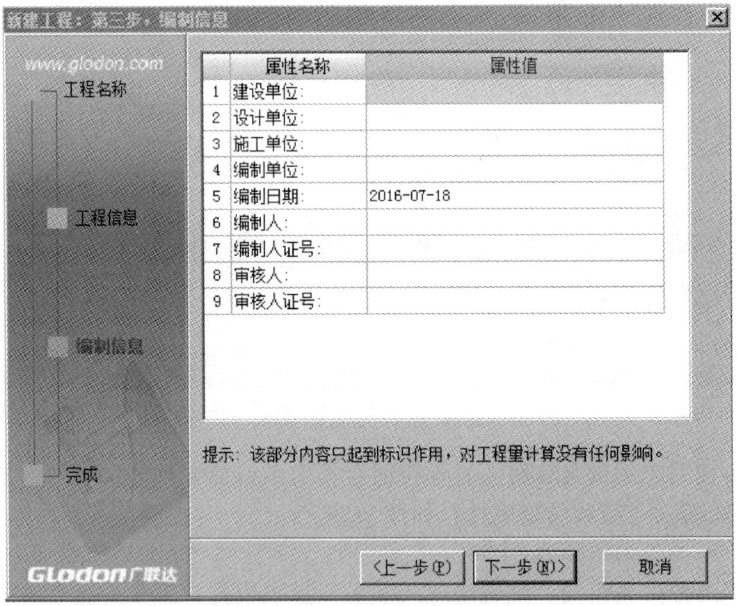

图 6-101 "编制信息"界面

5）点击“下一步”，进入“完成”界面，这里显示了工程信息和编制信息。如图 6-102 所示。

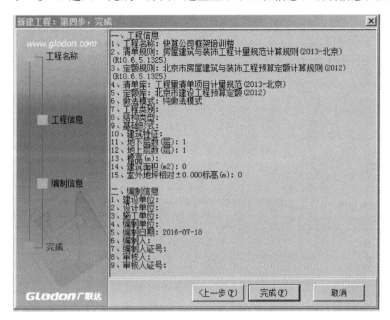

图 6-102 “完成”界面

6）点击“完成”，完成新建工程，切换到“工程信息”界面，该界面显示了新建工程的工程信息，供用户查看和修改。如图 6-103 所示。

	属性名称	属性值
1	－ 工程信息	
2	工程名称:	快算公司框架培训楼
3	清单规则:	房屋建筑与装饰工程计量规范计算规则(2013-北京)(R10.6.5.1325)
4	定额规则:	北京市房屋建筑与装饰工程预算定额计算规则(2012)(R10.6.5.1325)
5	清单库:	工程量清单项目计量规范(2013-北京)
6	定额库:	北京市建设工程预算定额(2012)
7	做法模式:	纯做法模式
8	项目代码:	快算公司框架培训楼
9	工程类别:	
10	结构类型:	
11	基础形式:	
12	建筑特征:	
13	地下层数(层):	1
14	地上层数(层):	1
15	檐高(m):	
16	建筑面积(m2):	(0)
17	室外地坪相对±0.000标高(m):	0
18	－ 编制信息	
19	建设单位:	
20	设计单位:	
21	施工单位:	
22	编制单位:	
23	编制日期:	2016-07-18
24	编制人:	
25	编制人证号:	
26	审核人:	
27	审核人证号:	

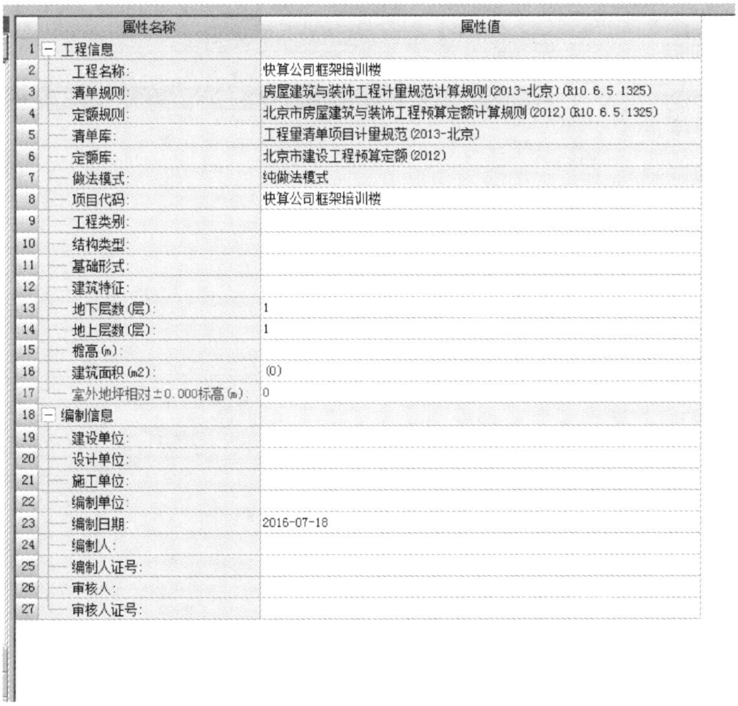

图 6-103 “工程信息”

（2）导入钢筋算量模型

进入绘图界面，点击“文件”下拉菜单，导入 GGJ 钢筋算量模型，如图 6-104 所示。

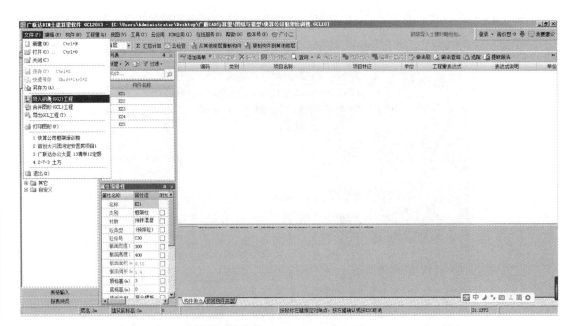

图 6-104　导入 GGJ 钢筋算量模型

接着选择要导入的 GGJ 文件，完成模型导入工作，如图 6-105 所示。

图 6-105　选择导入 GGJ 模型文件

进行导入构件选择见图 6-106，确定后保存文件。

（3）标号设置

从结构设计总说明一，八条 2 中可知各层构件的混凝土标号。

在楼层设置下方的是软件中的标号设置，集中统一管理构件混凝土标号、类型、砂浆标号、类型；对应构件的标号设置好后，在绘图输入新建构件时，会自动取这里设置的标号值（图 6-107）。同时标号设置适用于对定额进行楼层换算。

完成首层的混凝土设置后，点右下角"复制到其他楼层"，选择要复制的目标楼层，选中后点击"确定"，完成楼层设置。见图 6-108。

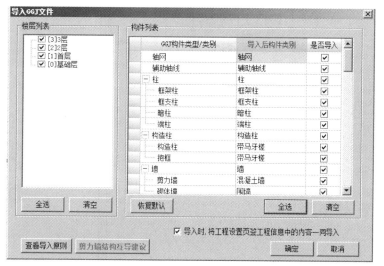

图 6-106 构件选择

图 6-107 构件混凝土标号设置

（4）绘图输入

楼层设置完成后，点击下方的"绘图输入"进入绘图界面。双击导航栏的构件"柱"，进行柱构件定义（图 6-109）。

（5）做法套用

柱构件定义好后，需要进行套用做法操作。套用做法是指构件按照计算规则计算汇总出做法工程量，方便进行同类项汇总，同时与计价软件数据接口。构件套做法，可以通过手动添加清单定额、查询清单定额库添加、查询匹配清单定额添加（以北京定额为例）。

1）柱的匹配清单 查询匹配清单，选中对应清单，双击，然后单击项目特征，输入混凝土种类"预拌"和强度等级"C30"，同时查看工程量表达式是否正确。表如图 6-110 所示。

2）梁的匹配清单 如图 6-111 所示。

3）板的匹配清单 如图 6-112 所示。

图 6-108　楼层复制选择

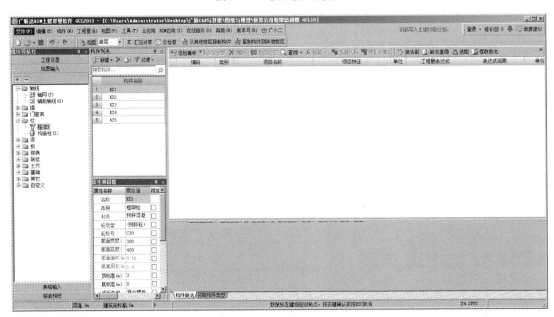

图 6-109　构件定义

4）做法刷套用做法　点击框架柱构件，双击进入套取做法界面，可以看到通过块提取建立的构件中没有做法，我们需要对四层所有的构件套取做法，切换到第三层如图 6-113 所示，利用做法刷功能套取做法。

框架柱，在构件列表中双击 KZ1，进入套取做法界面，点击"做法刷"，如图 6-114 所示，勾选第 2、3 层的所有框架柱，点击确定。

同样操作，完成当前层和其他楼层的梁、板。

182

	编码	清单项	单位
1	010401009	实心砖柱	m3
2	010401010	多孔砖柱	m3
3	010402002	砌块柱	m3
4	010403005	石柱	m3
5	010502001	矩形柱	m3

	编码	类别	项目名称	项目特征	单位	工程量表达式	表达式说明
1	□ 010502001	项	矩形柱	1. 混凝土种类：预拌 2. 混凝土强度等级：C30	m3	TJ	TJ〈体积〉
2	5-7	定	现浇混凝土 矩形柱		m3	TJ	TJ〈体积〉

图 6-110 柱清单匹配

	编码	类别	项目名称	项目特征	单位	工程量表达式	表达式说明
1	010505001	项	有梁板	1. 混凝土种类：预拌 2. 混凝土强度等级：C25	m3	TJ	TJ〈体积〉

图 6-111 梁的匹配清单

	编码	类别	项目名称	项目特征	单位	工程量表达式	表达式说明
1	010505001	项	有梁板	1. 混凝土种类：预拌 2. 混凝土强度等级：C25	m3	TJ	TJ〈体积〉

图 6-112 匹配清单

图 6-113 第三层界面

（6）汇总查看结果

1）绘制完成后，进行汇总计算［F9］，查看报表，点击"设置报表范围"，只选择墙的报表范围，点击确定。如图 6-115 所示。

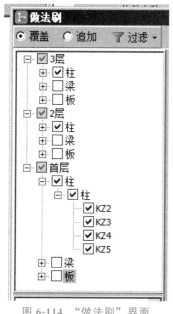

图 6-114 "做法刷"界面

图 6-115 "设置报表范围"界面

2）统计工程工程量，此工程主体结构柱、梁、板的清单工量如图 6-116 所示。

清单汇总表

工程名称：框架

编制日期：

序号	编码	项目名称	单位	工程里	工程里明细	
					绘图输入	表格输入
1	010502001001	矩形柱 1.混凝土种类:预拌 2.混凝土强度等级:C30	m3	12.96	12.96	0
2	010505001001	有梁板 1.混凝土种类:预拌 2.混凝土强度等级:C25	m3	38.48	38.48	0

图 6-116 "清单汇总表"界面

6.6 框架结构的钢筋下料

以钢筋施工为出发点，按照施工进度和流水施工的要求，结合现场钢筋加工的机械，编写钢筋下料单，称之为钢筋下料。本节以广联达的钢筋下料软件（GFC2014）为例展开。

6.6.1 钢筋下料的计算依据和参数

钢筋工程量的计算有两种层次的需求，一种是确定钢筋工程的造价需求，另一种是确定钢筋工程施工下料需求。两者有区别，又有联系。区别在于造价需求计算时没有全部考虑施工下料时的钢筋排布、下料模数和施工情况，造价需求的钢筋计算是以设计长度计算，而钢筋下料的计算是以钢筋下料的长度和计算。联系在于造价需求计算和下料需求计算的计算依据和基础参数相同。

6.6.2 框架结构钢筋下料软件计算

6.6.2.1 GFY2014软件整体介绍

钢筋施工翻样软件以解决"钢筋施工翻样"为主，同时还具有"对断料进行优化、降低钢筋损耗"、"提高钢筋加工效率"、"指导现场绑扎"、"控制钢筋出库、采购、入库"等多项功能。该产品贯穿整个钢筋分项工程的各个施工工序，为各个工序的相关人员提供电算化、信息化的解决方案，提高整个钢筋分项工程的施工进度，同时降低钢材的损耗，严控钢材在各个环节的浪费现象，保证工程质量和提升项目部和劳务分包的盈利能力。

本软件在使用上与广联达钢筋抽样软件有相同的地方，但功能上有本质区别。本软件以钢筋施工为出发点，在计算中会根据施工规范、钢筋模数及流水段设置智能断料，使断料方案不仅能满足施工要求，更能达到节省废料的目的，同时利用钢筋三维图形及二维排布图形显示每一根钢筋的形状、位置及每个接头的位置、类型，用户可实时查看或编辑每一根钢筋的各种信息。通过这种模式，使用者可预见施工现场钢筋绑扎情况，并可通过这些图形的输出和报表指导现场施工。

GFY2014通过绘图的方式，快速建立建筑物的计算模型，软件根据内置的平法图集和规范实现自动扣减，准确计算。内置的平法和规范还可以由用户根据不同的需求，自行设置和修改，满足多样的需求。在计算过程中工程施工人员能够快速准确地计算和校对，达到钢筋翻样方法实用化，翻样过程可视化，翻样结果准确化。

本软件还支持广联达钢筋抽样软件文件的导入及 CAD 电子图纸的导入，可节省大量的建模时间。

6.6.2.2 工作流程

（1）整体概述

使用 GFY2014 做实际工程，一般推荐用户按照先主体再零星的原则，即先绘制和计算主体结构，再计算零星构件的顺序。

1）针对不同的结构类型，采用不同的绘制顺序，能够更方便地绘制，更快速地计算，提高工作效率。对不同结构类型，绘制流程如下。

剪力墙结构：剪力墙-门窗洞-暗柱/端柱-暗梁/连梁；

框架结构：柱-梁-板；

框剪结构：柱-剪力墙部分-梁-板-砌体墙部分；

砖混结构：砖墙-门窗洞-构造柱-圈梁。

2）根据结构的不同部位，推荐使用的绘制流程为施工顺序，即：基础-地下-首层-地上。

3）本软件还支持广联达钢筋抽样软件文件的导入及 CAD 电子图纸的导入，可节省大量的建模时间。

（2）新建工程

1）打开云翻样软件，选择并点击"建模输入"功能。见图 6-117。

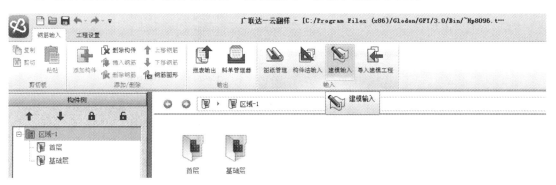

图 6-117　打开翻样软件

2）"新建工程"此部分同钢筋算量预算软件，详见 6.4.3 节；"导入 GGJ 工程"利用钢筋算量的模型文件进行调整，本部分记述内容重点从"导入 GGJ 工程"的工程开始（图 6-118）。

（3）弯钩设置

实际施工中，箍筋的弯钩长度大部分是根据现场试弯后进行确定或根据自身的经验确定。在"弯钩设置"界面，用户可以根据需要，对箍筋和拉筋的钢筋弯钩长度进行设置，并可对直筋设置弯曲调整。

1）箍筋弯钩设置、拉筋弯钩设置。11G 规则箍筋、拉筋默认的尺寸计算方式，为"按外皮尺寸计算"，弯钩长度"$10d/20d$"，表示非抗震/抗震时，考虑弯曲调整后两个弯钩一共增加的长度，如图 6-119 所示。

如果默认数据里没有工程中的某些箍筋或者拉筋直径，可以点击直径设置。要注意的是，添加一种直径前，一定要先点击钢筋级别的汉字，变成蓝色后，再在右侧勾选添加直

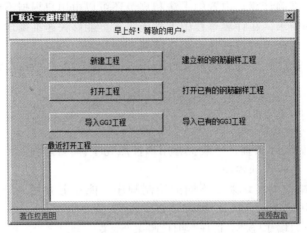

图 6-118　新建工程

	钢筋直径	90°	135°	180°
1	− HPB235, HPB300			
2	4	10d/20d	10d/20d	10d/20d
3	6	10d/20d	10d/20d	10d/20d
4	8	10d/20d	10d/20d	10d/20d
5	10	10d/20d	10d/20d	10d/20d
6	12	10d/20d	10d/20d	10d/20d
7	− HRB335, HRB335E, HRBF335, HRBF335E			
8	8	10d/20d	10d/20d	10d/20d
9	10	10d/20d	10d/20d	10d/20d
10	12	10d/20d	10d/20d	10d/20d
11	14	10d/20d	10d/20d	10d/20d
12	− HRB400, HRB400E, HRBF400, HRBF400E, RRB400			
13	8	10d/20d	10d/20d	10d/20d
14	10	10d/20d	10d/20d	10d/20d
15	12	10d/20d	10d/20d	10d/20d
16	14	10d/20d	10d/20d	10d/20d
17	− HRB500, HRB500E, HRBF500, HRBF500E			
18	8	10d/20d	10d/20d	10d/20d
19	10	10d/20d	10d/20d	10d/20d
20	12	10d/20d	10d/20d	10d/20d
21	14	10d/20d	10d/20d	10d/20d

箍筋、拉筋尺寸计算方式
⊙按外皮尺寸计算　　○按内皮尺寸计算

图 6-119　箍筋弯钩设置

径。如果直接勾选直径，会添加在 HPB235，HPB300 里。如图 6-120 所示。

2）弯曲调整　在钢筋加工弯曲成型时，外皮增长，内皮缩短，只有中心线保持不变；在钢筋切断时，钢筋的下料长度为中心线的长度，而钢筋图样上标注的尺寸为外皮尺寸，所以在切断时需要扣除各个弯折的弯曲调整值。在软件里输入数值后，软件在计算时会在下料长度中扣除相应的长度。软件默认不计算弯曲调整值，如需扣除可进行设置为"按规范计算弯曲调整"值或者"根据经验计算弯曲调整"值。弯曲调整计算方式如图 6-121。

按规范计算弯曲调整值如图 6-122 所示。

根据经验计算弯曲调整值，如图 6-123 所示。

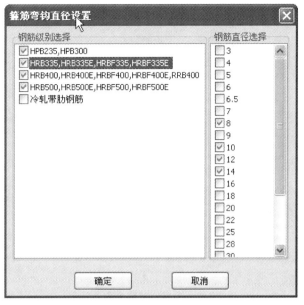

箍筋弯钩直径设置
钢筋级别选择
HPB235,HPB300
HRB335,HRB335E,HRBF335,HRBF335E
HRB400,HRB400E,HRBF400,HRBF400E,RRB400
HRB500,HRB500E,HRBF500,HRBF500E
冷轧带肋钢筋
钢筋直径选择
3
4
5
6
6.5
7
8
9
10
12
14
16
18
20
22
25
28
确定
取消

图 6-120　钢筋直径选择

箍筋弯钩设置
拉筋弯钩设置
弯曲调整
弯曲调整计算方式
按规范计算弯曲调整
根据经验计算弯曲调整
不计算弯曲调整

图 6-121　弯曲调整计算

箍筋弯钩设置
拉筋弯钩设置
弯曲调整
弯曲调整计算方式
按规范计算弯曲调整
根据经验计算弯曲调整
不计算弯曲调整
钢筋级别
45°
90°
135°
1 HPB235, HPB300 0.5d 2d 2.5d
2 HRB335, HRB335E, HRBF335, HRBF335E 0.5d 2d 2.5d
3 HRB400, HRB400E, HRBF400, HRBF400E, RRB400 0.5d 2d 2.5d
4 HRB500, HRB500E, HRBF500, HRBF500E 0.5d 2d 2.5d
5 冷轧带肋钢筋 0 0 0

图 6-122　按规范计算弯曲调整

软件下方可勾选的项目“箍筋弯钩平直段抗震考虑”，两个选项可以选择：图元抗震考虑和工程抗震考虑，可以根据需要进行选择。

箍筋弯钩平直段按照：

○图元抗震考虑　参照来源：06G101 第 42 页

⊙工程抗震考虑　参照来源：混凝土结构工程施工质量验收规范 GB 50204—2002 的 5.3.2 第 3 条

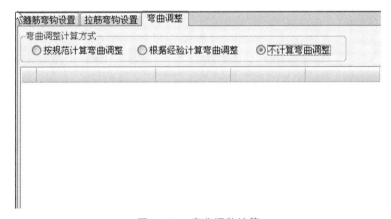

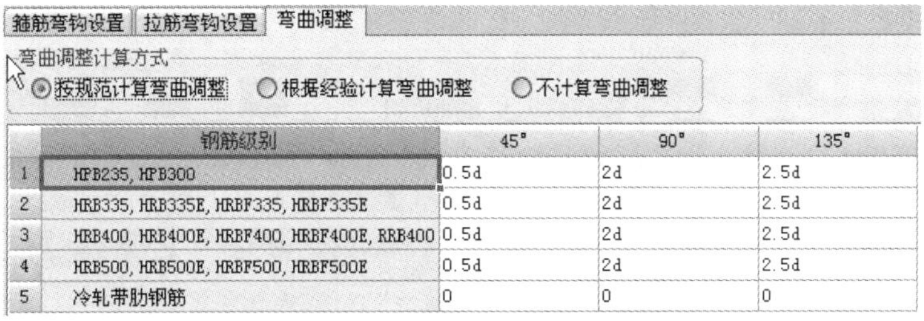

钢筋直径范围	30°	45°	60°	90°	135°
1　HPB235, HPB300					
2　3~10	0.35d	0.5d	0.85d	2d	2.5d
3　12~14	0.35d	0.5d	0.85d	2d	2.5d
4　16~22	0.35d	0.5d	0.85d	2d	2.5d
5　25~32	0.35d	0.5d	0.85d	2d	2.5d
6　HRB335, HRB335E, HRBF335, HRBF335E					
7　3~10	0.35d	0.5d	0.85d	2d	2.5d
8　12~14	0.35d	0.5d	0.85d	2d	2.5d
9　16~22	0.35d	0.5d	0.85d	2d	2.5d
10　25~50	0.35d	0.5d	0.85d	2d	
11　HRB400, HRB400E, HRBF400, HRBF400E, RRB400					
12　3~10	0.35d	0.5d	0.85d	2d	2.5d
13　12~14	0.35d	0.5d	0.85d	2d	2.5d
14　16~22	0.35d	0.5d	0.85d	2d	2.5d
15　25~50	0.35d	0.5d	0.85d	2d	2.5d
16　HRB500, HRB500E, HRBF500, HRBF500E					
17　3~10	0.35d	0.5d	0.85d	2d	2.5d
18　12~14	0.35d	0.5d	0.85d	2d	2.5d
19　16~22	0.35d	0.5d	0.85d	2d	2.5d
20　25~50	0.35d	0.5d	0.85d	2d	2.5d
21　冷轧带肋钢筋					
22　4~12	0	0	0	0	0
23　冷轧扭钢筋					

图 6-123　根据经验计算弯曲调整

（4）模数设置

1）模数设置原理　钢筋翻样的过程中，在确定钢筋的截断点时，需要优先符合规范和设计要求，考虑施工的可操作性，同时尽可能地合理利用所采购原材，减少料头的产生数量，让钢筋的损耗降低到最少；在此输入各种模数后，程序在计算钢筋的截断位置时，会根据模数的优先顺序从前往后开始使用，自动考虑最合理、最经济的截断位置。模数工作的原理如图 6-124。

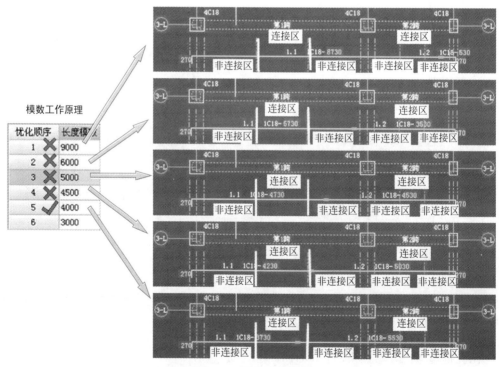

图 6-124　模数工作原理

丝扣连接时原材模数切除长度：考虑到钢筋出厂时端部形状不规则，当采用直螺纹连接、锥螺纹连接时，如果钢筋下料长度采用原材，会在有丝扣连接的一端扣除 25mm（原材两端都有接头时扣除 50mm）。根据不同地方算法的不同，如果不需要扣除，将默认值 50 改成 0 即可。

说明：长度模数中默认的四个长度是以"定尺长度"为基准进行计算的："定尺长度"、"1/2 定尺长度"、"1/3 定尺长度"、"1/4 定尺长度"。

2）在"直筋原材定尺设置"中添加定尺长度，如 12000，长度模数会相应计算出 12000、6000、4000、3000 的长度，并和原来的 9000、4500、3000、2250 合并排序，最终的长度模数为 12000、9000、6000、4500、4000、3000、2250。详见图 6-125。

3）也可根据工程的需求自行调整：如 12000、9000、8000、6000、4500、4000、3000。

4）柱和剪力墙水平筋和垂直筋的模数是分开设置的。

5）软件按优化顺序读取长度模数里的数值进行计算，原材长度作为钢筋长度是否超长的判断依据。

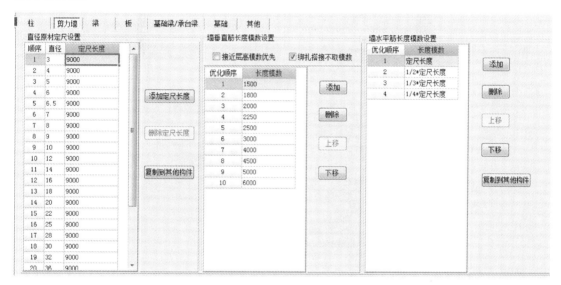

图 6-125　定尺设置

6）尾数取整设置　根据加工习惯，一般按厘米为单位出料单。软件可以设置取整方式（图 6-126），将钢筋长度个位数取 0；也可以选择报表汇总模式，直接按厘米出报表。

图 6-126　尾数取整设置

（5）计算设置

计算设置中包含计算设置、节点设置、箍筋设置、搭接设置和箍筋公式，这些同钢筋预算软件，在此不再赘述。

(6) 流水段的定义和绘制

1) 流水段的定义

① 点击 "轴线" 前面的＋号，展开后，选择 "流水段"（图 6-127）。

② 点击 "定义"（图 6-128）。

图 6-127　打开轴线

③ 点击 "新建"，再点击 "新建流水段"（图 6-129）。

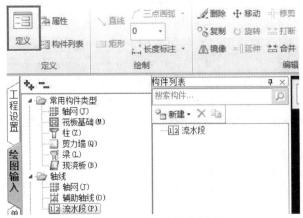

图 6-128　定义流水段界面

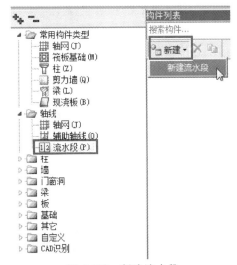

图 6-129　新建流水段

④ 按照图纸，输入流水段名称和施工顺序；重复步骤 3 和步骤 4，建立各流水段（图 6-130）。

图 6-130　流水段建立

⑤ 选择要绘制的流水段，再点击 "绘图"（图 6-131）。

2) 流水段的绘制　绘制流水段：默认是按 "矩形" 绘制流水段（图 6-132）。

① 按住键盘左侧 "Shift" 键，点击轴网左上角的交点。

结构BIM应用教程

190

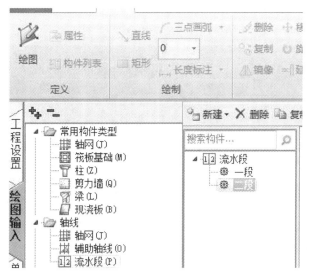

图 6-131　流水段绘图界面

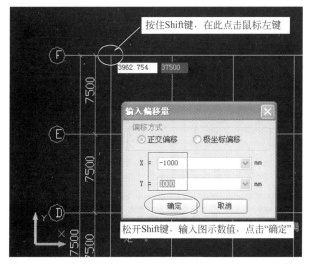

按住Shift键，在此点击鼠标左键

3962.754　37500

输入偏移量

偏移方式
◉ 正交偏移　○ 极坐标偏移

X = -1000　　　　▼ mm
Y = 1000　　　　 ▼ mm

确定　　取消

松开Shift键，输入图示数值，点击"确定"

图 6-132　流水段绘制

② 松开"Shift"键，输入图示数值后，点击"确定"。

③ 移动鼠标到图示处，按住"Shift"键，点击轴线交点（图6-133）。松开"Shift"键，输入图中的数值。

④ 在屏幕下方，鼠标左键点击"顶点"，使绘图时可以捕捉顶点；在构件下拉菜单中，选择"二段"（图6-134）。

⑤ 在第一个流水段的左下角点击鼠标左键，移动鼠标到轴网右下角，按住"Shift"键，点击轴线交点。松开"Shift"键，输入图中的数值；绘制好的流水段，呈图6-135中样式。

说明：

① 定义流水段时，一定要正确输入施工顺序，软件计算时会把跨流水段的钢筋归到先施工的流水段里。

② 绘制流水段时，要让流水段包含所有构件，所以需要将流水段的边线绘制在轴网外。

③ 按住键盘左侧"Shift"键，输入偏移量时，沿箭头方向偏移输正值，反向输负值。

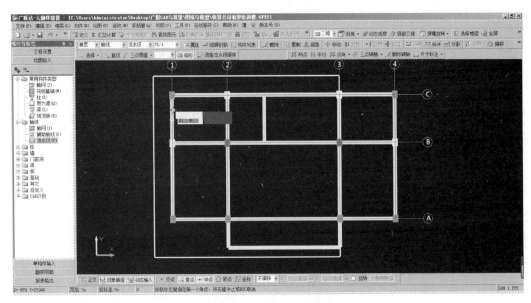

图 6-133　流水段绘制交点

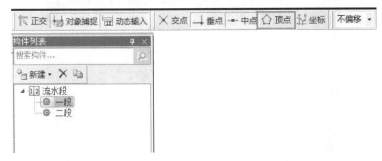

图 6-134　流水段顶点捕捉

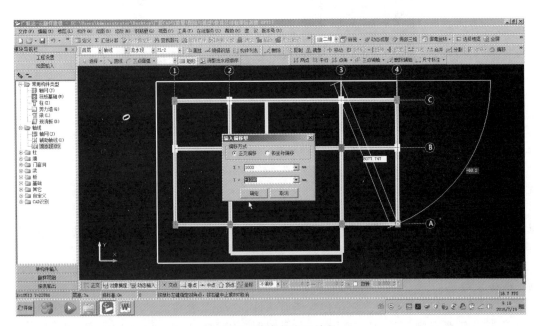

图 6-135　流水段完工结果

④ 最好在计算前将流水段绘制完毕，如果修改了数据锁定后，才绘制流水段并计算，锁定的构件不参与计算，如果解锁再计算，修改的数据又会被覆盖。

⑤ 计算后，又修改了流水段，要马上重新计算。以免读取了错误的数据。

（7）汇总计算

需要计算钢筋翻样结果时，点击"常用"页签中的"汇总计算"，或者在"构件"页签中点击"汇总计算"命令按钮，弹出"汇总计算"对话框（图6-136）。

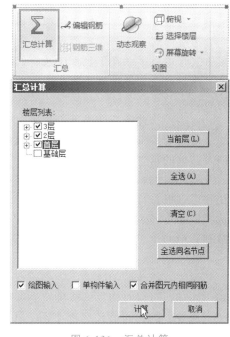

图 6-136 汇总计算

1）在"楼层列表"中显示当前工程的所有楼层，默认勾选当前所在的楼层，可以根据需要选择所要汇总计算的楼层；

2）全选：可以选中当前工程中的所有楼层；

3）清空：全部不选；

4）当前层：只汇总当前所在的层；

5）绘图输入：在绘图输入前打钩，表示只汇总绘图输入页面下构件的钢筋计算；

6）单构件输入：在单构件输入前打钩，会将单构件下的构件工程量汇总到报表；若绘图输入和单构件输入前都打钩，则工程中所有的构件都将进行汇总计算。

用户选择需要汇总计算的楼层，点击"计算"，软件开始进行合法性检查、计算并汇总选中楼层构件的钢筋，计算完毕。根据所选范围的大小和构件数量的多少，计算持续时间不同。

（8）查看构件钢筋计算结果

计算完毕后，用户可以采用以下几种方式查看计算结果和汇总结果。

1）编辑钢筋 要查看单个图元钢筋计算的具体结果，可以使用"编辑钢筋"功能。下面以首层1轴与M轴交点的柱KZ3来介绍"编辑钢筋"查看计算结果。

在"常用"页签中或者在"构件"页签中点击"编辑钢筋"按钮，然后选择KZ3图元；绘图区下方显示"编辑钢筋"列表（图6-137）。

图 6-137 编辑钢筋

列表中从上到下，依次列出KZ3的各类钢筋的计算结果，包括钢筋信息（直径、级别、根数等），每根钢筋的图形。

筋号：钢筋的序号，翻样和绑扎人员可以根据筋号结合截面图，了解钢筋所在的位置；

直径、级别：构件属性中输入的钢筋信息；

图号和图形：软件把每一种图形的钢筋进行编号，并给出钢筋实际形状的图形，一目了然；

下料长度：钢筋加工时下料的长度，如果是通长筋，组合钢筋会显示每段的长度；

根数：表示这种钢筋在该图元里面的总数量；

接头个数：表示这种钢筋的接头在该图元里面的总数量；

钢筋归类：软件自动归类为插筋、垂直筋、箍筋或者拉筋等，报表中的统计表会按这里的钢筋类型进行统计，用户可以选择下拉框进行选择修改；

搭接形式：按照"工程设置"中"搭接设置"对该直径钢筋的搭接设置，显示钢筋的连接方式，可以手动在下拉框中选择修改；

流水段：如果绘制了流水段，显示为该钢筋所在的流水段，设置报表范围时可以按流水段出量。

备注：描述钢筋的类型、位置、弯折方向等信息。

使用"编辑钢筋"的功能，可以清楚显示构件中每根钢筋的形状、每段长度和连接方式以及其他的信息，使用户明确掌握计算的过程。

另外，编辑钢筋的列表还可以进行编辑和输入，列表中的每个单元格都可以手动修改，用户可以根据自己的需要进行编辑；还可以在空白行进行钢筋的添加；按顺序输入"筋号"，选择钢筋直径和型号，选择图号来确定钢筋的形状，然后在图形中输入长度，输入需要的根数和其他的信息。软件计算的钢筋结果显示为淡绿色底色，用户手动输入的行显示为白色底色，便于区分。

说明：修改后的结果，需要进行锁定，使用"常用"或"构件"页签中"锁定"和"解锁"功能，可以对构件进行锁定和解锁。如果修改后不进行锁定，重新汇总计算时，软件会按照属性中的钢筋信息重新计算，原有计算结果手动修改的部分会被覆盖，不过添加行的信息不会发生变化。

2）排布图　排布图具有强大的编辑功能，不仅可以直观地看到构件内各钢筋的长度、根数、连接位置和方法，遇到特殊做法，还可以参考现有计算结果，进行多种编辑操作。以梁排布图为例，介绍排布图的功能。

① 显示内容：

柱排布图（图 6-138）。

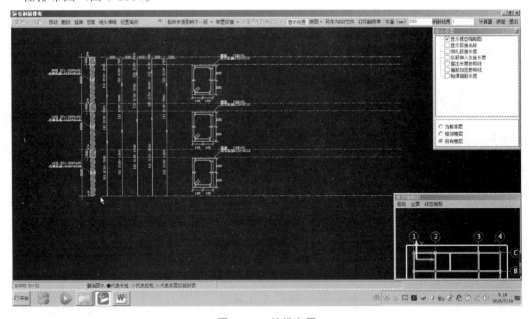

图 6-138　柱排布图

194

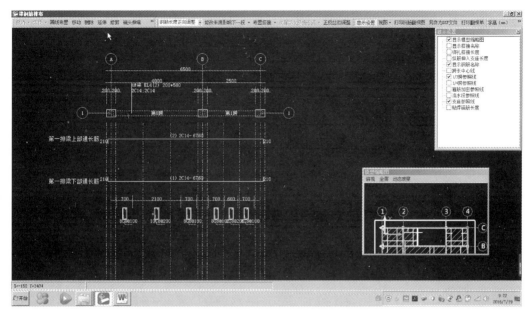

图 6-139　梁俯视排布图

梁侧视排布可以清晰地看到每一根钢筋的信息，便于查看和修改，如图 6-139；

俯视排布可以便于查看每类钢筋的相对位置，如图 6-140；

显示设置中，可以控制显示不同的内容（图 6-141）。

显示搭接名称：显示后，可以在下拉菜单中选择其他的连接方式；

绑扎搭接长度：根据长度值，便于分析绑扎长度计算依据；

纵筋伸入支座长度：便于分析锚固长度的计算依据；

显示钢筋名称：方便查看钢筋种类；

参照线：便于查看接头的位置是否符合规范要求，查看各种钢筋的计算结果是否正确。

② 直接修改。

排布图中的绿色信息均可以点中，直接修改筋号、根数、钢筋信息、长度；

点中钢筋线或接头后，会有相应的尺寸标注，可以修改保护层、接头位置和钢筋长度；

点中箍筋线后，会显示箍筋长度，可以进行修改。

③ 编辑命令（图 6-141）。

图 6-140　显示设置

图 6-141　编辑命令

（9）翻样明细

翻样明细（图 6-142）可以分楼层、流水段和构件，查看和修改绘图输入和单构件输入的计算结果。

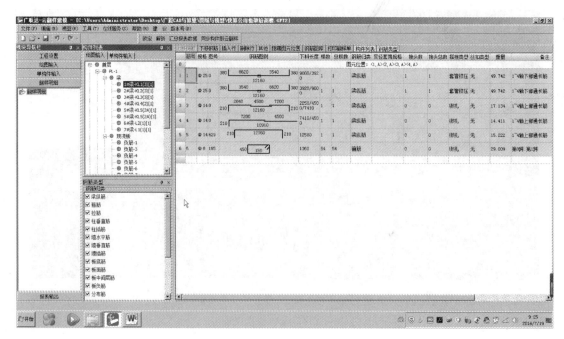

图 6-142　翻样明细

在编辑钢筋或排布图修改的数据，可以直接同步到翻样明细里，而报表里的数据是计算时生成的，如果在编辑钢筋、排布图或翻样明细里修改过内容，只需要点下"汇总报表数据"，就可以刷新报表了。

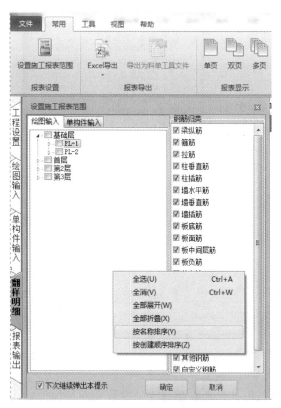

图 6-143　报表设置

在翻样明细里还可以反查图元，双击构件名称，即可返回绘图界面，定位该构件的位置。

（10）报表预览

用户最终需要查看和输出构件钢筋的计算结果时，通过"报表输出"部分来实现。

点击导航栏中的"报表输出"，进入到报表界面。第一次进入报表时，会弹出"设置报表范围"对话框，里面的内容默认为空，可以根据本次要出的料单，选择报表的构件范围（图 6-143）。

1）设置楼层、构件范围：用来选择用户要查看的楼层和构件，把需要输出的打钩即可；

2）在空白处点击鼠标右键，可以给调整构件输出顺序，默认为按名称排序，也可以改为按创建顺序排序，也就是新建构件定义时的顺序；

3）封面里可以分级别、直径显示设置范围的钢筋重量和接头数量，右上角有"编辑注意事项"和"编辑标题"，可以填写内容，显示在封面里（图 6-144）；

工程1

钢筋统计	
规格	重量(t)
Φ6	0.132
Φ8	0.465
Φ10	3.234
Φ10	2.202
Φ12	5.119
Φ14	3.544
Φ16	6.593
Φ18	2.089
Φ20	3.439
Φ22	3.183
Φ25	0.354
合计	30.354

1.本料单均未考虑弯曲调整值,请加工厂先试弯后自行确定;
2.钢筋加工完毕,应按构件名称分别码放;
3.各种构件名称下的钢筋用铁丝捆成一捆,并用料牌明示。

图 6-144 报表标题

4)钢筋翻样配料单有横版和竖版两种可以选择,在该报表里可以选择是否隐藏接头统计、总重和柱截面图(图 6-145 和图 6-146);

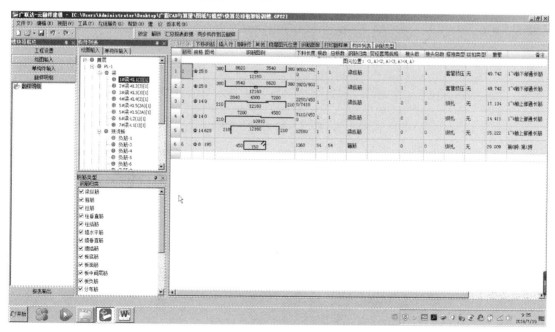

图 6-145 梁横板钢筋配料单

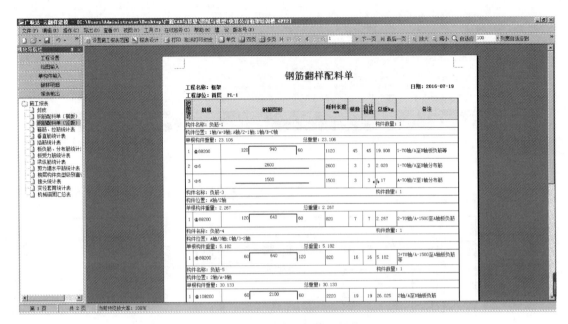

图 6-146　流水段钢筋配料单

5）统计表：按所选表格的类型，统计所选范围内构件的某种钢筋（图 6-147）。

图 6-147　各施工下料表

6.7　本章总结

一个框架结构由柱、梁和板组成，是多层结构中应用最多的结构形式。经过力学计算、绘制施工图、钢筋算量、混凝土算量和钢筋下料，完成设计、预算和施工整个过程。结构 BIM 应用于计算，应用于施工图绘制，应用于预算，应用于施工，使整个建造的效率和质量大大提高，使大家充分体验结构 BIM 模型在建造过程中的具体应用。

思考题

输入快算公司培训楼的框架模型，完成力学计算、绘制施工图、统计钢筋总量、统计混凝土总量和生成钢筋下料表，动手掌握本章各项内容。

第7章
剪力墙结构的设计、算量和下料

通过学习本章，你将能够：

1）计算剪力墙结构；

2）绘制剪力墙边缘构件、墙身和连梁的钢筋施工图；

3）掌握结构施工图和钢筋算量软件的接口；

4）完成剪力墙结构的钢筋算量；

5）进行剪力墙结构的混凝土算量；

6）熟悉剪力墙结构的钢筋下料。

7.1 剪力墙结构的力学计算

7.1.1 剪力墙结构的工程概况

快算公司培训楼位于7度抗震设防地区，抗震等级设为二级。

几何：总共10层，每层层高3m，墙下采用500mm高的筏板基础。三维图如图7-1。

所有墙宽200mm，框架梁和连梁截面尺寸200mm×500mm，次梁截面尺寸200mm×400mm，板厚100mm。

结构1～9层模板图如图7-2，10层去掉阳台部分。

荷载：结构1～9层梁板荷载图如图7-3所示。

1）梁荷：填充墙加抹灰自重为梁上荷载13kN/m，女儿墙加抹灰自重梁上荷载5kN/m。

2）板荷：瓷砖加抹灰自重为板恒载1.5kN/m²，人员和设备重量为板活载2.0kN/m²。因为输入楼梯间板厚度为0，楼梯和瓷砖自重按4.0kN/m²，楼梯上人员和设备重量为楼梯板活载2.0kN/m²。

3）板导荷模式：楼梯板采用单向短边导荷模式，阳台板采用单向长边导荷模式，其他板采用双向导荷模式。

结构10层梁板荷载图如图7-4所示。

1）梁荷：周圈女儿墙加抹灰自重梁上荷载5kN/m；

2）瓷砖加抹灰自重为板恒载1.5kN/m²，人员重量为板活载0.7kN/m²。

材料：墙和连梁混凝土等级C30，梁板混凝土等级C25，钢筋全部采用HRB400。

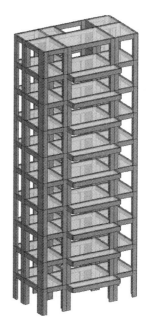

图7-1 培训楼三维结构

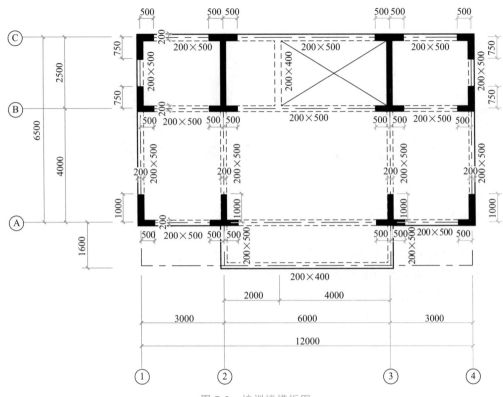

图 7-2　培训楼模板图

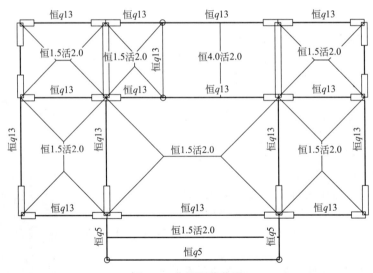

图 7-3　非屋面荷载图

7.1.2　剪力墙结构的模型输入

启动广厦结构 CAD 软件,出现图 7-5 所示的广厦结构 CAD 主控菜单,点击 [新建工程],在弹出对话框中选择要存放工程的文件夹,若没有 C:\GSCAD\EXAM\高校\剪力墙,可新建一个文件夹,并输入新的工程名:C:\GSCAD\EXAM\高校\剪力墙\剪力墙.prj。

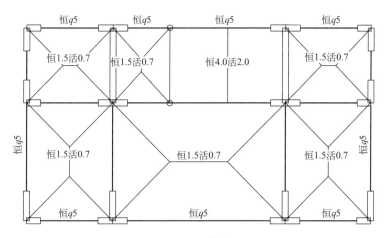

图 7-4　屋面荷载图

建立计算模型 5 个步骤（图 7-6）：

① 填写总信息和各层信息；

② 输入轴线和轴网；

③ 布置墙柱梁板；

④ 布置墙柱梁板荷载；

⑤ 编辑其他标准层。

点击 ［图形录入］，点击菜单 ［结构信息］-［GSSAP 总体信息］，如图 7-7 所示，填写：结构计算总层数 10，结构形式 3。

如图 7-8 所示，在地震信息中输入：抗震烈度 7，二级抗震等级，墙结构周期折减系数 1.0。

图 7-5　广厦结构 CAD 主控菜单

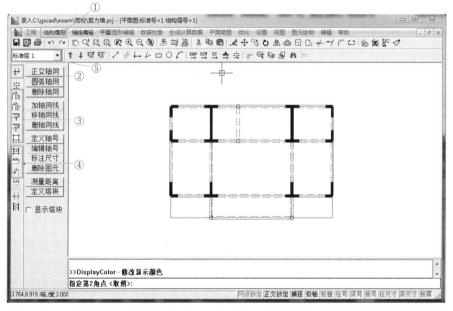

图 7-6　建立计算模型 5 个步骤

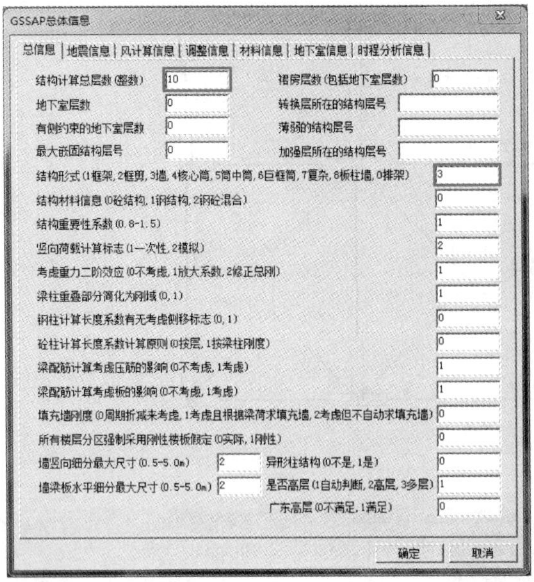

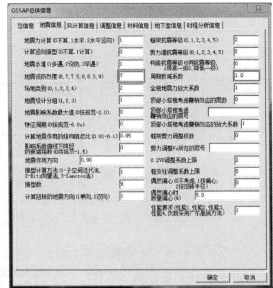

图 7-7　总信息

图 7-8　地震信息

如图 7-9，在材料信息中设置：混凝土构件容重 $25kN/m^3$，所有钢筋强度为 $360N/mm^2$，点按 [确定] 按钮退出。

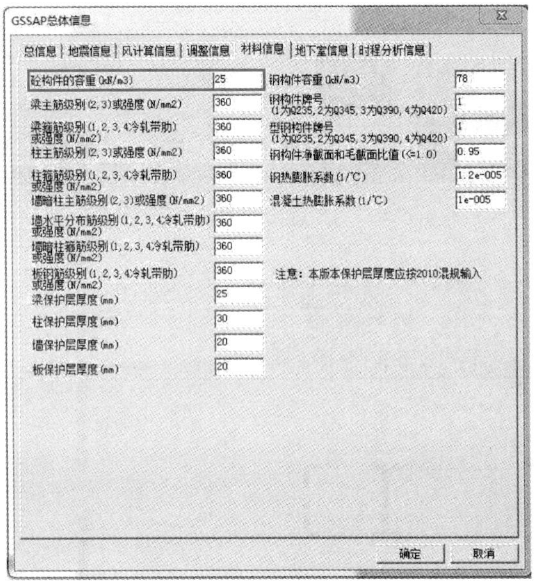

图 7-9　材料信息

点击菜单 [结构信息]-[各层信息]，如图 7-10 所示，填写 3 个标准层，结构层 1～3 的几何和荷载相同并且有约束边缘构件为第 1 标准层，结构层 4～9 的几何和荷载相同为第 2 标准层，结构层 10 为第 3 标准层。

在如图 7-11 所示 [材料信息] 中，墙柱混凝土等级填写 30，梁和板混凝土等级填写 25，点按 [确定] 按钮退出。

点击 [正交轴网]，弹出如图 7-12 所示对话框设置轴网 X 向间距：3000，6000，3000 和 Y 向间距 1500，4000，2500，点按 [确定] 按钮退出。

在屏幕上选择一点，布置如图 7-13 轴网。

点击 [煎力墙柱菜单 1]，点击 [轴线建墙]，点击参数窗口，弹出如图 7-14 所示对话框输入墙厚 B=200，点按 [确定] 按钮退出。

如图 7-15 所示窗选所有轴网线，布置框架墙。

点击 [连梁开洞]，弹出如图 7-16 所示对话框输入连梁长度 2000mm 和高度 500mm。鼠标右键点选如图 7-17 所示墙，居中开洞。

点击 [连梁开洞]，弹出如图 7-18 所示对话框，输入连梁长度 5000mm 和高度 500mm。鼠标右键点选如图 7-19 所示墙，居中开洞。

各层信息

几何信息 | 材料信息

结构层	标准层	下端层号	相对下端层高(m)	相对0层层高(m)	塔块号
1	1	0	3	3.00	1
2	1	1	3	6.00	1
3	1	2	3	9.00	1
4	2	3	3	12.00	1
5	2	4	3	15.00	1
6	2	5	3	18.00	1
7	2	6	3	21.00	1
8	2	7	3	24.00	1
9	2	8	3	27.00	1
10	3	9	3	30.00	1

确定　取消

图 7-10　各层信息的几何信息

各层信息

几何信息 | 材料信息

结构层	剪力墙柱砼等级	梁砼等级	板砼等级	砂浆强度等级	砌块强度等级	钢管混凝土柱砼弹性模量(≤80为砼等级)(kN/m2)	钢管混凝土柱砼抗压设计强度(kN/m2)	钢管混凝土柱钢管钢牌号(1-Q235,2-Q345 3-Q390,4-Q420)
1	30	25	25	5	7.5	25	0	0
2	30	25	25	5	7.5	25	0	1
3	30	25	25	5	7.5	25	0	1
4	30	25	25	5	7.5	25	0	1
5	30	25	25	5	7.5	25	0	1
6	30	25	25	5	7.5	25	0	1
7	30	25	25	5	7.5	25	0	1
8	30	25	25	5	7.5	25	0	1
9	30	25	25	5	7.5	25	0	1
10	30	25	25	5	7.5	25	0	1

确定　取消

图 7-11　各层信息的材料信息

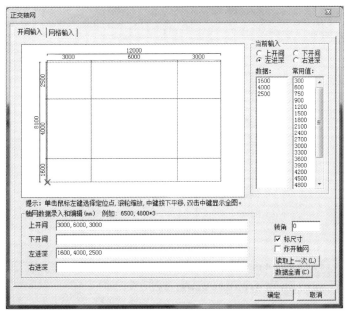

图 7-12　轴网对话框

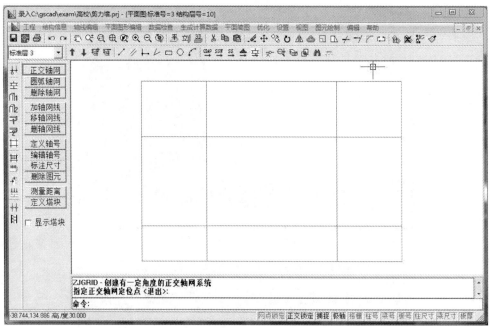

图 7-13　布置轴网

图 7-14　墙厚度对话框

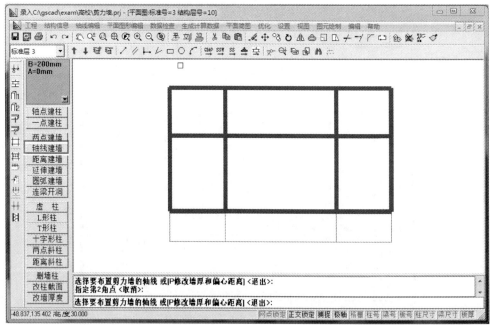

图 7-15　布置墙

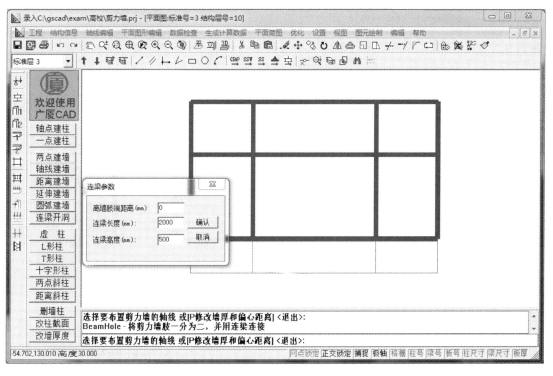

图 7-16　连梁长度和高度（一）

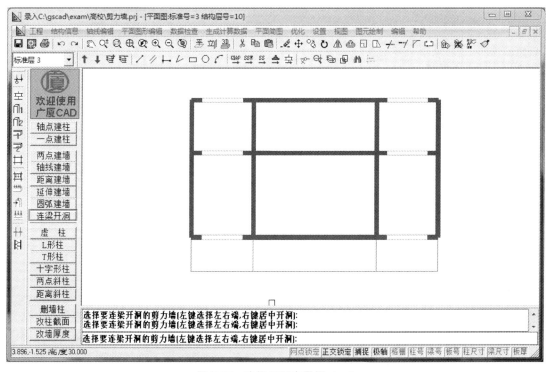

图 7-17　连梁开洞布置梁（一）

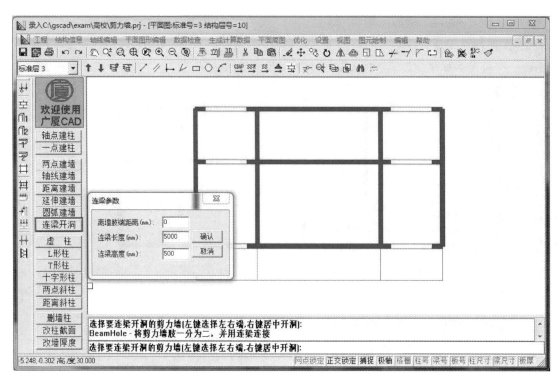

图 7-18　连梁长度和高度（二）

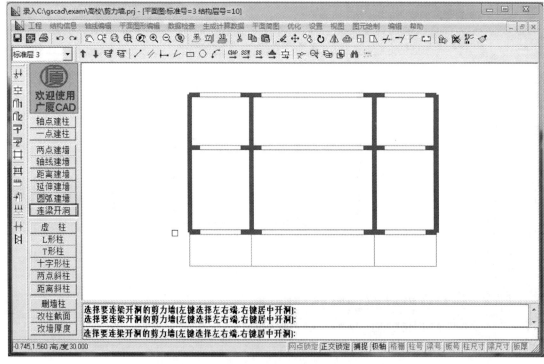

图 7-19　连梁开洞布置梁（二）

点击［连梁开洞］，弹出如图 7-20 所示对话框，输入连梁长度 1000mm 和高度 500mm。鼠标右键点选如图 7-21 所示墙，居中开洞。

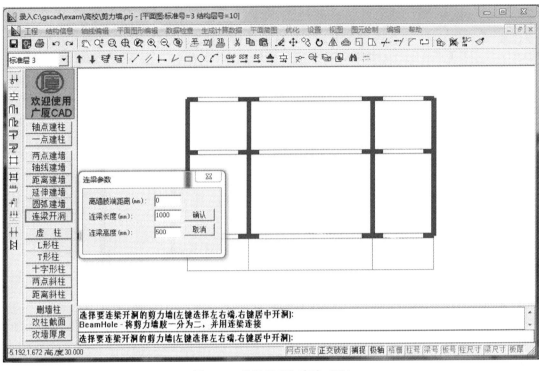

图 7-20　连梁长度和高度（三）

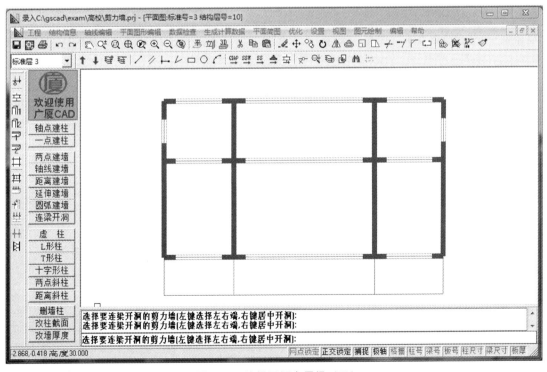

图 7-21　连梁开洞布置梁（三）

点击［连梁开洞］，弹出如图 7-22 所示对话框，输入连梁长度 3000mm 和高度 500mm。鼠标左键点选如图 7-23 所示墙中点靠上端，居上端开洞。

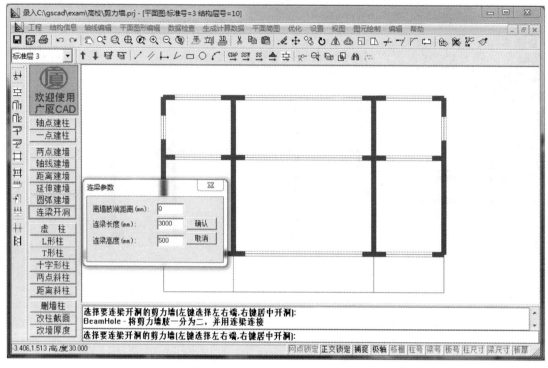

图 7-22　连梁长度和高度（四）

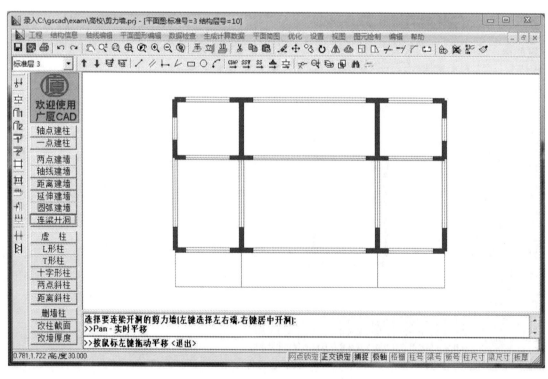

图 7-23　连梁开洞布置梁（四）

如图 7-24 所示，点击［虚柱］，点选两点，布置两虚柱，将来用于建立悬臂梁。

点击［梁菜单 1］，点击［轴线主梁］，点选如图 7-25 所示轴线，布置主梁。

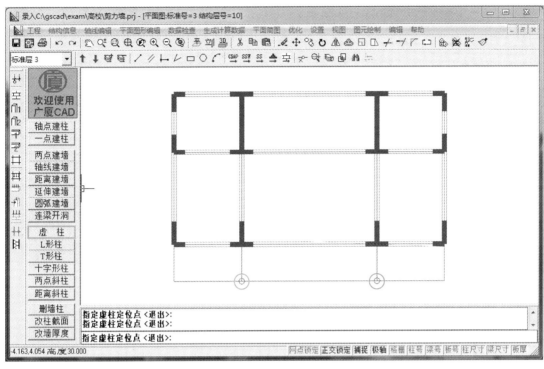

图 7-24　布置虚柱

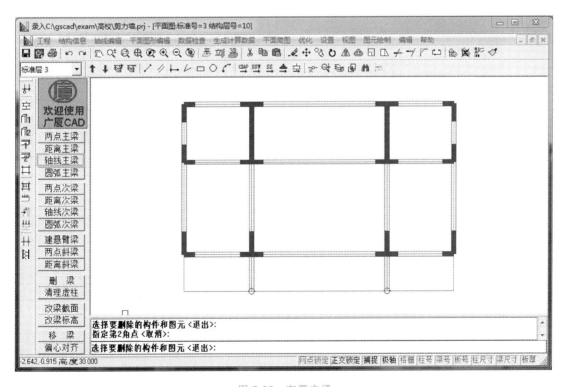

图 7-25　布置主梁

第 7 章　剪力墙结构的设计、算量和下料

209

点击［梁菜单 2］，点击［指定悬臂］，点选刚输入的两条主梁，指定这两条主梁为悬臂梁（图 7-26）。

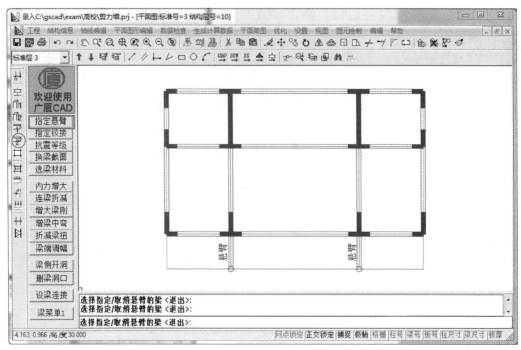

图 7-26　指定悬臂

点击［梁菜单 1］，如图 7-27 点击［两点主梁］，点击参数窗口，弹出如图 7-27 所示对话框，输入梁截面尺寸 200mm×400mm。

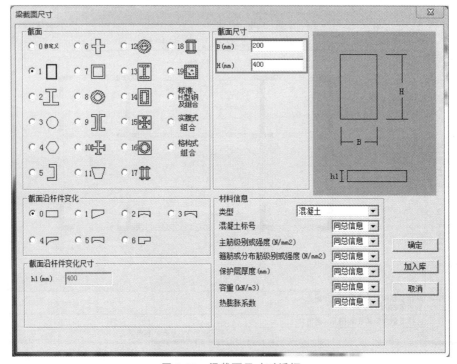

图 7-27　梁截面尺寸对话框

如图 7-28，选择两点，布置封口梁。封口梁其实为次梁，若建模时按主梁输入，计算和绘图时无墙柱搭接的梁自动会判定为次梁。

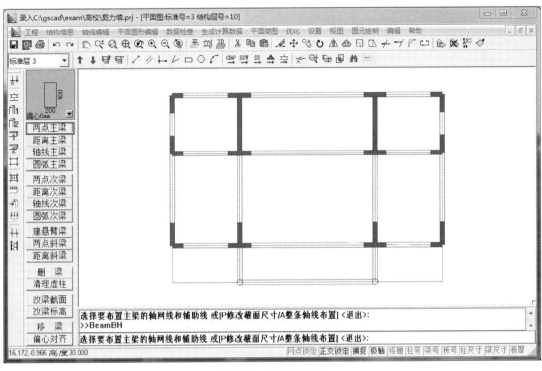

图 7-28　布置封口梁

如图 7-29，点击［距离主梁］，选择此梁的左端，输入离左端 1500（图 7-30）。

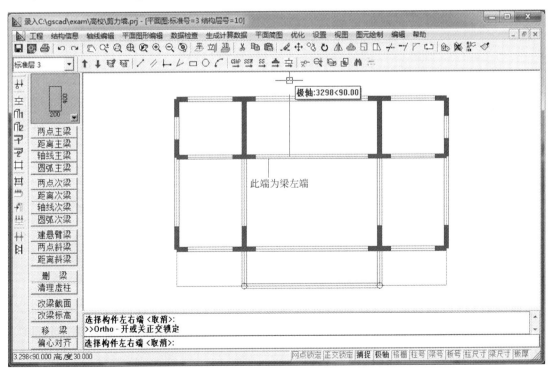

图 7-29　距离主梁

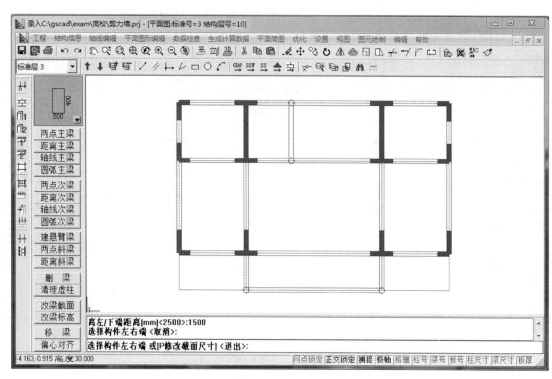

图 7-30　布置梁

点击［板几何菜单］，再点击参数窗口弹出如图 7-31 所示对话框，设置板厚 100mm。

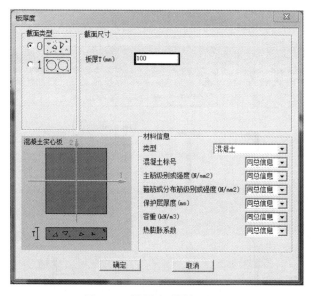

图 7-31　板厚度对话框（一）

点击［布现浇板］-［所有开间自动布置现浇板］（图 7-32）。

如图 7-33，在梁墙围成的区域自动生成现浇板。

点击［板几何菜单］，在点击参数窗口，弹出如图 7-34 所示对话框，输入楼梯间板厚 0，楼梯按荷载输入。

如图 7-35，点选楼梯间，修改楼梯间板厚为 0。

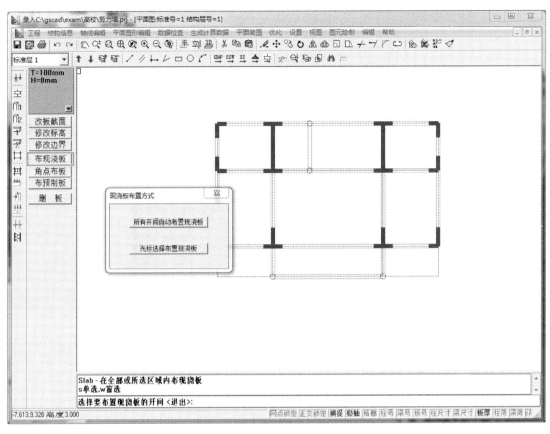

图 7-32　自动布置板

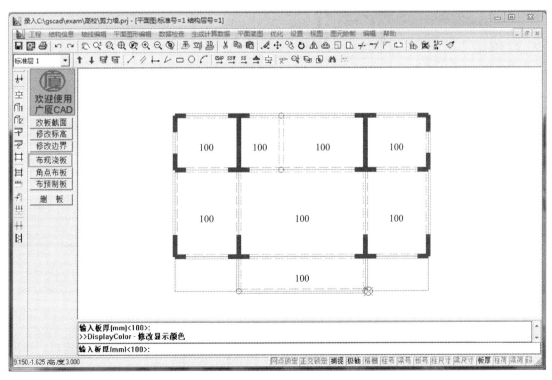

图 7-33　布置板

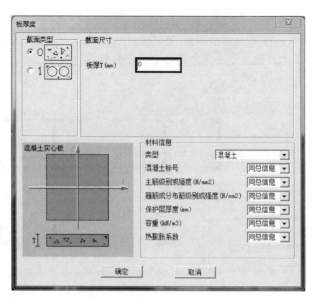

图 7-34 板厚度对话框（二）

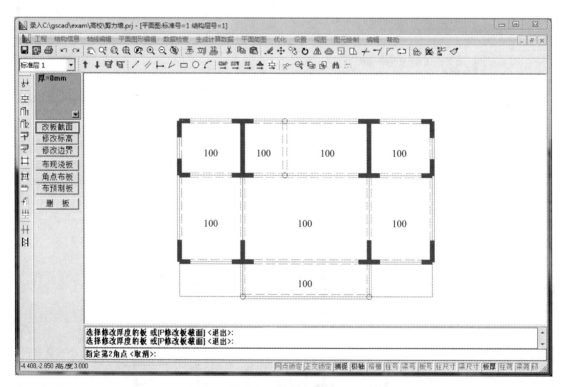

图 7-35 楼梯间板厚

点击［板荷载菜单］，在点击参数窗口，弹出如图 7-36 所示对话框，输入恒载 $1.5kN/m^2$、活载 $2.0kN/m^2$。计算程序会自动计算板的自重，不需要另外输入。

如图 7-37，单击［各板同载］布置所有板的荷载。

如图 7-38，在菜单栏导荷模式简图中点击单向板短边导荷模式，在点击参数窗口，弹出如图 7-38 所示对话框，输入恒载 $4kN/m^2$、活载 $2.0kN/m^2$。

再选择楼梯板，设置楼梯板的导荷模式及荷载（图 7-39）。

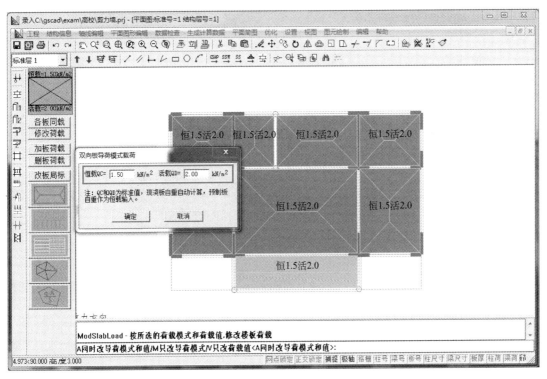

图 7-36　板荷载对话框（一）

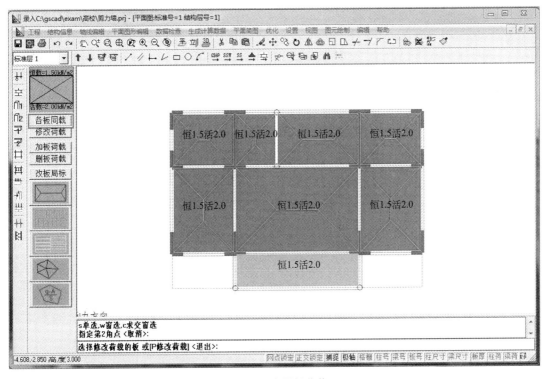

图 7-37　布置板荷载

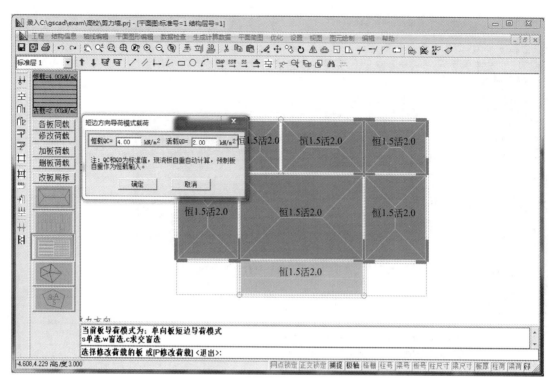

图 7-38　板荷载对话框（二）

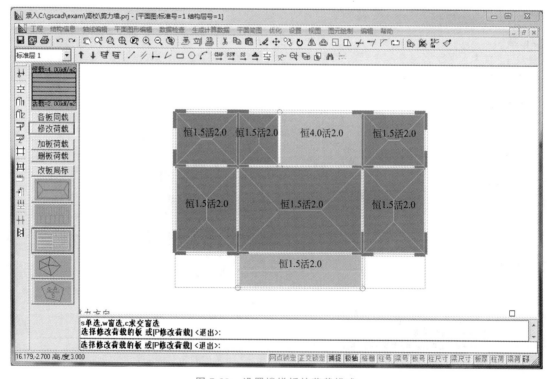

图 7-39　设置楼梯板的荷载模式

点击［梁荷载菜单］，在点击参数窗口，弹出如图 7-40 所示对话框，选择荷载类型为均布，荷载方向为重力方向，输入荷载值 $q = 13 \text{kN/m}$，选择工况为重力恒。计算程序会自动计算梁的自重，不需要另外输入。

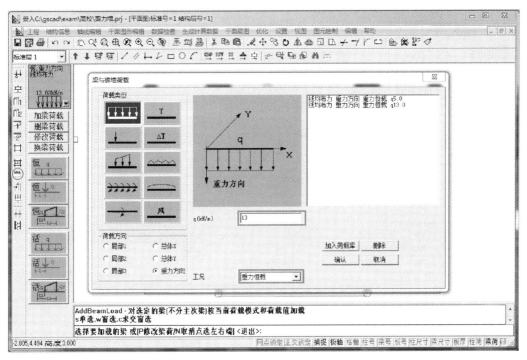

图 7-40　梁的荷载对话框

如图 7-41，单击［加梁荷载］，窗选如图 7-41 所示梁，布置梁上填充墙自重荷载 13kN/m。

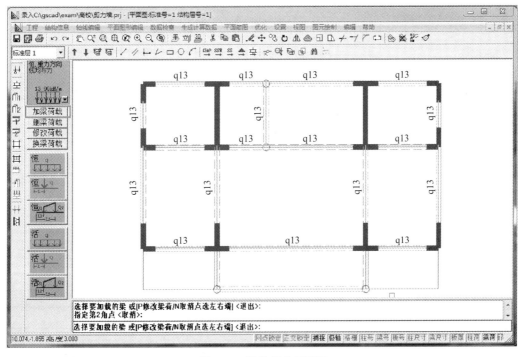

图 7-41　梁的填充墙荷载

在点击参数窗口，弹出如图 7-42 所示对话框，修改荷载值 $q = 5kN/m$，输入了阳台女儿墙自重荷载。

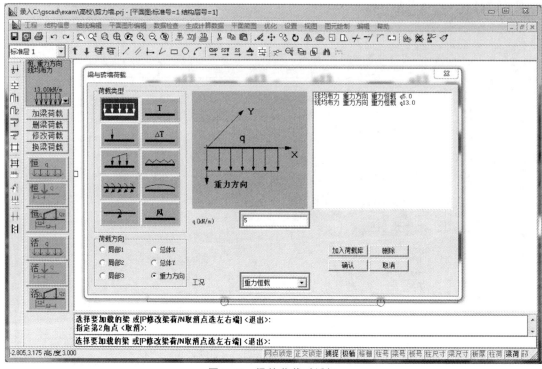

图 7-42　梁的荷载对话框

如图 7-43，从右到左交选如图所示梁，布置梁上女儿墙自重荷载 5kN/m。

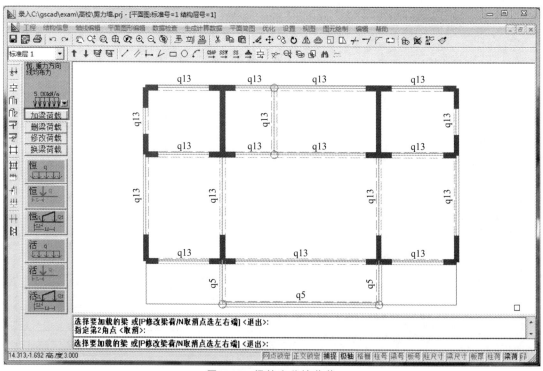

图 7-43　梁的女儿墙荷载

在图 7-44 中，点击工具栏中的［保存］按钮，保存模型，再选择标准层 2，提示跨层复制时选择［确认］，建立标准层 2 的模型。

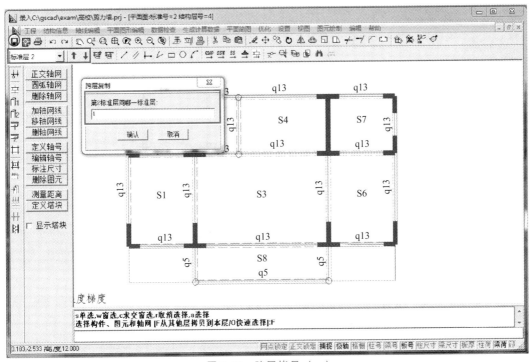

图 7-44　跨层拷贝（一）

在如图 7-45 中，点击工具栏中的［保存］按钮，保存模型，再选择标准层 3，提示跨层复制时选择［确认］，建立标准层 3 的模型。

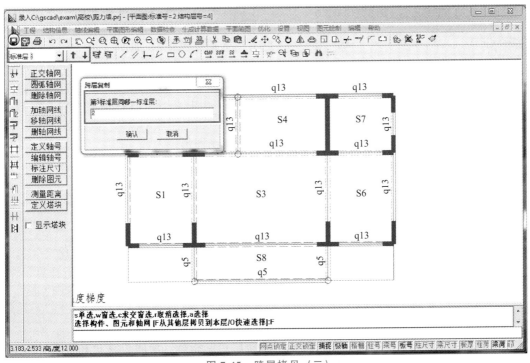

图 7-45　跨层拷贝（二）

如图 7-46，单击工具栏中的［删除］，从右到左交选删除阳台梁。

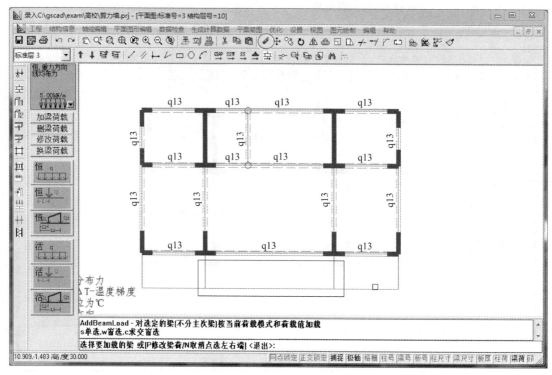

图 7-46　删除阳台梁和虚柱

点击［板荷载菜单］，再单击参数窗口，弹出如图 7-47 所示对话框输入不上人屋面活载 $0.7kN/m^2$。

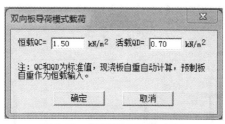

图 7-47　板荷载对话框（三）

再单击［双向板荷载］，点选如图 7-48 所示板，布置板荷载：恒 1.5 活 0.7。

点击［梁荷载菜单］，如图 7-49，单击［删梁荷载］，窗选所有梁，删除梁上荷载。再单击［加梁荷载］，窗选周边梁，布置屋面女儿墙自重荷载 5kN/m。

在如图 7-50 中点击工具栏中的［保存］按钮，保存模型，再点击［生成 GSSAP 数据］按钮，生成计算数据，退出图形录入。

7.1.3　楼板计算

在主控菜单中点击［楼板次梁砖混计算］，如图 7-51 进入楼板次梁砖混计算系统，程序自动计算所有标准层楼板，退出即可。

7.1.4　GSSAP 计算

在主控菜单点击［通用计算 GSSAP］，在 GSSAP 中进行梁墙内力和承载力计算，完成退出即可，如图 7-52 所示。

7.1.5　查看楼层和构件控制指标

在如图 7-53 的［文本方式］中，先要审核楼层控制指标：层间位移角和位移比等，再审核柱梁构件控制指标：柱梁的超筋超限验算。

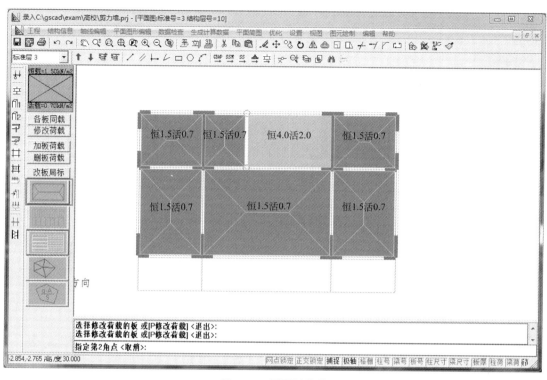

图 7-48 屋面板荷载

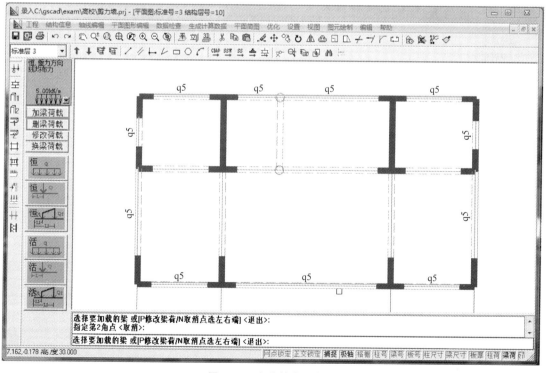

图 7-49 女儿墙自重荷载

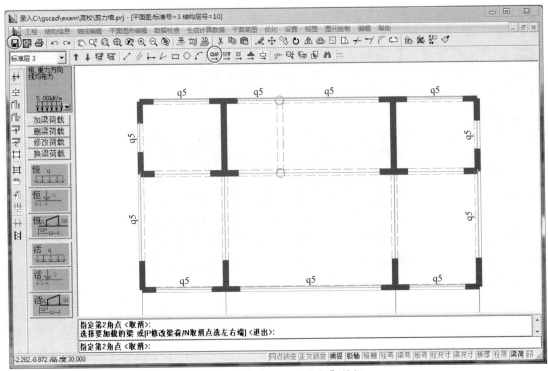

图 7-50 [生成 GSSAP 数据] 按钮

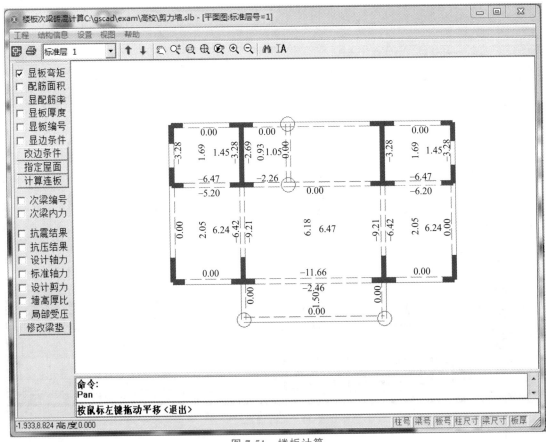

图 7-51 楼板计算

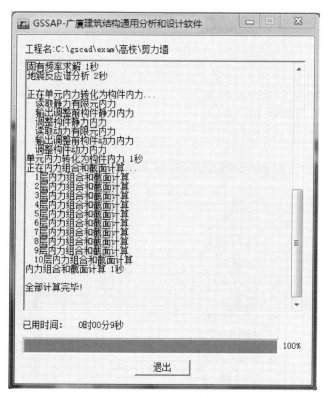

图 7-52　GSSAP 计算

图 7-53　主控菜单

7.1.5.1　层间位移角

结构的地震作用下水平位移不能太大，采用最大层间位移角来控制结构位移，层间位移角为墙顶水平位移和层高之比，满足如表 7-1 所示抗规 5.5.1 的要求。

在主控菜单点击［文本方式］，弹出如图 7-54 所示图，选择［结构位移］，查看 0°和 90°地震作用下的层间位移角 1/2271 和 1/3023，小于 1/1000 图 7-55，满足剪力墙结构层间位移角的要求。

表 7-1 层间位移角限值表

结 构 类 型	$[\theta_e]$
钢筋混凝土框架	1/550
钢筋混凝土框架-抗震墙、板柱-抗震墙、框架-核心筒	1/800
钢筋混凝土抗震墙、筒中筒	1/1000
钢筋混凝土框支层	1/1000
多、高层钢结构	1/250

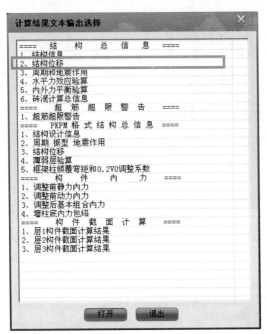

图 7-54 文本方式对话框

工况 4 -- -ex地震方向90度
位移与地震同方向,单位为mm
层位移比=最大位移/层平均位移
层间位移比=最大层间位移/平均层间位移

层号	塔号	构件编号 构件编号	水平最大位移 最大层间位移	层平均位移 平均层间位移	层位移比 层间位移比	层高(mm) 层间位移角	有害位移 比例(%)
1	1	墙 8	0.32	0.32	1.00	3000	
		墙 8	0.32	0.32	1.00	1/9344	100.00
2	1	墙 8	1.01	1.01	1.00	3000	
		墙 8	0.69	0.69	1.00	1/4328	100.00
3	1	墙 8	1.93	1.71	1.13	3000	
		墙 8	0.92	0.92	1.00	1/3268	100.00
4	1	墙 8	2.98	2.64	1.13	3000	
		墙 9	1.05	1.05	1.00	1/2863	100.00
5	1	墙 8	4.09	3.64	1.12	3000	
		墙 8	1.11	1.00	1.11	1/2706	14.59
6	1	墙 8	5.21	4.66	1.12	3000	
		墙 8	1.12	1.02	1.10	1/2677	12.05
7	1	墙 8	6.30	5.66	1.11	3000	
		墙 8	1.10	1.10	1.00	1/2738	100.00
8	1	墙 8	7.35	6.62	1.11	3000	
		墙 8	1.04	1.04	1.00	1/2879	100.00
9	1	墙 8	8.32	7.51	1.11	3000	
		墙 8	0.97	0.97	1.00	1/3093	100.00
10	1	墙 8	9.21	8.34	1.10	3000	
		墙 8	0.89	0.89	1.00	1/3369	100.00

最大层间位移角= 1/2677(及其层号=6)

按弹性方法计算的楼层层间最大位移与层高之比△u/h:
0方向风 = 1/6675(及其层号=3)
90方向风 = 1/6075(及其层号=5)
180方向风 = 1/6675(及其层号=3)
270方向风 = 1/6075(及其层号=5)
0方向地震= 1/2271(及其层号=3)
90方向地震= 1/3023(及其层号=6)

图 7-55 结构层间位移角

3.给定CQC地震剪力换算的水平力并考虑偶然偏心下的位移比

工况 1 -- +ex地震方向0度
位移与地震同方向,单位为mm
层位移比=最大位移/层平均位移
层间位移比=最大层间位移/平均层间位移

层号	塔号	构件编号 构件编号	水平最大位移 最大层间位移	层平均位移 平均层间位移	层位移比 层间位移比	层高(mm) 层间位移角	有害位移 比例(%)
1	1	墙 3	0.65	0.65	1.00	3000	
		墙 3	0.65	0.65	1.00	1/4644	100.00
2	1	墙 3	1.84	1.83	1.01	3000	
		墙 3	1.20	1.19	1.01	1/2502	34.40
3	1	墙 3	3.17	3.15	1.01	3000	
		墙 3	1.32	1.32	1.01	1/2264	23.25
4	1	墙 3	4.49	4.46	1.01	3000	
		墙 3	1.32	1.31	1.01	1/2271	19.21
5	1	墙 3	5.76	5.72	1.01	3000	
		墙 3	1.27	1.26	1.01	1/2364	16.58
6	1	墙 3	6.95	6.90	1.01	3000	
		墙 3	1.19	1.18	1.01	1/2519	14.29
7	1	墙 3	8.04	7.98	1.01	3000	
		墙 3	1.09	1.08	1.01	1/2761	11.54
8	1	墙 3	8.98	8.92	1.01	3000	
		墙 3	0.95	0.95	1.00	1/3166	100.00
9	1	墙 3	9.75	9.69	1.01	3000	
		墙 3	0.77	0.77	1.00	1/3894	100.00
10	1	墙 3	10.33	10.26	1.01	3000	
		墙	0.58	0.58	1.00	1/5187	100.00

最大层间位移角= 1/2264(及其层号=3)

工况 2 -- +ex地震方向90度
位移与地震同方向,单位为mm
层位移比=最大位移/层平均位移
层间位移比=最大层间位移/平均层间位移

层号	塔号	构件编号 构件编号	水平最大位移 最大层间位移	层平均位移 平均层间位移	层位移比 层间位移比	层高(mm) 层间位移角	有害位移 比例(%)
1	1	墙 1	0.33	0.33	1.00	3000	
		墙 1	0.33	0.33	1.00	1/9132	100.00
2	1	墙 1	1.04	1.04	1.00	3000	
		墙				3000	

图 7-56 结构层位移比和层间位移比

7.1.5.2 层位移比和层间位移比

结构的地震作用下扭转不能太大,采用层位移比和层间位移比来控制结构扭转。层位移比为墙柱顶最大水平位移和平均位移之比,层间位移比为墙柱顶最大层间水平位移和平均层间位移之比,满足《高规》3.4.5不宜大于1.2的要求。

层位移比和层间位移比按《高规》要求,采用给定CQC地震剪力换算的水平力并考虑偶然偏心下的位移比。每个地震方向有两个情况的位移:+ex和-ex,ex为录入[总体信息][地震信息]中设置的偶然偏心,如图7-56所示的所有位移比满足高规的要求。

7.1.5.3 墙梁的超筋超限验算

生成施工图前必须先查看超筋超限警告(图7-57)。不满足规范的强制性条文时请先检查计算模型有无错误,再修改截面、材料或模型。详细的超筋超限验算内容见《建筑结构通用分析与设计软件GSSAP说明书》第3章4.1超筋超限警告。

没有超筋和超限警告,墙梁满足规范要求,退出警告文件即可。

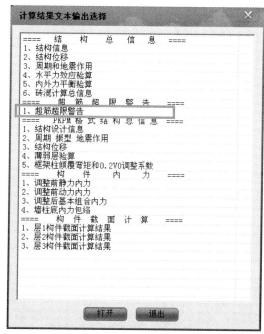

图 7-57 文本方式对话框

7.2 AutoCAD 自动成图

在主控菜单（图 7-58）点击［平法配筋］。

弹出图 7-59 对话框，在对话框中选择计算模型为"GSSAP"，然后点击［生成施工图］，生成完毕后退出对话框。

图 7-58 主控菜单

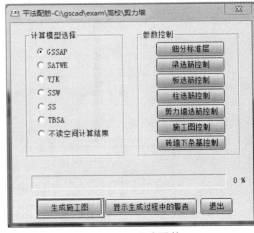

图 7-59 平法配筋

在主控菜单点击［AutoCAD 自动成图］（图 7-60），进入 AutoCAD 自动成图系统，如下 4 步骤完成施工图绘制。

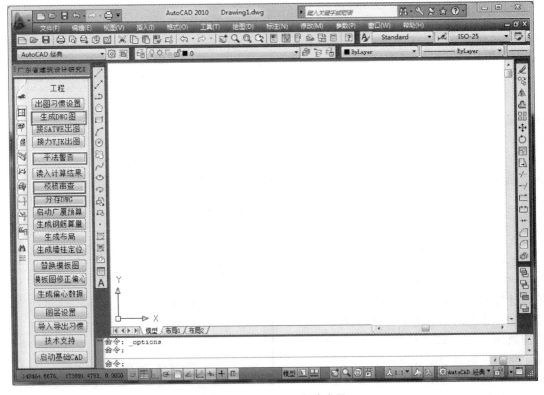

图 7-60 AutoCAD 自动成图

1）生成 DWG；

2）根据"平法警告"修改；

3）根据"校核审查"修改；

4）分存 DWG，生成钢筋算量数据，形成送给打印室的钢筋施工图和计算配筋图 Dwg 文件。

如图 7-60，点击左边工具栏的［生成 DWG 图］，在弹出的对话框中点击［确定］按钮，生成施工图。

如图 7-61，分别点击［平法警告］和［校核审查］按钮，若有警告，切换到相应的板、梁、柱和墙钢筋图菜单，进行相应的修改。

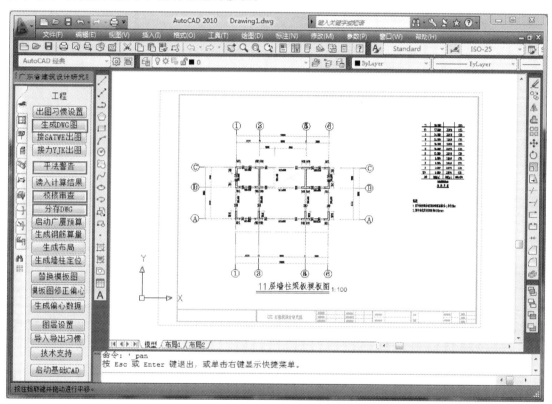

图 7-61　生成 DWG

如图 7-61，点击［分存 DWG］按钮，弹出如图 7-62，是否自动生成钢筋算量数据时选择"是"。

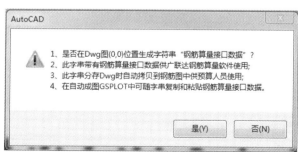

图 7-62　生成钢筋算量数据

如图 7-63，弹出分存对话框时选择确认，GSPLOT 生成如图 7-63 所示可送给打印室的钢筋施工图和计算配筋图 dwg 文件。

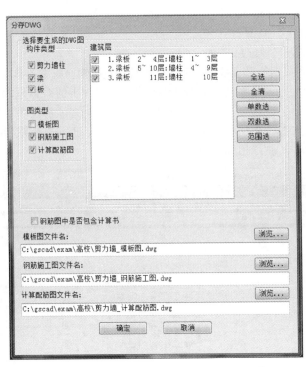

图 7-63　钢筋施工图和计算配筋图 dwg 文件

分存 DWG 时会自动提示是否打开钢筋图，打开后可看到梁板墙钢筋图（图 7-64）。

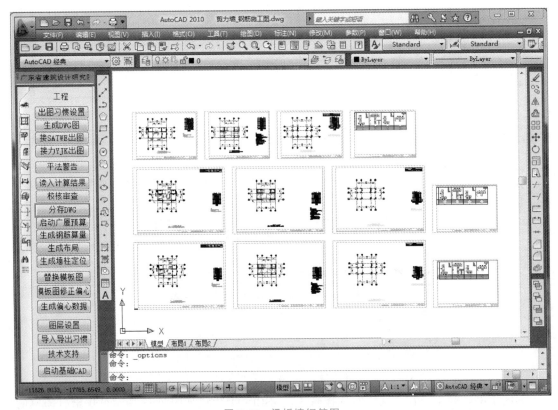

图 7-64　梁板墙钢筋图

7.3　广厦和广联达钢筋算量接口

广联达钢筋算量软件接口广厦 Dwg 结构施工图的操作整体分为如下 3 步。

7.3.1　生成钢筋算量接口数据

在 AutoCAD 自动成图里"分存 DWG"时生成"钢筋算量接口数据",分存后的图纸:框架_钢筋施工图.dwg 文件的左下角会带有如图 7-65 中的"钢筋算量接口数据"几个字。看到这几个字,表明"钢筋算量接口数据"生成成功。

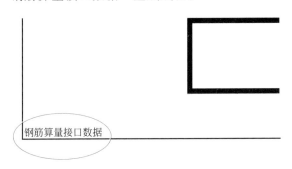

图 7-65　钢筋算量接口数据

7.3.2　生成 gsm 文件

用"广厦广联达钢筋算量接口软件"生成"gsm 文件"。

打开"广厦广联达钢筋算量接口软件(GSQI)",弹出如图 7-66,选择 dwg 文件,选择左下角带有"钢筋算量接口数据"的 DWG 文件:C:\GSCAD\EXAM\高校\剪力墙\剪力墙_钢筋施工图.dwg。

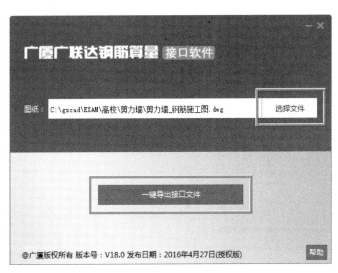

图 7-66　广厦广联达钢筋算量接口软件

然后点击"一键导出接口文件",导出成功可以看到如图 7-67 提示,此时在工程文件夹里可以找到如图后缀为"gsm"的文件。

注：点击"一键导出接口文件"前不能用 AutoCAD 打开此 dwg 文件，否则可能无法生成"gsm 文件"。

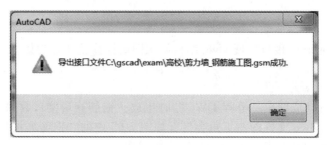

图 7-67　gsm 文件导出成功提示

7.3.3　调用 gsm 文件

用"广联达钢筋算量软件"调用"gsm 文件"。

打开"广联达钢筋算量软件 GGJ"，然后如图 7-68 点击"BIM 应用——打开 GICD 交互文件（GSM）"。

图 7-68　BIM 应用按钮

如图 7-69，在 dwg 文件同目录下找到"gsm 文件"，点击"打开"。

图 7-69　打开 gsm 文件

待广联达数据读取完毕后，即可用广联达软件进行计算钢筋工程量。

7.4 剪力墙结构的钢筋算量

7.4.1 墙结构包含的构件及构造

剪力墙结构包含剪力墙身、剪力墙柱、剪力墙梁三个构件类型。

（1）剪力墙身

剪力墙的墙身就是一道混凝土墙，常见厚度在 200mm 以上，一般配置两排钢筋网（图 7-70）。

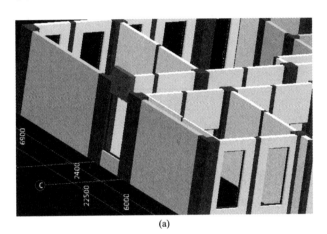
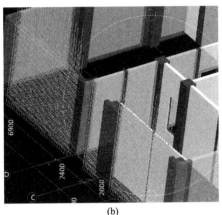

(a)   (b)

图 7-70　剪力墙墙身在建筑中

（2）剪力墙柱

墙柱指的是剪力墙两侧或洞口两侧设置的边缘构件，包括暗柱、端柱、翼墙和转角墙，是剪力墙的纵向加强带。

图 7-71 为各种墙柱示意图。

作用：改善剪力墙的受力性能、增大延性。

（3）剪力墙梁

包括：连梁（LL）、暗梁（AL）和边框梁（BKL）。

1）连梁　连梁是剪力墙中洞口上部与剪力墙相同厚度的梁。连梁其实是一种特殊的墙身，它是上下楼层窗（门）洞口之间的那部分水平的窗间墙，与过梁位置相同，但作用不同，除承受垂直荷载外，连梁还需传递水平地震作用产生的弯矩和剪力，因此，连梁的钢筋设置与抗震等级相关。

2）暗梁　暗梁是剪力墙中无洞口处与剪力墙相同厚度的梁。暗梁与暗柱有些共同性，因为他们都是隐藏在墙身内部的钢筋。剪力墙的暗梁是墙身的一个水平性"加强带"。一般设置在楼板之下。

3）边框梁　边框梁（BKL）是指在剪力墙中部或顶部布置的、比剪力墙的厚度还加宽的"连梁"或"暗梁"，此时不叫连梁、暗梁而改称为边框梁 BKL，边框梁与暗梁有很多共同之处，但边框梁的截面宽度比暗梁宽。也就是说，边框梁的截面宽度大于墙身厚度，因而形成了凸出剪力墙面的一个边框。详见 11G101-1 第 74 页左下角 3 断面图以及第 75 页右上角断面图。边框梁虽有个框字，却与框架结构、框架梁、框架柱无关。

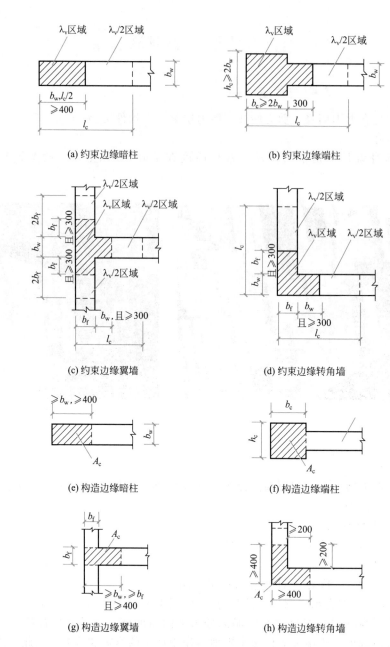

图 7-71 各种墙柱示意图

7.4.2 剪力墙中墙身与连梁的钢筋工程量计算

本部分内容重点计算墙身与连梁构件的钢筋。墙柱计算与柱的钢筋算法相似，不在此赘述。

7.4.2.1 Q1 钢筋量的计算

本工程涉及到剪力墙的图纸有结构施工图总说明（一）、（二），墙的生根在筏板，标高到层顶 30.00m。基本锚固长度查设计总说明（一）、（二），剪力墙混凝土强度 C30，钢筋级别 HRB400，抗震等级二级，$l_{aE}=40d=40×8=320$（mm），剪力墙所处环境"二 a"，保护层厚度为 20mm。

（1）Q1 墙身水平钢筋计算

剪力墙 Q1 为直墙，两端均有端柱，且伸入柱内长度均大于 l_{aE}，因此内、外侧水平钢筋长度＝墙长＋2×弯折×10d＝（墙长－2×保护层）＋2×弯折×150d

钢筋搭接为每隔一根错开（500mm）搭接；搭接长度≥1.2L_{abe}（1.2L_a）

1）Q1 内、外则水平钢筋长度＝（2500＋200）－2×20＋2×10×8＝2660（mm）

2）平钢筋根数＝排数×［取整（墙高－起步钢筋距离－顶部保护层）/水平筋间距＋1］
$$＝2×［取整(30000－50－20)/200＋1］$$
$$＝2×(150＋1)$$
$$＝302（根）$$

又因剪力墙在基础的插筋需要设置分布筋的要求是：间距不小于 500mm，且不少于两道，基础高 700mm，所以应设置根数为 2×2＝4（根）

小计：水平钢筋共为 306 根，单根长度为 2660mm，直径为 8mm，HRB400；长度小于 9m，无须计算搭接。

（2）剪力墙墙身纵向钢筋计算

剪力墙 Q1 生根于基础，顶部与层面框架梁相交，因此纵向钢筋计算长度＝基础内插筋长度＋中间部分＋顶层锚固长度［自板底起 L_{ae}（L_a）＋弯折≥12d］三部分组成。基础底部 C10 混凝土垫层出边 240mm，保护层厚为 40mm。

1）基础插筋长度　$H_j＝500－40＝460（mm）＞L_{ae}＝320mm$，基础为筏板基础，插筋保护层均大于＞5×8＝40（mm），因此，剪力墙纵向钢筋伸入基础内底部受力上部，弯折 5d，所以，基础插筋长度＝500－40＋5×8＝500（mm）。

2）中间部分　搭接时，应据 11G101，第 55 规定增加搭接长度，但工程中结构设计总说明（二）第十条中规定"板可采用搭接，柱梁优先采用机械连接"，因此，中间部分长度就是墙高。如做工程造价，需据定尺长度来考虑连接接头数量。

3）入板锚固长度　墙与板相交，板厚为 100mm，剪力墙纵向钢筋伸入板顶弯折 12d，见 11G101-1 第 70 页详见图 7-72。

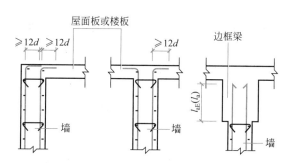

图 7-72　剪力墙竖向钢筋顶部构造

所以，伸入板锚固长度＝12×8＝96（mm）

剪力墙墙身纵向钢筋长度＝基础内插筋长度＋墙高＋顶层锚固长度
$$＝500＋30000－20＋96＝30576（mm）$$

纵向钢筋根数＝排数×墙净长/间距＋1(墙身竖向钢筋从暗柱、端柱边 50mm 开始布置)
$$＝2×取整\{[(2700－2×20)/200]＋1\}$$
$$＝32（根）$$

小计：纵向钢筋共为32根，单根长度为30576mm，直径为8mm，HRB400，未考虑竖向定尺。

（3）拉筋

墙身拉筋有梅花形和平行布置两种构造，本工程设计未明确时，一般采用梅花形布置。层高范围：从底部面往上第二排水平筋；至顶板往下第一排水平筋。宽度范围：从端部的墙柱边第一排墙身竖向筋开始布置。详见图7-73。

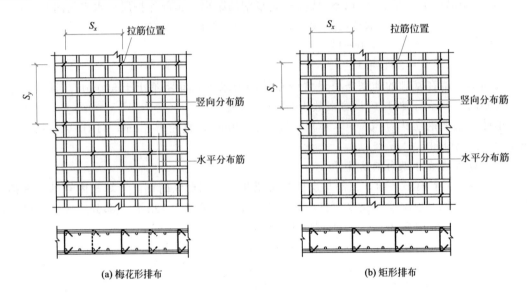

图 7-73　剪力墙拉筋分布

1）筋长度＝墙厚－保护层＋弯钩（弯钩长度＝2×[取大值:11.9d,75]）

$$=200-2×20+2×max[11.9×6,75]$$

$$=160+2×95$$

$$=350(mm)$$

2）根数＝墙净面积/拉筋的布置面积×每一单元面积所布置根数

墙净面积是指要扣除暗（端）柱、暗（连）梁，即墙面积－门洞总面积－暗柱面积－暗梁面积；拉筋的面积是指其横向间距×竖向间距。

根数＝取整[(2700－500－500)×(30000－10×500)/(600×600)]×5＝591根

所以，拉筋总根数为591根，长度350mm，直径为6mm，HPB300。

7.4.2.2　二层连梁 LL1 钢筋量的计算

连梁LL1要计算的钢筋有纵筋与箍筋，梁截面尺寸200mm×1500mm，上、下部纵筋各为3根，各分上、下两排，ϕ14mm，HRB400，箍筋为一道封闭箍筋，柱保护层按25mm计算，连梁保护层厚度20mm，混凝土强度均为C25，二级抗震。

首先判断是锚固情况。查11G101-1，第53页，$l_{abE}=46d=46×14=644(mm)$，又连梁支座柱宽为600mm，$h_c-c=600-25=5865≤l_{abE}$且≤600mm，构造要求详见11G101-1第74页，所以是梁上部纵筋伸入柱边向下弯折15d，梁下部纵筋伸入柱边向上弯折15d。计算过程见表7-2。

表 7-2　LL1 钢筋计算过程

钢筋名称	计算项目	计算过程
上、下部纵筋	长度	计算公式＝左端支座锚固长度＋梁净长＋右端支座锚固长度
		左、右端支座锚固长度＝600－25＋15×14＝785(mm)
		梁净长＝3000－500－500＝2000(mm)
		总长＝785＋2000＋785＝3570(mm)
	根数	6 根，ϕ20mm，HRB335
箍筋 1	长度	计算公式＝周长 ＋弯钩长度
		周长＝(500－20×2＋200－20×2)×2 ＝1240(mm)
		135°弯钩的 2 倍弯钩长度＝11.9×8×2 ＝190(mm)
		总长＝1240＋190＝1430(mm)
	根数	计算公式＝(梁长－起步距离)/间距＋1，起步距离 50mm
		根数＝(2000－50×2)/100＋1＝20(根)
		小计根数：20 根，ϕ14mm，HRB400

7.4.3　剪力墙框架结构钢筋预算软件工程量计算

剪力墙框框架模型的在算量软件中的计算过程与 6.4.3 基本相同，现只将说明其不同点主在是增加了剪力墙计算设置和节点钢筋设置两部部分。详见图 7-74 和图 7-75。

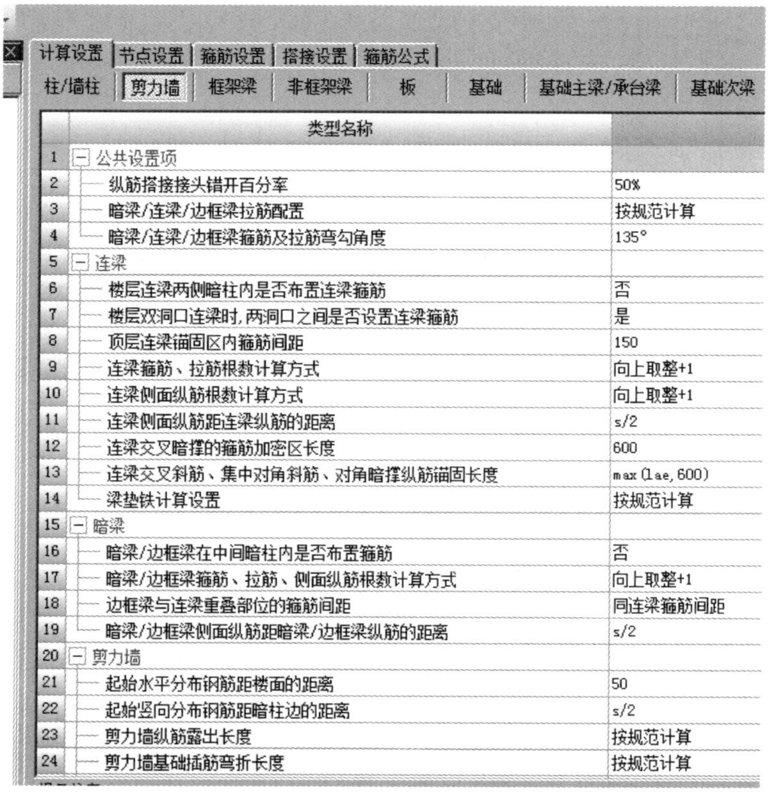

	类型名称	
1	公共设置项	
2	纵筋搭接接头错开百分率	50%
3	暗梁/连梁/边框梁拉筋配置	按规范计算
4	暗梁/连梁/边框梁箍筋及拉筋弯勾角度	135°
5	连梁	
6	楼层连梁两侧暗柱内是否布置连梁箍筋	否
7	楼层双洞口连梁时，两洞口之间是否设置连梁箍筋	是
8	顶层连梁锚固区内箍筋间距	150
9	连梁箍筋、拉筋根数计算方式	向上取整+1
10	连梁侧面纵筋根数计算方式	向上取整+1
11	连梁侧面纵筋距连梁纵筋的距离	s/2
12	连梁交叉暗撑的箍筋加密区长度	600
13	连梁交叉斜筋、集中对角斜筋、对角暗撑纵筋锚固长度	max (lae, 600)
14	梁垫铁计算设置	按规范计算
15	暗梁	
16	暗梁/边框梁在中间暗柱内是否布置箍筋	否
17	暗梁/边框梁箍筋、拉筋、侧面纵筋根数计算方式	向上取整+1
18	边框梁与连梁重叠部位的箍筋间距	同连梁箍筋间距
19	暗梁/边框梁侧面纵筋距暗梁/边框梁纵筋的距离	s/2
20	剪力墙	
21	起始水平分布钢筋距楼面的距离	50
22	起始竖向分布钢筋距暗柱边的距离	s/2
23	剪力墙纵筋露出长度	按规范计算
24	剪力墙基础插筋弯折长度	按规范计算

图 7-74　剪力墙计算设置

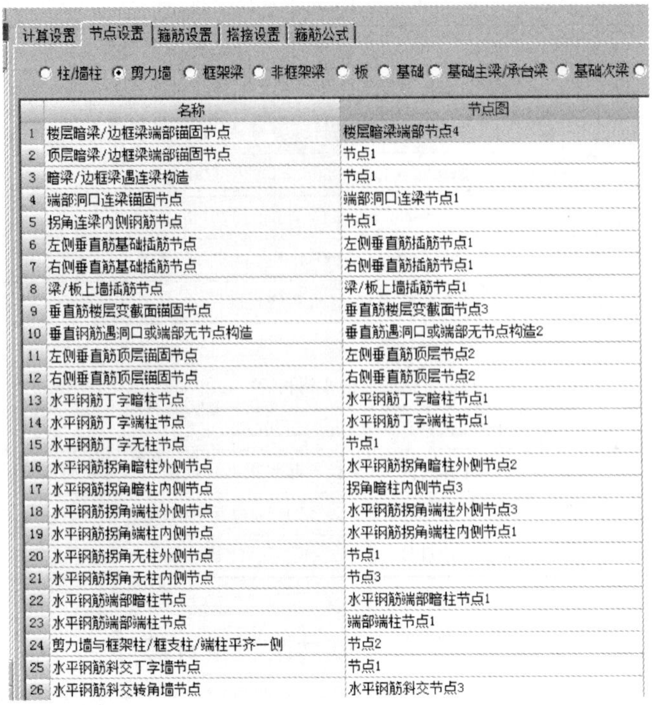

	名称	节点图
1	楼层暗梁/边框梁端部锚固节点	楼层暗梁端部节点4
2	顶层暗梁/边框梁端部锚固节点	节点1
3	暗梁/边框梁遇连梁构造	节点1
4	端部洞口连梁锚固节点	端部洞口连梁节点1
5	拐角连梁内侧钢筋节点	节点1
6	左侧垂直筋基础插筋节点	左侧垂直筋插筋节点1
7	右侧垂直筋基础插筋节点	右侧垂直筋插筋节点1
8	梁/板上墙插筋节点	梁/板上墙插筋节点1
9	垂直筋楼层变截面锚固节点	垂直筋楼层变截面节点3
10	垂直钢筋遇洞口或端部无节点构造	垂直筋遇洞口或端部无节点构造2
11	左侧垂直筋顶层锚固节点	左侧垂直筋顶层节点2
12	右侧垂直筋顶层锚固节点	右侧垂直筋顶层节点2
13	水平钢筋丁字暗柱节点	水平钢筋丁字暗柱节点1
14	水平钢筋丁字端柱节点	水平钢筋丁字端柱节点1
15	水平钢筋丁字无柱节点	节点1
16	水平钢筋拐角暗柱外侧节点	水平钢筋拐角暗柱外侧节点2
17	水平钢筋拐角暗柱内侧节点	拐角暗柱内侧节点3
18	水平钢筋拐角端柱外侧节点	水平钢筋拐角端柱外侧节点3
19	水平钢筋拐角端柱内侧节点	水平钢筋拐角端柱内侧节点1
20	水平钢筋拐角无柱外侧节点	节点1
21	水平钢筋拐角无柱内侧节点	节点3
22	水平钢筋端部暗柱节点	水平钢筋端部暗柱节点1
23	水平钢筋端部端柱节点	端部端柱节点1
24	剪力墙与框架柱/框支柱/端柱平齐一侧	节点2
25	水平钢筋斜交丁字墙节点	节点1
26	水平钢筋斜交转角墙节点	水平钢筋斜交节点3

图 7-75　剪力墙节点设置

7.5　剪力墙结构的混凝土算量

7.5.1　剪力墙结构的混凝土量算量规则

剪力墙结构的混凝土算量与框架结构的有相同之处，同时因剪力墙构件的特点影响了工程量的计算，下面分别分说明不同的地方，其他构件与第 6 章相同，不再赘述。

7.5.1.1　清单计算规则

编号	项目名称	项目特征	单位	计算规则
010504001	直形墙	①混凝土种类 ②混凝土强度等级	m^3	按设计图示尺寸以体积计算扣除门窗洞口及单个面积＞0.3m^2 的孔洞所占体积，墙垛及凸出墙面部分并入墙体体积计算
010504002	弧形墙			
010504003	短肢剪力墙			
010504003	挡土墙			

7.5.1.2　墙柱、连梁与剪力墙身的关系

1）墙柱、连梁、暗柱、暗梁是剪力墙身中的一部分，只是钢筋配置不同，因此墙柱、连梁的混凝土都应归入上述四个清单算量项目中。

2）墙柱因截面厚度不小于 300mm，且截面高度与厚度之比最大值大于 4 但不大于 8 的剪力墙；截面高度与厚度之比最大值小于 4 的剪力墙柱按柱项目列项计算。

3）连梁按剪力墙直形墙列项计算。

4）暗柱、暗梁只计算钢筋工程量，不计算混凝土工程量。

因此，快训公司剪力墙工程楼的墙柱均应按短肢剪力墙列项计算，剪力墙和连梁按直形墙列项计算。

7.5.2 剪力墙结构混凝土工程量计算

7.5.2.1 短肢剪力墙项目的工程量

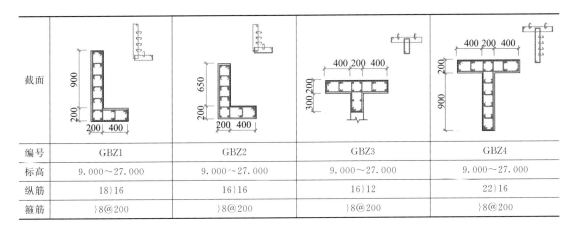

截面				
编号	GBZ1	GBZ2	GBZ3	GBZ4
标高	9.000~27.000	9.000~27.000	9.000~27.000	9.000~27.000
纵筋	18}16	16}16	16}12	22}16
箍筋	}8@200	}8@200	}8@200	}8@200

短肢剪力墙项目的墙柱工程量计算见表7-3。

表 7-3　短肢剪力墙项目的墙柱工程量计算

构件名称	截面积	截面积×高度	构件数量	工程量/m³	混凝土级别
GBZ1	1.5×0.2	0.30×30	2	18.00	C30
GBZ2	1.25×0.2	0.25×30	4	30.00	C30
YBZ3	1.3×0.2	0.26×30	4	31.20	C30
YBZ4	1.9×0.2	0.38×30	2	22.80	C30
小计				102.00	C30

7.5.2.2 直形墙项目的工程量

直形墙项目的工程量计算见表7-4。

表 7-4　直形墙项目的工程量计算

构件名称	截面积	截面积×高度(长度)	构件数量	工程量/m³	混凝土级别
Q1	(2.5−0.4−0.4)×0.2	0.34×30	2	20.4	C30
LL1	0.5×0.2	0.1×(3−0.5×2)	6×10	12.00	C30
LL2	0.5×0.2	0.1×(2.5−0.75×2)	2×10	2.00	C30
小计				34.40	C30

7.5.3 剪力墙结构混凝土软件工程量计算难点

剪力墙框架结构的混凝土软件工程量计算的工作原理和工作流程详见第6章第5节第3小节，不再赘述。难点主要是剪力墙构件的清单匹配和做法套用。

1）剪力墙柱的匹配清单，如图7-76所示。

2）剪力墙墙身的匹配清单，如图7-77所示。

3）连梁的匹配清单，如图7-78所示。

图 7-76 剪力墙柱的匹配清单

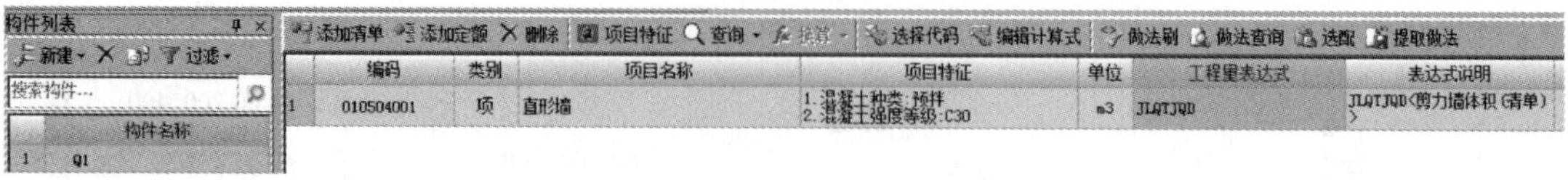

图 7-77 剪力墙墙身的匹配清单

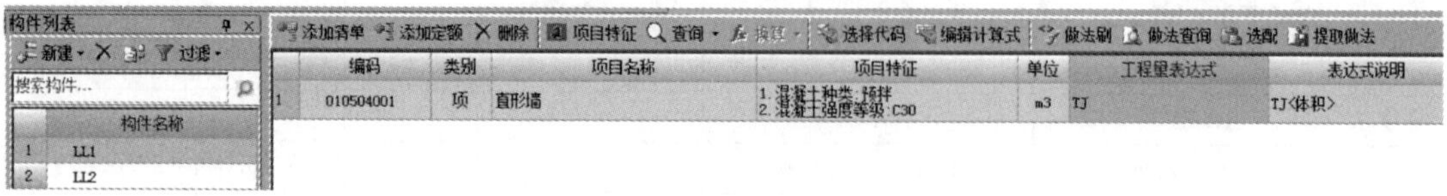

图 7-78 连梁的匹配清单

7.6 剪力墙结构的钢筋下料

剪力墙结构钢筋下料的工作原理和工作流程详见 6.6 节，不再赘述。不同点主要是剪力墙构件的计算设置和节点设置，这部分与钢筋算量相同。

7.7 本章总结

一个剪力墙结构由墙、梁和板组成，是高层结构中应用最多的结构形式。经过力学计算、绘制施工图、钢筋算量、混凝土算量和钢筋下料，完成设计、预算和施工整个过程。结构 BIM 应用于计算，应用于施工图绘制，应用于预算，应用于施工，使整个建造的效率和质量大大提高，使大家充分体验结构 BIM 模型在建造过程中的具体应用。

思考题

输入快算公司培训楼的剪力墙模型，完成力学计算、绘制施工图、统计钢筋总量、统计混凝土总量和生成钢筋下料表，动手掌握本章各项内容。

第8章
结构设计参数的合理选取

结构设计参数包括总体信息和构件参数，总体信息和墙柱梁板构件信息组成一个结构的计算模型。总体信息的取值应慎重，错误的或不合理的参数取值将导致计算结果失真，直接影响结构的安全性和经济性。

通过学习本章，你将能够：

1）了解总体信息中各参数的物理意义；

2）学会根据设计要求填写各参数。

在如图 8-1 形录入的"结构信息-GSSAP 总体信息"中输入总体信息。

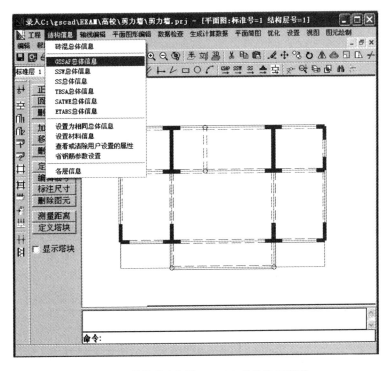

图 8-1　结构信息下的 GSSAP 总体信息菜单

总体信息包括如图 8-2 的 7 页内容：总信息、地震信息、风计算信息、调整信息、材料信息、地下室信息和时程分析信息，本章介绍总信息、地震信息、风计算信息和调整信息 4 页参数的合理选取。

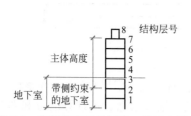

图 8-2　GSSAP 总体信息

8.1　总信息

总信息为一个结构的总控信息，不能归类于其他 6 页的设计信息都在总信息中设置。

8.1.1　结构计算总层数、地下室层数、有侧约束的地下室层数和最大嵌固结构层号

1）［结构计算总层数］包括地梁层、地下室、上部主体结构楼层数以及鞭梢小楼层（图 8-3）。其中地梁层中梁为地梁，柱为基础承台，这么做是为了将地梁荷载导到基础上，保证基础荷载正确；鞭梢小楼层指屋顶的楼梯或电梯房。对于错层结构，若错层部位少，可采用降或升梁板标高的方式处理；若错层部位大，可考虑错层部位作为单独的标准层输入。

结构层号从 1 开始到结构计算总层数，结构施工图是按建筑层编号，即建筑层号。绘制施工图时，根据总信息中地下室层数来实现结构层号到建筑层号的自动对应。如图 8-4 为地下室层数 4，在结构层 5 中输入建筑 1 层的墙柱和建筑 2 层的梁板。

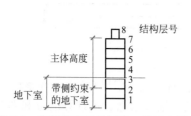

图 8-3　有侧约束的地下室、地下室层、
上部主体结构和鞭梢小楼层

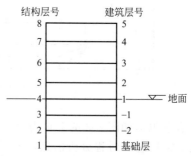

图 8-4　结构层号和建筑层号的对应关系

2）［地下室层数］，此处与建筑中的地下室概念有一点不同。计算层风荷载时以地下室层顶作为风荷载起算点，从地下室顶向下的所有结构层数为计算中的地下室层数。因此包括地梁层在内的无风荷载部分都属计算中的地下室。如图 8-4 建筑中的地下室为 3 个，计算中的地下室层数为 4 个。

底部加强部位的高度，从地下室顶板算起。

3）［有侧约束的地下室层数］计算时通常设定结构底部固接，地下室四周土对结构有一定水平约束作用（仅有水平，没有竖向），如图 8-5，这个约束强弱通过弹簧（基床反力系数 x 侧土面积）来模拟。回填土对地下室约束不大时，通常不考虑其约束。

图 8-5　土弹簧模拟侧土对结构的约束以及地下室信息中土弹簧系数的输入

如图 8-6，输入有侧约束地下室 2 后，计算按如下方式考虑：

① 带侧约束地下室 1 层和 2 层自动增加侧向弹簧以模拟地下室周围土的作用；

② 高层结构判定时其控制高度扣除了带侧约束地下室部分 2 层和小塔楼部分 1 层；

③ 底层内力调整时内力调整系数乘在带侧约束地下室顶的上一层即 3 层；

④ 底部加强部位的判定中带侧约束地下室顶的往下一层顶为计算嵌固端，即 1 层顶为计算嵌固端；

⑤ 剪力调整时第一个 V_0 所在的层须设为带侧约束地下室层数 $+1$，按 3 层剪力调整；

图 8-6　侧约束地下室

⑥ 带侧约束地下室 1 层和 2 层的柱长度系数自动设置为 1.0。

4）［最大嵌固结构层号］和有侧约束的地下室层数的结构意义相同，相当于其侧约束无限大的情况，如下两种情况可设置本层嵌固。

① 嵌固层的刚度（按高规附录 E.0.2 剪弯刚度）不应小于上层的 2 倍；

② 受土摩擦板作用的地梁层。

图 8-7～图 8-9 列举了 3 种填写情况。

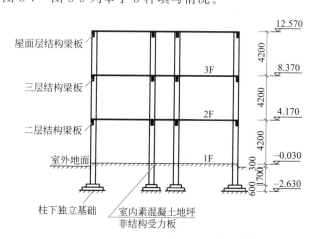

1. 结构计算总层数：　　　3
2. 地下室层数：　　　　　0
3. 有侧约束的地下室层数：　0
4. 最大嵌固结构层号：　　0

注：首层算到基础顶，层高6200。

图 8-7　框架结构，无地梁层

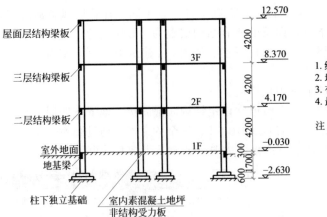

1. 结构计算总层数：　　　　4
2. 地下室层数：　　　　　　1
3. 有侧约束的地下室层数：　1
4. 最大嵌固结构层号：　　　1

注：地梁层高2000，首层高4200。

图 8-8　框架结构，有地梁层（梁顶标高平室外地坪）

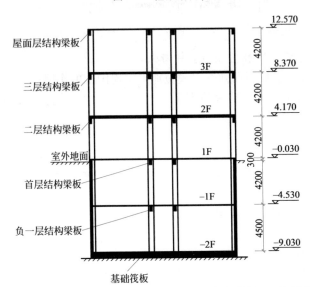

1. 结构计算总层数：　　　　5
2. 地下室层数：　　　　　　2
3. 有侧约束的地下室层数：2
4. 最大嵌固结构层号：　　0或2，是否嵌固由工程师根据结构层2和3的刚度比大于等于2来判断。

图 8-9　框架结构，两层地下室

8.1.2　裙房层数

裙房平面尺寸和侧向刚度要远大于上层塔楼，可设置为裙房层数。建筑中指的裙房层数是指地面以上部分，而 GSSAP 中要填写的裙房层数则包括了地下室层数（图 8-10）。

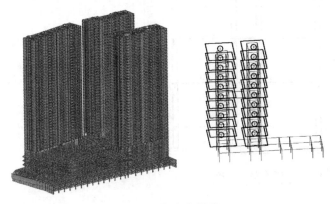

图 8-10　裙房和塔楼

在调整信息中选择"是否要进行墙柱活荷载折减"为1，则裙房层数对折减结果有影响，分塔楼内和塔楼外两部分折减。

8.1.3 转换层所在的结构层号

如图8-11，当梁托柱时，梁被称为转换梁，转换梁两端的柱被称为转换柱；当梁托墙时，刚度上大下小，梁被称为框支梁，框支梁两端的柱被称为框支柱。转换构件较多的楼层被称为转换层。转换构件竖向不连续导致刚度突变，该层称为软弱层或薄弱层，是结构设计的重点。薄弱层、转换层和加强层在软件中都可填多个，以逗号分开。

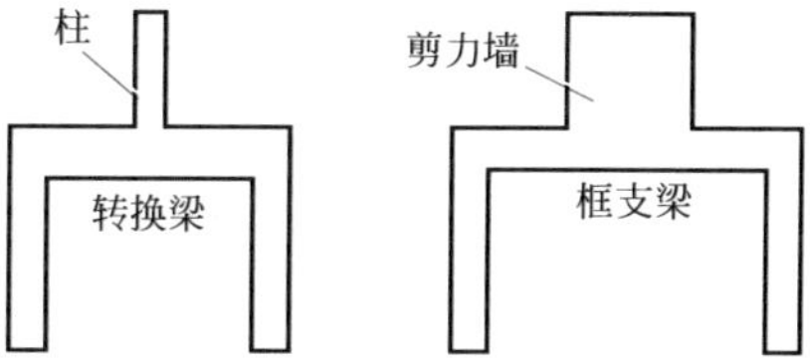

计算时对转换层做如下处理：

1）转换层自动为薄弱层，按《抗规》要求自动放大薄弱层地震内力；

2）程序自动判断转换梁、框支梁和框支柱，并自动满足《抗规》的地震内力调整和承载力验算要求；

3）计算时输出转换层上下刚度比，若不满足规范要求则要调整模型；

4）在高层结构中自动判断每个转换层号+2为剪力墙底部加强部位。

图 8-11 转换构件

8.1.4 薄弱的结构层号

薄弱层即抗剪能力相对较弱的层，从定性上以体型收缩、竖向不连续、层高加大可认为薄弱，从定量上看可由楼层侧向刚度比或抗剪承载力比判断。

刚度比若不满足规范要求，GSSAP计算会按照规范要求自动进行内力放大，不需要填写层号。若承载力不满足，则需要填写薄弱的结构层号再算一次。填写薄弱层号后GSSAP会按规范要求进行内力放大（放大系数为多层1.15，高层1.25）。GSSAP对承载力不满足的楼层没有自动放大地震力，是因为承载力是程序算得构件配筋后，根据配筋反算得到楼层抵抗力，计算构件配筋是最后步骤，程序无法在一次计算过程中完成自动放大。

8.1.5 加强层所在的结构层号

图8-12中的加强层是指刚度和承载力加强的结构层，如隔几层布置桁架的楼层或箱体结构的设备层即为加强层。

不要将加强层和剪力墙底部加强部位混淆，底部加强部位在结构底层，而加强层通常用于控制超高层建筑中结构的水平位移。如图8-13，虚线为未设置加强层的结构，实线为设置了加强层的结构。加强层的设置减小了结构的层间位移角。

加强层计算处理如下：

1）框架剪力调整时，自动按抗规要求不调整加强层及其相邻上下楼层的框架剪力；

2）加强层及相邻上下层的框架柱和墙抗震等级自动提高一级；

3）超限警告时，自动减少的加强层及其相邻层的框架柱轴压比限值0.05，需人工在施工图中修改为柱箍筋全高加密；

4）根据高规10.3，加强层及其相邻层的核心筒剪力墙应在其墙属性中人工指定为约束边缘构件。

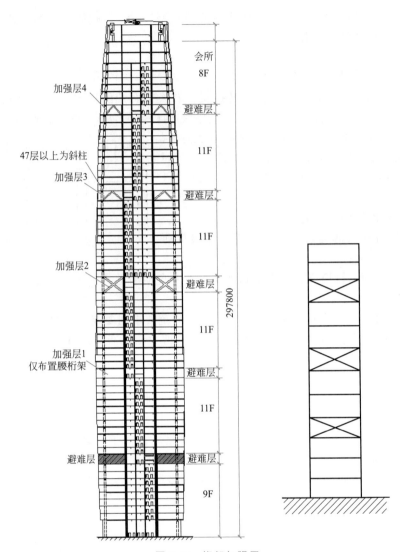

图 8-12　桁架加强层

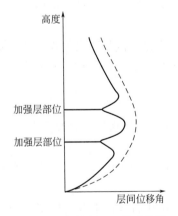

图 8-13　设置加强层前后层间
位移角的变化

8.1.6　结构形式

结构形式分为 9 种形式：1 框架，2 框剪，3 墙，4 核心筒，5 筒中筒，6 短肢墙，7 复杂，8 板柱墙，0 排架，选择最接近实际的一种。

框架结构：由柱梁板构件组成，可布置较大空间，且空间布置灵活，用于多层商场、办公楼、厂房和教室（图8-14）。

框剪结构：在框架结构中布置一定数量的剪力墙，兼顾框架和剪力墙结构的优点（图8-15）。

剪力墙结构：竖向构件采用剪力墙，刚度比框架结构大，用于高层住宅、办公楼和酒店建筑（图8-16）。

核心筒结构：即框筒结构，在高层结构中可利用电梯和楼梯布置空间筒体来抵抗水平力，在筒体周边布置稀柱

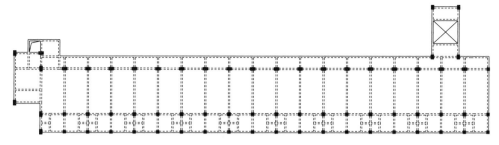

图 8-14　框架结构

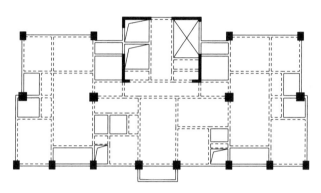

图 8-15　框剪结构

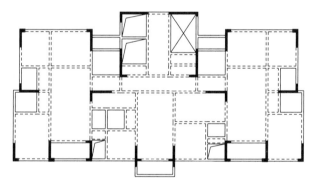

图 8-16　剪力墙结构

框架柱承担竖向荷载（图 8-17）。

　　筒中筒结构：在超高层结构中可利用电梯和楼梯布置空间筒体来抵抗水平力，在筒体周边布置密柱框筒承担竖向荷载和水平力（图 8-18）。

　　短肢墙结构：短肢剪力墙定义为剪力墙最长的截面高度与厚度之比大于 4 且小于 8、厚度不大于 300mm 的剪力墙，根据《高规》7.1.8，短肢墙的底部倾覆弯矩大于等于总倾覆弯矩的 30％时，结构为短肢墙结构（图 8-19）。

　　复杂结构：即框支转换结构，底层为商场或餐厅等大空间、上层为住宅的结构，采用底层部分框架、上层做剪力墙的方案（图 8-20）。

　　板柱墙结构：由无梁楼板和柱组成的板柱框架与剪力墙共同承受竖向和水平作用的结构（图 8-21）。

　　排架结构：单榀框排架结构，多用于厂房（图 8-22）。

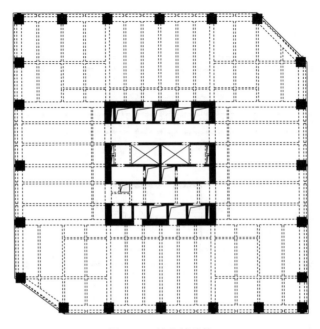

图 8-17 核心筒结构

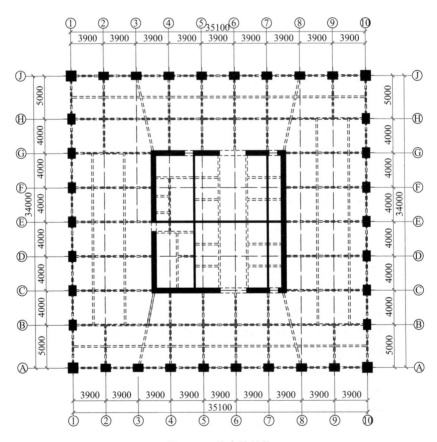

图 8-18 筒中筒结构

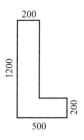

图 8-19 短肢墙

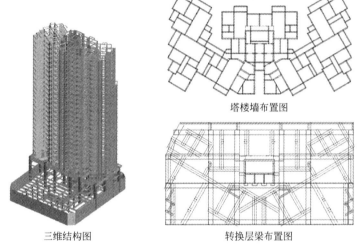

塔楼墙布置图

三维结构图

转换层梁布置图

图 8-20 复杂结构

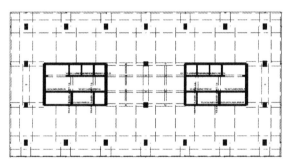

图 8-21 板柱墙结构

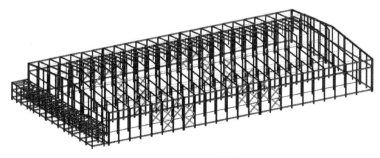

图 8-22 排架结构

不同的结构形式的重力二阶效应及结构稳定验算不同，计算风荷载时不同结构体系的风振系数不同，采用的自振周期不同，结构内力调整系数不同，框架剪力调整不同。

排架结构柱截面计算时的挠曲效应和重力二阶效应与其他柱不同，计算长度系数要人工设定，其他规范要求同框架结构。

8.1.7 结构材料信息

结构材料信息为 0（混凝土结构）、1（钢结构）或 2（钢混凝土混合结构）。钢混凝土混合结构（图 8-23），如超高层结构中柱用钢管柱，核心筒采用钢筋混凝土的结构。

若用型钢混凝土柱（图 8-24）则仍为混凝土结构。

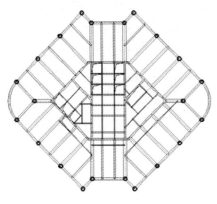

图 8-23 钢混凝土混合结构

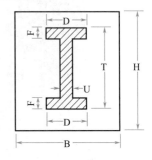

图 8-24 型钢混凝土截面

若用户没给出基本自振周期，则程序在计算层风荷载时，根据本信息自动按简化公式计算结构的基本自振周期，从而影响风荷载大小。对钢结构，本信息影响框剪结构剪力调整参数不同，钢砼混合结构同混凝土结构一样调整。

8.1.8 结构重要性系数

根据建筑结构破坏后果的严重程度，建筑结构应按表 8-1 划分为 3 个安全等级。设计时应根据具体情况，选用适当的安全等级。

表 8-1 建筑结构的安全等级

安全等级	破坏后果	建筑物类型
一级	很严重	重要的建筑物
二级	严重	一般的建筑物
三级	不严重	次要的建筑物

结构构件的承载力设计表达式为：

$$\gamma_0 S \leqslant R$$

式中，γ_0 为结构构件的重要性系数，对安全等级为一级、二级、三级的结构构件，应分别取 1.1、1.0、0.9。结构重要性系数的调整不包括地震工况，普通结构取 1.0。

8.1.9 竖向荷载计算标志

一次性加载：按一次加荷方式计算重力恒载下的内力。

模拟施工加载：按变荷载和变刚度模拟施工加荷方式计算重力恒载下的内力。

一次性加载时，一层柱在两层荷载作用下位移差 2δ。二层在本层荷载作用下位移差 δ，加上随一层的运动位移差 2δ，二层总位移差 3δ。

模拟施工加载时，一层加载后找平，一层位移差为零。二层加载后，在二层荷载作用下一层位移差 δ，二层找平，二层总位移差为零。两节点位移有很大差别（图 8-25）。

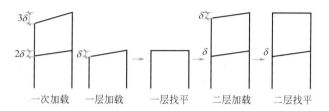

图 8-25 结构一次性加载和模拟施工过程

8.1.10 考虑重力二阶效应

计算时假定结构无偏心，在重力荷载作用下结构实际有偏心，实际的侧向刚度要小一些。在风或地震作用下，如图 8-26，偏心结构的效应 δ_1 比无偏心结构的效应 δ 要大一些，$\delta_1 > \delta$，这种附加效应产生的附加荷载相对于重力荷载是个二阶小量，故被称之为重力二阶效应。高层结构要按放大系数法考虑。

放大系数：按《高层建筑混凝土结构技术规程》（JGJ 3—2002）的 5.4 条放大系数法（位移和内力放大系数）近似考虑风和地震作用下的重力二阶效应，不影响结构计算的固有周期，根据所求的放大系数大于 1.0 时自动放大内力。一般采用此选择。选择放大系数法不一定会放大内力，求解完成后，程序才知道要不要放大，根据所求的放大系数才决定放大内力。

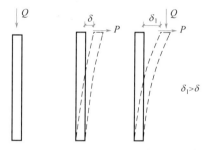

图 8-26 不考虑和考虑重力二阶效应的受力状态

修正总刚：通过修改总刚近似考虑风和地震作用下的重力二阶效应，影响结构计算的固有周期。当修正总刚出现非正定不能求解时，只能采用放大系数法。

8.1.11 梁柱重叠部分简化为刚域

在有限元计算中梁和柱被简化为细杆，计算的端部内力为梁柱交点内力 W_2［图 8-27（a）］。由于梁和柱实际不是细杆，有截面大小，可以认为梁柱交接部分没有变形（图 8-27 黑块部分），这部分称为刚域，梁端内力应为刚域边的弯矩 W_1［图 8-27（a）］。根据高规 5.3.4，刚域范围为从柱边回退的 1/4 梁高处［图 8-27（b）］，同理计算柱的刚域范围，一般情况都要考虑，只是在做理论分析时才有可能不考虑。

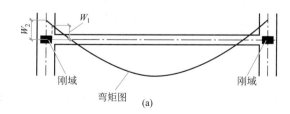
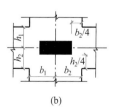

图 8-27 刚域对梁端内力的影响

8.1.12　梁配筋考虑压筋的影响

梁同一截面总是有底筋和面筋。底筋受拉面筋受压，或者底筋受压面筋受拉，压筋总是存在。图 8-28 为梁跨中通常的受力状态：当考虑压筋时，中和轴上移，拉筋所需配筋面积减少。

8.1.13　梁配筋考虑板的影响

现浇混凝土梁和板是协同受弯，而梁侧两边的板采用刚性板或膜元时，板不进入整体空间计算，梁配筋计算可考虑每侧 4 倍板厚范围内板钢筋和混凝土的影响。

程序根据梁板标高自动判断板为梁的上翼缘还是下翼缘，当板为梁的上翼缘（图 8-29）时，对于负弯矩，所计算配筋面积直接扣除 4 倍板厚范围内板的构造钢筋面积，对于正弯矩，按板混凝土受压考虑对梁的影响，其他情况同理考虑。一般考虑板对梁配筋计算的影响，进一步达到强柱弱梁的目的。

图 8-28　梁配筋考虑压筋　　　　　　图 8-29　板为梁的上翼缘

8.1.14　所有楼层分区强制采用刚性楼板假定

如图 8-30，一个楼层平面内分塔内和塔外，塔外楼板自动为弹性，塔内楼板可设置。

若选择按实际模型计算，则按板属性中计算单元的设置，判断平面内有关节点是否满足无限刚要求。

若选择按刚性模型计算，则塔内所有节点满足无限刚要求。

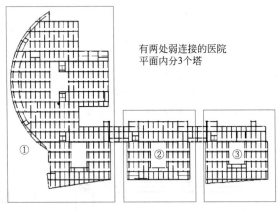

图 8-30　结构平面分区

大型工程结构扩初或选型计算时选择"所有楼层强制采用刚性楼板假定"，可提高计算速度，在构件设计时最好选择"按实际模型计算"，假如楼面接近无限刚，两种结果几乎相同，一般情况选择按实际模型计算即可。

8.1.15 是否高层的判断

可设置自动判断、强制为高层或强制为多层。主体结构（扣除地下室和顶部小塔楼）≥10层或高度（图 8-31）>28m 时自动判断为高层。

28m≥高度>24m 的其他民用建筑：纯办公楼、酒店、综合楼、商场、会议中心和博物馆等属于高层结构，商住楼属于住宅建筑不属于其他民用建筑。

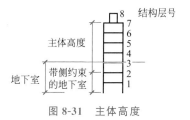

图 8-31　主体高度

8.2　地　震　信　息

地震信息（图 8-32）为一个结构的地震作用信息，弹性地震计算方法都采用振型分解法，振型分解法中计算地震作用的方法通常有两种方法：反应谱法和时程分析法，时程分析用的地震波在时程分析信息中设置，本书不再介绍时程分析方法，有兴趣的同学可查看《建筑结构通用分析与设计软件 GSSAP 说明书》第 2 章时程分析信息和第 6 章计算原理。

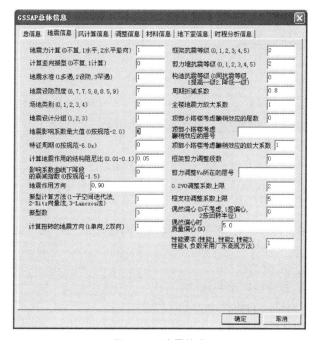

图 8-32　地震信息

8.2.1 反应谱法

相比某一刻的地震作用，我们更关心地震作用下结构的最大响应，反应谱法正是根据这一原理来计算结构的最大响应。先求各振型下的节点位移和构件内力，再组合求总的结构位移和构件内力。所有求地震作用的效应都要先求各振型下的效应再组合，这是原则，次序不能搞错。

1）求各振型下的节点位移和构件内力。

第 j 个振型有周期 T_j 和振幅 $\{\Delta_j\}$，第 j 振型的振动方程：

$$[K]\{\Delta_j\} = \omega j^2 [M]\{\Delta_j\}$$

其中，$[K]$ 和 $[M]$ 是总刚阵和质量阵，ω_j 为圆频率，周期 $T_j = 2\pi/\omega_j$，$\{\Delta_j\}$ 为第 j 振型振幅，包括 X、Y 和扭转角 Φ 方向，即 $\{\Delta_j\}^T = \{\{X_j\}^T\{Y_j\}^T\{\Phi_j\}^T\}$。

得：$[K]\{\delta_j\} = \omega_j^2[M]\{\delta_j\}$，$\{\delta_j\}$ 为第 j 振型位移，应满足节点位移。

按《抗规》5.2.2，第 j 振型的地震作用是：

$$\{F_j\} = \alpha_j\gamma_{tj}[M]\{\Delta_j\}$$

$\{F_j\}$ 包括了三个方向的 $\{F_x\}$，$\{F_y\}$，$\{F_t\}$。

第 j 振型位移应满足节点位移和力平衡方程：

$$[K]\{\delta_j\} = \{F_j\}$$

所以，$\omega_j^2[M]\{\delta_j\} = \alpha_j\gamma_{tj}[M]\{\Delta_j\}$

所以第 j 振型位移和第 j 振型振幅的关系：

$$\{\delta_j\} = \alpha_j\gamma_{tj}/\omega_j^2\{\Delta_j\}$$

对任意 θ 方向，地震作用取：

$$\alpha_j\gamma_{tj} = \alpha\gamma_{xj}\cos\theta + \alpha\gamma_{yj}\sin\theta$$

α 是地震影响系数，根据当地的水平地震影响系数最大值 $\alpha_{\max}$、当地的特征周期 T_g、每一个结构周期和结构的阻尼比（如图8-33），可查每一个结构周期对应的地震影响系数。

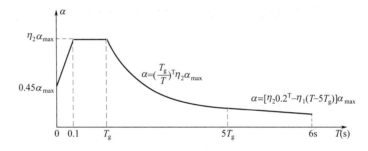

图 8-33　水平地震影响系数曲线

α—地震影响系数；$\alpha_{\max}$—地震影响系数；η_1—直线下降段的下降斜率调整系数；
γ—衰减指数；T_g—特征周期；η_2—阻尼调整系数；T—结构自振周期

按抗规 5.2.2，第 j 振型的振型参与系数为（因已正规化，规范公式之分母项为1）。

X 向　$\gamma_{xj} = \{X_j\}^T\{M\}$

Y 向　$\gamma_{yj} = \{Y_j\}^T\{M\}$

最后求得第 j 振型下的墙柱梁板内力：$\{F_j\} = [K]\{\delta_j\}$

2）组合求总的结构位移和构件内力。

总的结构位移和构件内力按如下《抗规》5.2.3-5 公式 CQC 组合。

$$S = \sqrt{\sum_{j=1}^{m}\sum_{k=1}^{m}\rho_{jk}S_jS_k}$$

$$\rho_{jk} = \frac{8\zeta^2(1+\lambda_T)\lambda_T^{1.5}}{(1-\lambda_T^2)^2 + 4\zeta^2(1+\lambda_T)^2\lambda_T + 8\zeta^2\lambda_T^2}$$

式中　S——考虑扭转的地震作用效应；

S_j，S_k——j、k 振型地震作用产生的作用效应；

ρ_{jk}——j 振型与 k 振型的耦联系数；

λ_T——k 振型与 j 振型的自振周期比；

ζ——阻尼比。

8.2.2 水平地震影响系数最大值

水平地震影响系数最大值 $\alpha_{\max}$ 设为零时，程序自动根据地震水准、地震设防烈度（图 8-34）查表 8-2 得到，否则按设定值计算。

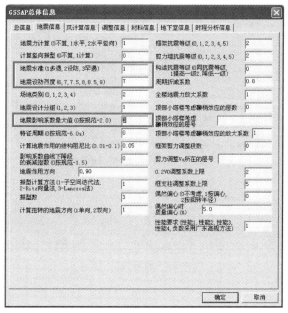

图 8-34　地震信息（一）

表 8-2　地震水平影响系数最大值

地震影响	6 度	7 (7.5) 度	8 (8.5) 度	9 度
多遇地震	0.04	0.08 (0.12)	0.16 (0.24)	0.32
设防地震	0.12	0.23 (0.34)	0.45 (0.68)	0.90
罕遇地震	0.28	0.50 (0.72)	0.90 (1.20)	1.40

（1）地震水准

地震水准分为：多遇、设防和罕遇，即小震、中震和大震。

（2）地震设防烈度

地震设防烈度包括 6，7，7.5，8，8.5，9 度，7.5 度设计基本地震加速度值为 $0.12g$；8.5 度设计基本地震加速度值为 $0.24g$。《抗规》附录 A 给出各地的地震设防烈度。

8.2.3 特征周期

特征周期设为零时，程序自动根据设计地震分组和场地类别（图 8-35）查表 8-3 得到，否则按设定值计算。

表 8-3　特征周期值　　　　　　　　　　　　　　　　s

设计地震分组	场地类别				
	I_0	I_1	II	III	IV
第一组	0.20	0.25	0.35	0.45	0.65
第二组	0.25	0.30	0.40	0.55	0.75
第三组	0.30	0.35	0.45	0.65	0.90

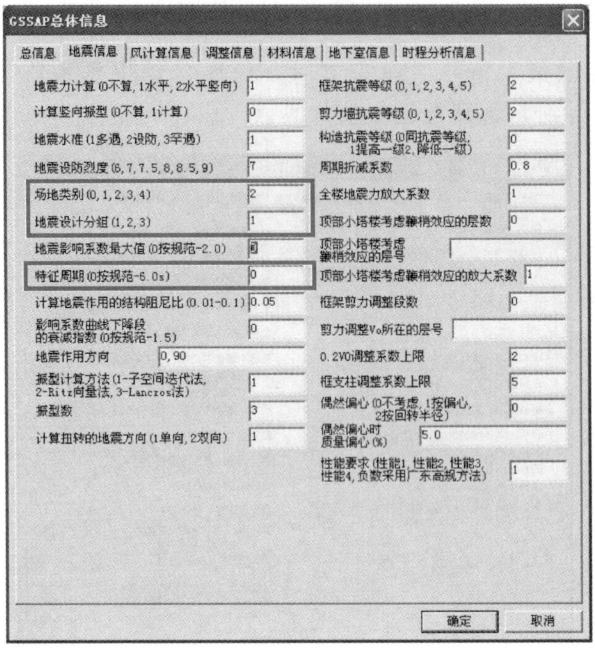

图 8-35　地震信息（二）

（1）场地土类型

场地类别可取值 0、1、2、3、4，分别代表全国的 I_0、I_1、Ⅱ、Ⅲ 和 Ⅳ 类土。

（2）地震设计分组

《抗规》附录 A 给出各地的地震设计分组。

8.2.4　计算地震作用的结构阻尼比

钢筋混凝土结构的阻尼比取 0.05。

钢和钢筋混凝土混合结构在多遇地震下的阻尼比可取为 0.04。

型钢混凝土组合结构的阻尼比可取为 0.04。

钢结构在多遇地震下的阻尼比高度不大于 50m 时，可取 0.04；高度大于 50m 且小于 200m 时，可取 0.03；高度不小于 200mm 时，宜取 0.02。当偏心支撑框架部分承担的地震倾覆力矩大于结构总地震倾覆力矩的 50% 时，其阻尼比可相应增加 0.005。在罕遇地震下的弹塑性分析，阻尼比可取 0.05。

电视塔的阻尼比，钢塔可取 0.02，钢筋混凝土塔可取 0.05，预应力混凝土塔可取 0.03。

斜撑式钢井架的阻尼比可采用 0.02。

焊接钢结构的阻尼比可采用 0.02。

螺栓连接钢结构的阻尼比可采用 0.04。

预应力混凝土结构的阻尼比取 0.03。

管道抗震计算的设计阻尼比宜通过试验或实测得到，也可根据管道的自振频率按下列规定选取：

1）当自振频率小于或等于 10Hz 时，阻尼比可取为 5%；

2）当自振频率大于或等于 20Hz 时，阻尼比可取为 2%；

3）当自振频率大于 10Hz 但小于 20Hz 时，阻尼比可在上述（1）和（2）的范围内线性插入。

其他钢结构的阻尼比取 0.01。

8.2.5　地震作用方向

侧向刚度较强和较弱的方向为理想地震作用方向，肯定要考虑 0°和 90°两个方向，GSSAP 计算完后，在周期和地震作用的文本文件中会输出结构最不利角度，若最不利角度与 0°或 90°的夹角大于 15°，则应按最不利角度方向再添加两个地震方向计算。

0°和 180°地震作用是对称的，力学计算时按 0°一个工况计算，内力组合时 0°地震内力加负号作为 180°地震内力，所以地震作用方向输入 0°即可。

8.2.6　振型计算方法

子空间迭代法计算精度高，但速度稍慢。对于小型结构，当计算振型较多、或需计算全部结构振型时，宜选择该方法。对于普通结构计算，建议采用该方法计算。

兰索斯（Lanczos）方法速度快，精度稍低。对于一般的结构计算，只需求解结构的前几十个振型，需计算振型数远小于结构的总自由度数、质点数，兰索斯方法的计算结果与子空间迭代法计算结果基本相同。

李兹向量（Ritz）直接法的速度、精度介于前两者之间。

在一般的结构设计中，三种计算方法的计算精度都能满足设计要求，对于特殊结构当采用一种方法求解不收敛或不能求解固有频率时，此时打开周期计算结果的文本文件，可以看到周期是非数字，可换另一种方法求解。

8.2.7　振型数

取足够的振型数，保证在"周期和地震作用.txt"中累加振型（图 8-36）参与质量≥90%，当结构的扭转不大时，扭转振型可不满足 90%，平动振型要求满足 90%。

```
1.折减前振动周期(秒)、振型参与质量

振型号   周期(秒)   单个振型参与质量(%)      累加振型参与质量(%)
                  X平动   Y平动   扭转     X平动    Y平动    扭转
  1     0.525479  88.62   0.00    0.27    88.62    0.00     0.27
  2     0.430424   0.00  87.55    0.03    88.62   87.55     0.30
  3     0.392559   0.19   0.03   87.52    88.81   87.58    87.82
  4     0.179220   9.37   0.00    0.01    98.18   87.58    87.84
  5     0.142879   0.00  10.23    0.00    98.18   97.81    87.84
  6     0.131234   0.02   0.00   10.06    98.21   97.82    97.91
  7     0.116806   1.78   0.00    0.01    99.99   97.82    97.92
  8     0.089806   0.00   2.18    0.00    99.99  100.00    97.92
  9     0.083233   0.01   0.00    2.08   100.00  100.00   100.00
──────────────────────────────────────
合计:                                    100.00  100.00   100.00
```

图 8-36　累加振型参与质量

最多振型数不能大于 3 倍的自由度数，取最多振型数满足不了 90%时可设置全楼地震力放大系数。

8.2.8　计算扭转的地震方向

质量和刚度分布明显不对称的结构，按如下抗规 5.2.3 组合要求计入双向水平地震作用下的扭转影响。

$$S=\sqrt{S_x^2+(0.85S_y)^2}$$
$$S=\sqrt{S_x^2+(0.85S_x)^2}$$

(8-1)

8.2.9　考虑偶然偏心

由于活载的随机布置，计算地震作用时，按《高规》高层结构要求，应考虑偶然偏心

5%的影响。

当偶然质量偏心和双向地震的扭转效应都选择时,两种情况都计算位移,并且内力参与组合,自动取大值。

8.2.10 框架和剪力墙抗震等级

抗震等级用于控制抗震措施,抗震措施有两个,即内力调整和抗震构造措施,所以有两个抗震等级,即内力调整抗震等级和构造抗震等级,框架和剪力墙抗震等级用于控制内力调整,构造抗震等级用于控制抗震构造措施。

构造抗震等级在框架和剪力墙抗震等级的基础上,可通过进一步提高或降低来设置(图8-37)。

抗震等级设为5时,抗震措施按非抗震处理,当抗震等级设为0时,计算按特一级处理,构造要求按一级抗震处理。

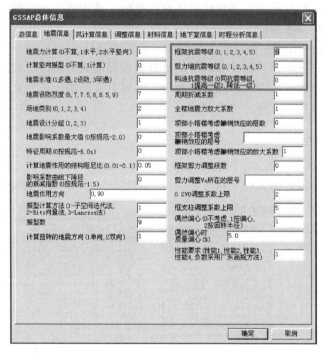

图8-37 地震信息

8.2.11 周期折减系数

计算周期时没有考虑填充墙刚度,考虑填充墙刚度的实际周期比计算周期要小。
周期折减系数的取值视填充墙的多少而定:

结构类型	填充墙较多	填充墙较少
框架结构	0.6~0.7	0.7~0.8
框剪结构	0.7~0.8	0.8~0.9
剪力墙结构	0.8~1.0	1.0
框架-核心筒结构	0.8~0.9	0.9

8.2.12　顶部小塔楼考虑鞭梢效应的层数、层号和放大系数

当建筑物有突出屋面的小建筑，如楼梯间（图 8-38）时，该部分的重量和刚度突然变小，引起很大的鞭梢响应，结构高阶振型对其影响很大，因振型数的原因，计算可能忽略了这些高阶振型。

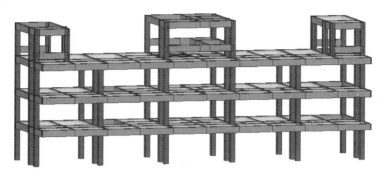

图 8-38　楼梯间

在周期和地震作用文本文件中，小塔楼累加振型参与质量大于 85％是不用设置放大系数，否则按累加振型参与质量的倒数求放大系数。

8.2.13　框架剪力调整段数和剪力调整Vo所在的层号

主要用于框架-剪力墙结构的二道抗震设防调整，剪力墙破坏后，框架柱承载能力不能太小（图 8-39）。

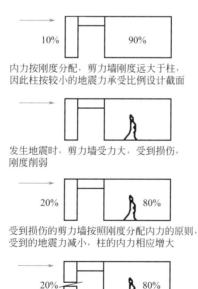

10%　　90%

内力按刚度分配，剪力墙刚度远大于柱，因此柱按较小的地震力承受比例设计截面

发生地震时，剪力墙受力大，受到损伤，刚度削弱

20%　　80%

受到损伤的剪力墙按照刚度分配内力的原则，受到的地震力减小，柱的内力相应增大

20%　　80%

按原来10%设计的柱承受不了20%的地震力，发生破坏

图 8-39　多次地震时墙柱承受地震力的内力比例变化

根据高度方向体型的变化，如图 8-40 所示，分 3 段调整，第 1～3 层按第 1 层剪力调整，第 4～6 层按第 4 层剪力调整，第 6～8 层按第 6 层剪力调整。地下结构层不用调整。

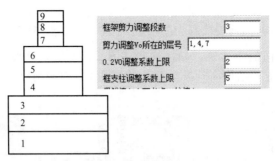

图 8-40 框架剪力调整的填写

8.3 风计算信息

《建筑结构荷载规范》给出了作用于建筑物表面的风荷载标准值 w_k，计算公式如下：

$$w_k = \beta_Z \mu_s \mu_Z w_0 , kN/m^2$$

式中　w_0——基本风压，kN/m^2；

　　　μ_Z——风压高度变化系数；

　　　μ_s——风载体型系数；

　　　β_Z——距地 Z 高度处风振系数。

对规则高层建筑，由上式计算所得的风荷载一般沿竖向大致呈抛物线分布（图 8-41）。

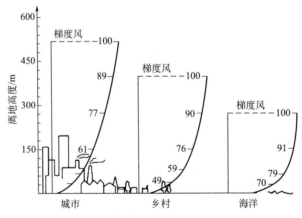

图 8-41　不同地面粗糙度的风荷载剖面图

在图 8-42 的风计算信息对话框中填写风计算参数。

8.3.1　计算风荷载的基本风压

根据《荷载规范》附录 D 中 50 年一遇取值。

8.3.2　计算风荷载的结构阻尼比

计算风振系数时，要考虑风压脉动增大系数，风压脉动增大系数与结构阻尼比有关，一般同地震信息中的结构阻尼比。

8.3.3　地面粗糙度

风压高度变化系数、风压脉动增大系数和风压脉动影响系数都与地面粗糙度有关，地面

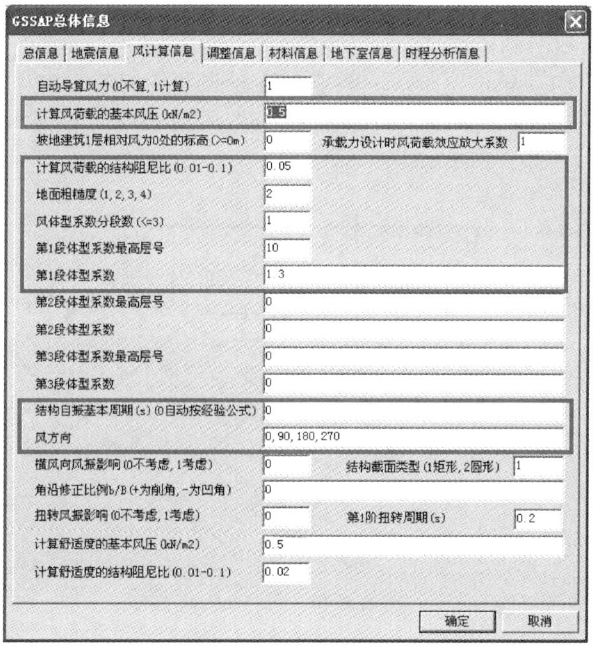

图 8-42　风计算信息

粗糙度 1、2、3、4 对应 A、B、C、D 四类。

地面粗糙度可分为 A、B、C、D 四类：

A 类指近海海面和海岛、海岸、湖岸及沙漠地区；

B 类指田野、乡村、丛林、丘陵以及房屋比较稀疏的乡镇和城市郊区；

C 类指有密集建筑群的城市市区；

D 类指有密集建筑群且房屋较高的城市市区。

8.3.4　风体型系数

高层按《高规》附录 B，其他结构按荷规 8.3 确定风荷载体型系数 μ_s，简化可按下列规定采用：

1）圆形平面建筑取 0.8。

2）正多边形及截角三角形平面建筑，由下式计算：

$$\mu_s = 0.8 + 1.2/\sqrt{n}$$

式中　n——多边形的边数。

3）高宽比 H/B 不大于 4 的矩形、方形、十字形平面建筑取 1.3。

4）下列建筑取 1.4：

a）V 形、Y 形、弧形、双十字形、井字形平面建筑；

b）L 形、槽形和高宽比 H/B 大于 4 的十字形平面建筑；

b）高宽比 H/B 大于 4，长宽比 L/B 不大于 1.5 的矩形、鼓形平面建筑。

8.3.5　结构自振基本周期

风压脉动增大系数与结构自振基本周期有关。

结构自振基本周期填 0 是由经验公式确定的，如果已计算了周期，填每个方向平动第一周期乘周期折减系数即可。

8.3.6　风方向

可取最多 8 个风方向，单位（°），一般取刚度较强和较弱的方向为理想风方向。如图 8-43 设置四个风方向：0°，45°，90°，135°。0°和 180°风荷载有可能不同，风方向需要输入：0，45，90，135，180，225，270，315。

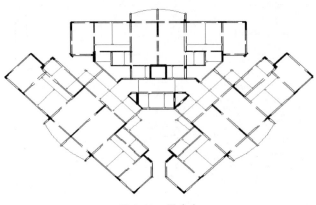

图 8-43　风方向

注意前面所填的基本风压、体型系数和基本周期都可分别按风方向输入不同的值，以逗号分隔。如果只输入 1 个值，则所有风方向的这些值都取相同的。

8.4　调整信息

在图 8-44 中，调整信息对话框中填写调整参数和组合系数。

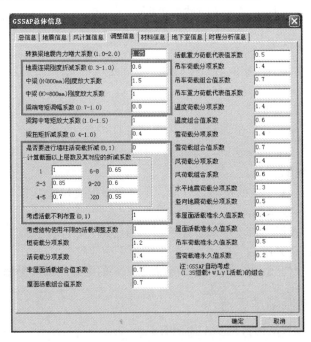

图 8-44　调整信息

8.4.1 地震连梁刚度折减系数

连梁（图8-45）是指两端与剪力墙在平面内相连的梁，连梁起到连接墙肢作用，具有跨度小、截面大，与连梁相连的墙体刚度又很大等特点，保证相连墙体的整体性。

一般在地震作用下，连梁的内力往往很大，对连梁进行刚度折减，使连梁作为主要耗能构件，先于两侧的剪力墙开裂，消耗地震能量，起到保护剪力墙作用。折减系数一般为0.6。

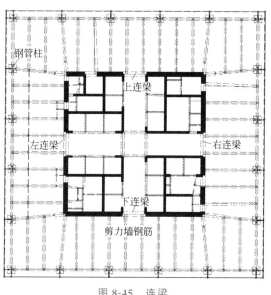

图 8-45　连梁

连梁计算自动按如下两个条件判断：

1）两端与剪力墙同一平面内相连的梁为连梁；

2）跨高比小于5。

8.4.2 中梁刚度放大系数

采用刚性楼板假定进行结构计算时，梁的线刚度都按矩形截面计算。为了考虑楼板作为翼缘对梁刚度的放大作用，结构设计中一般采用乘以梁刚度放大系数的做法。

放大系数应该与梁高有关系，因此软件提供了梁高＜800mm和梁高≥800mm两档系数进行调整。梁高＜800mm可填1.5～2.0，梁高≥800mm可填1.25～1.5。

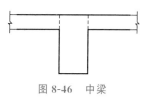

图 8-46　中梁

以上都是中梁（图8-46）的系数，对于边梁、两侧无板梁、两侧为壳元、板元的梁，不需专门处理，软件已经自动考虑。例如，中梁刚度放大系数1.6，则边梁自动为1.3，两侧无板梁自动为1.0。

8.4.3 梁端弯矩调幅系数

在竖向荷载作用下考虑荷载的长期作用，框架梁端会发生塑性变形导致内力重分布。如图8-47，调幅是整个弯矩线下调，跨中弯矩将增大。梁端弯矩调幅系数一般为0.8。

8.4.4 考虑活载不利布置

软件按满布输入活载，满布荷载不一定是最不利状态，如图8-48所示三跨梁，当活载在1、3跨布置和在2跨布置时梁底部弯矩更大，故应考虑活载不利布置的影响。

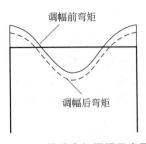

图 8-47　梁端弯矩调幅示意图

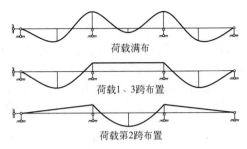

荷载满布

荷载1、3跨布置

荷载第2跨布置

图 8-48　三跨连续梁不同荷载布置的弯矩图

8.4.5　是否要进行墙柱活荷载折减、 折减系数

一般活载不会满布，且楼层越多满布可能性越小，可考虑对其折减。软件缺省按荷规5.1.2 给出的折减系数。

8.5　本章总结

输入墙柱梁板和各层信息，完成了结构构件的几何、荷载和材料描述。总体信息描述了结构的总控计算参数，构件信息和总体信息组成一个完整结构模型，合理设置总体信息是设计中一项重要的内容。

思考题

1. 写出结构层、结构标准层和建筑层的定义并举例说明。
2. 阐述地震作用反应谱法的优缺点。

第9章
Revit中结构BIM模型的建立

通过学习本章，你将能够：

1）了解基于 Revit 结构 BIM 模型的工程应用；

2）如何进行结构计算模型和 Revit 模型的转换；

3）初步掌握在 Revit 中建立结构模型。

9.1　基于 Revit 结构模型的工程应用

建筑信息模型（BIM）技术近年来发展迅速，应用范围不断扩展。结构专业作为建筑工程设计中的重要一环，也是 BIM 模型应用的重要组成部分。

目前国内主流的 BIM 软件平台为 Autodesk Revit，Revit 结构模型有以下几方面的好处：

1）计算模型可直接导入 Revit，使结构模型能直接应用到 BIM 流程中（图 9-1）。结构 BIM 模型无需额外手工建模，极大地减轻了 BIM 建模的工作量，提高了结构构件建模的效率与准确度，降低了在项目中应用 BIM 的门槛，使在更大范围内实施 BIM 技术成为可能。

(a) 广厦结构计算模型　　　　(b) Revit 结构模型　　　　(c) Revit 整体模型

图 9-1　结构模型与 Revit 模型

263

2）利用 Revit 平台，使结构专业可以与其他专业进行 BIM 协同设计（图 9-2）。Revit 的协同设计是真正意义上的协同设计，各专业可以同时将模型汇集到同一个文件中，因此可大幅提高专业配合质量，减少专业配合间的低级错误。

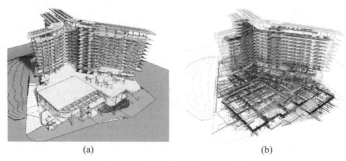

(a)   (b)

图 9-2　结构模型与机电模型

3）可以实现结构模型的三维表达，借助 Revit 强大的可视化表达，直观表现结构构件的几何关系，以及结构与其他专业之间的空间关系（图 9-3）。Revit 在可视化表达方面比大部分结构计算软件要好。

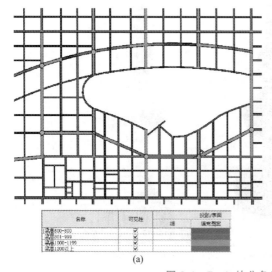

(a)   (b)

图 9-3　Revit 的可视化表达

4）可以利用 Revit 提供的分类、过滤方法，对结构构件进行分色显示和统计，方便对结构模型的检查（图 9-4）。

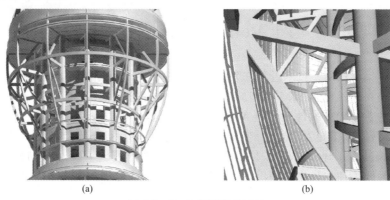

(a)   (b)

图 9-4　Revit 的分色显示与构件统计

9.2　结构计算模型与 Revit 模型的双向转换

直接在 Revit 中建立结构模型工作量很大，成本很高，因此，将常用结构设计软件中的三维分析模型快速转换到 Revit 模型，将大大提高建模效率。广厦 Revit 转换接口软件可实现广厦结构计算模型和 Revit 模型互相转换，可直接转换的构件类型包括：

（1）柱和梁，包括异形柱、斜柱、斜撑、弧梁、斜梁和层间梁；

（2）剪力墙，包括弧墙和砖墙；

（3）楼板，包括斜板。

9.2.1　Revit 中的族

结构设计常用的柱截面类型，如矩形、圆形、工形、T形、十形、圆管、方管及各种型钢混凝土截面，如图 9-5 对应的 Revit 柱族类型。常用的梁截面类型对应的 Revit 梁族类型如图 9-6，剪力墙和楼板截面对应 Revit 自带的族类型。以上截面类型软件均可自动转换。

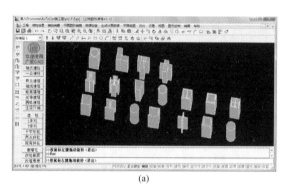
(a)

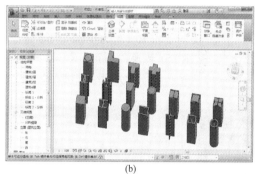
(b)

图 9-5　柱截面和 Revit 柱族

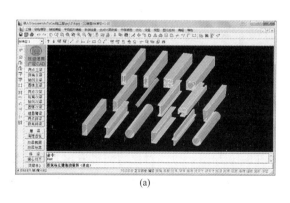
(a)

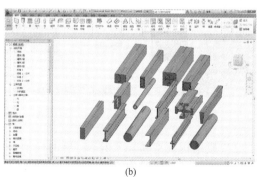
(b)

图 9-6　梁截面和 Revit 梁族

图 9-7 为多塔楼高层结构，由广厦软件模型经转换接口生成的 Revit 模型，图 9-8 为斜屋面结构，由广厦软件模型经转换接口生成的 Revit 模型。通过转换接口软件生成 Revit 模型，不仅效率得到了极大的提高，而且模型精度高、错漏少。

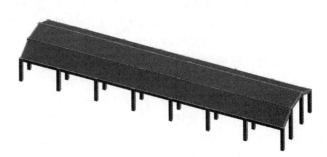

图 9-7　多塔楼高层结构　　　　　　　　　　图 9-8　斜屋面结构

9.2.2　计算模型转换为 Revit 模型

广厦模型导入 Revit 的步骤如下：打开广厦主菜单→将工程路径设置为转换项目所在路径→点击"Revit 转换"，打开 Revit→新建"结构样板"→"广厦数据接口"选项卡→修改参数或选择导入楼层→点击转换按钮→完成转换。导入流程如图 9-9。

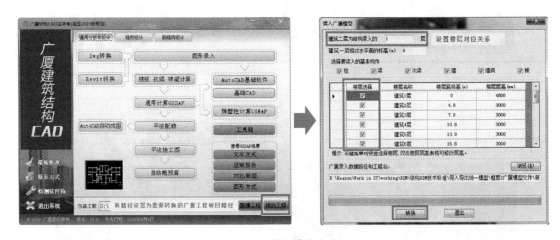

图 9-9　导入操作流程

广厦结构模型和导入 Revit 后的模型分别如图 9-10 和图 9-11。对比两图可看出，两模型结构构件尺寸及位置均保持一致，可满足工程设计的精度要求。该接口还能适应斜梁及斜板的模型导入。

9.2.3　Revit 模型转换为计算模型

Revit 模型转换为计算模型需要经过下面 5 个步骤。

步骤一：打开广厦主菜单（如图 9-12）→点击新建工程→选择文件夹新建工程项目。由于导出路径会自动选择为最近广厦新建的项目路径，故需要进行第一步操作。

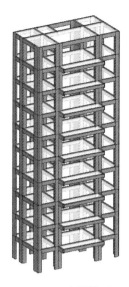

图 9-10　广厦模型

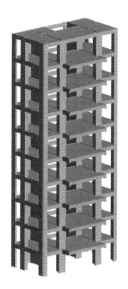

图 9-11　Revit 模型

图 9-12　广厦新建工程

步骤二：点击"Revit 转换"，打开 Revit。用 Revit 打开需要转换的 Revit 项目→点击"广厦数据接口"选项卡点击"生成广厦模型"按钮（如图 9-13）。

步骤三：在"导出选项"选项卡（如图 9-14）中选择导出构件类型，同时删除不必要的楼层。注意是删除，不是取消勾选，否则依旧会导致模型导出出错。

图 9-13　广厦数据接口

步骤四：在"截面匹配"选项卡（如图 9-15）中检查截面匹配情况，对于常规矩形构件系统会自动匹配。

步骤五：点击转换，完成数据转换。

模型转换完成后广厦模型效果（如图 9-16）、几何构件尺寸及位置与原 Revit 模型一致，可满足常规工程使用需求。但应注意，转换后每个自然层均作为一个标准层。

图 9-14　导出选项

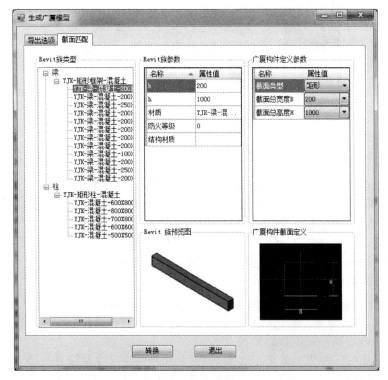

图 9-15　截面匹配

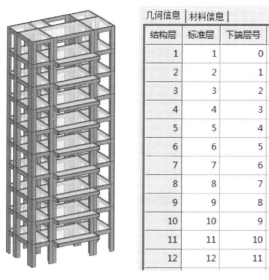

几何信息	材料信息	
结构层	标准层	下端层号
1	1	0
2	2	1
3	3	2
4	4	3
5	5	4
6	6	5
7	7	6
8	8	7
9	9	8
10	10	9
11	11	10
12	12	11

图 9-16　导入广厦后模型和标准层

9.3　Revit 中结构模型的建立

计算模型导入到 Revit 之后，随着应用深度的不断推进，个别地方可能在 Revit 中直接修改效率更高，因而工程师除了要掌握计算模型与 Revit 模型的数据转换方法，还需要掌握在 Revit 中直接建模的方法。

在 Revit 中建立结构模型前，应先新建结构模型文件，步骤为"打开 Revit 软件→点击项目→新建→选择结构样板"（图 9-17）。

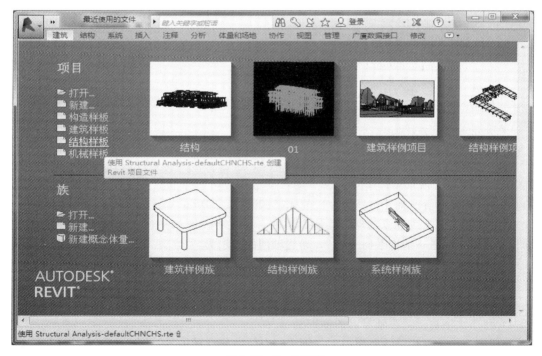

图 9-17　Revit 新建

9.3.1 标高和轴线的输入

Revit 中一个标高对应于一个楼层，创建一个标高即创建了一个楼层平面。

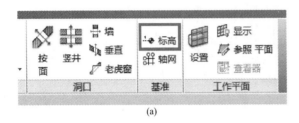

图 9-18 Revit 的默认标高

添加标高前应先将视图切换为立面视图，步骤为双击"项目浏览器→视图→立面→东"，此时看到模板中缺省已经有两个默认的标高：标高 1 和标高 2，如图 9-18 所示。

添加标高的步骤为以下 4 步：

1）点击"结构命令面板→基准→标高"［图 9-19（a）］；

2）点击"绘制→两点直线"［图 9-19（b）］；

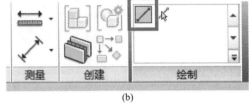

图 9-19 标高命令

3）立面视图上选择两点即可绘制一条标高线，并且系统会自动生成相应的平面视图，如图 9-20 所示；

4）双击文字直接修改。双击"标高 1"至"标高 3"改为 F1 至 F3（图 9-21）。

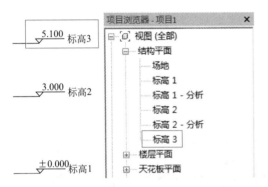

图 9-20 标高 3 及对应的平面视图

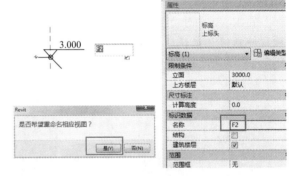

图 9-21 标高数值修改对话框

有时，可能会出现缺少"标高符号"的情况，这是由于"符号"属性值为"无"。选择标高线，在图 9-22 所示属性卡中点击"编辑类型"按钮，弹出标高属性栏如图 9-23 所示。找到"符号"属性值，将其选择为合适的标高标记族，即可正常显示。

通过绘制一组轴线组成轴网，绘制轴网前，应先将视图切换回平面视图，步骤为双击"项目浏览器→视图→结构平面→F1"，新建轴网的方法为：

1）点按图 9-24（a）的"结构命令面板→基准→轴网"；

2）点按图 9-24（b）的"绘制→两点直线"；

3）在平面上选择两个点即可绘制一条轴线；

4）双击文字直接修改轴号（图 9-25）。

与标高一样，新建轴线会根据上一轴线的末位字符自动编号。因而在新建轴线前最好先定义好上一轴线的编号，如此可大量减少修改工作量。

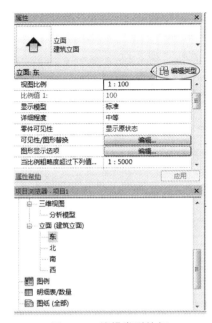

图 9-22　编辑类型按钮

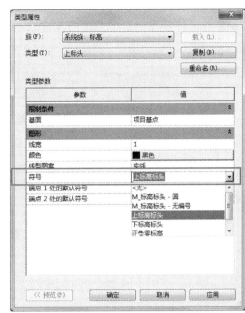

图 9-23　修改"符号"属性值

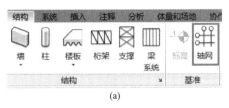

(a)

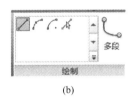

(b)

图 9-24　轴线命令

图 9-25　修改轴号

9.3.2　柱的输入

Revit 中柱子可分为结构柱和建筑柱，建筑柱主要用于展示柱子的装饰外形及其构造层类型；而结构柱则为结构构件，可在其属性中输入相关的结构信息，更可以在其中绘制三维钢筋。Revit 中建筑柱可以直接套在结构柱上，建筑柱主要为装饰装修服务，而结构柱则为结构建造服务，因而结构设计人员使用结构柱进行建模即可。

结构柱的布置一般在平面视图中进行，可通过双击"项目浏览器→视图→结构平面→F1"进入平面视图。

垂直结构柱是最常见的结构柱类型，布置垂直结构柱主要有以下几个步骤：

1）单击菜单"结构"，再单击"结构→柱"，再单击"放置→垂直柱"（图 9-26）。

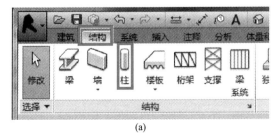

(a)

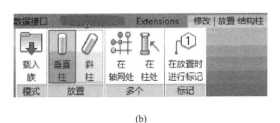

(b)

图 9-26　结构柱命令

2）设置结构柱放置方法为"高度"和柱顶延伸到上一层标高。

放置方法可选择"高度"或"深度"，"高度"指柱子底部为当前平面视图标高，往上布置柱；"深度"指柱子顶部为当前平面视图标高，往下布置柱（图 9-27）。

图 9-27　柱布置时高度控制栏

3）如图 9-28，点击"属性"，点击下拉菜单中选择柱尺寸。

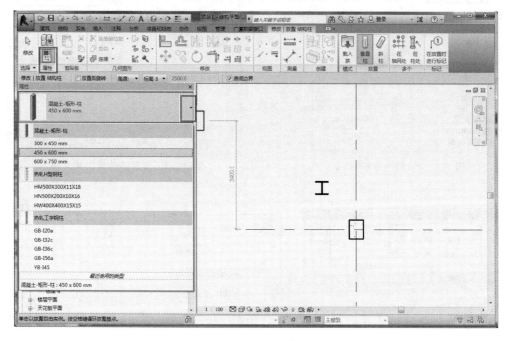

图 9-28　选择柱截面

若下拉菜单里没有相应的柱尺寸 [图 9-29（a）]，可以点击如图 9-29（b）所示的"编辑类型"，再点击"复制"，修改尺寸标注即可。

(a)　　　　　　　　　　　　　　　　　　(b)

图 9-29　增加柱截面

4）在平面视图中选择一点即可布置一根柱，布置柱子前，按空格键可旋转柱的方向。

5）轴网交点批量布置柱子。

单击菜单"结构"，再单击"结构→柱"，再单击"多个→在轴网处"，通过按住 Ctrl 键选择需要的轴线，点击"完成"可在轴网交点处批量布置柱（图 9-30）。

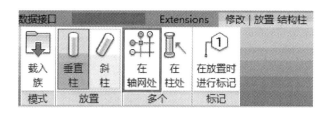

图 9-30　柱网处柱布置命令

9.3.3　梁的输入

结构梁的布置一般也是在平面视图中进行。

结构梁建模方法如下：

1）单击菜单"结构"，再单击"结构→梁"，再单击"绘制→两点直线"（图 9-31）；

图 9-31　结构梁布置命令

2）如图 9-32 左图，点击"属性"，点击下拉菜单中选择梁尺寸；

3）通过在平面视图中选择两个点布置梁，该方法布置的梁中间不会根据柱进行打断；

4）通过轴线布置梁。

单击菜单"结构"，再单击"结构→梁"，再单击"多个→在轴网处"，通过按住 Ctrl 键选择需要的轴线，点击"完成"可在轴网交点处批量布置梁，梁会自动根据柱进行打断（图 9-33）。

关于梁标高的设置。

1）布置梁前可指定标高，在图 9-34（a）的"梁属性"窗口中，对"Z 轴偏移值"进行定义，正值为"放置平面"标高之上，负值为下。

2）布置梁后在图 9-34（b）的梁属性栏中，对"起点标高偏移"和"终点标高偏移"进行设置即可。

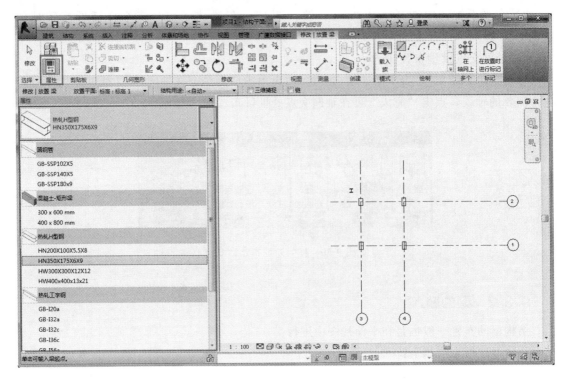

图 9-32 选择梁截面

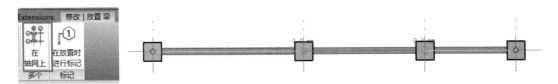

图 9-33 通过轴线布置梁

(a)

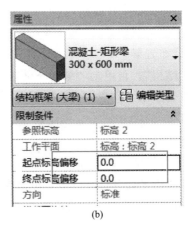
(b)

图 9-34 设置梁标高

9.3.4 板的输入

楼板的布置一般在平面视图中进行。

楼板布置步骤如下：

1）单击菜单"结构"，再单击"结构→板"，再单击"绘制→边界线→矩形"（图9-35）；

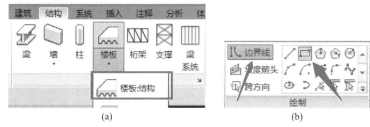

(a)　　　　　　　　　(b)

图9-35　楼板命令

2）在平面中点选矩形的两个角点布置楼板，最后点按"模式→钩"最终确认楼板布置（图9-36）。

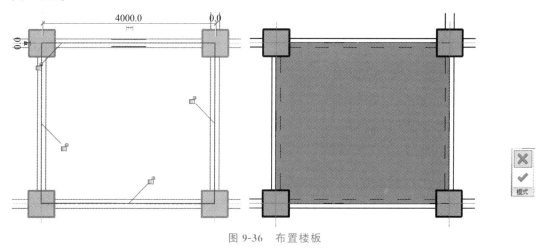

图9-36　布置楼板

9.3.5 墙的输入

Revit中的墙可分为"结构墙"和"建筑墙"，结构墙也属于"墙体"类别，区别在于结构墙的"结构"参数是勾选状态，非结构墙则为不勾选状态，在建筑墙的属性栏中勾选"结构"可直接将其转换为结构墙。

剪力墙的布置一般在平面视图中进行，布置剪力墙的操作流程如下：

1）单击菜单"结构"，再单击"结构→墙→结构墙"，再单击"绘制→两点直线"（图9-37）；

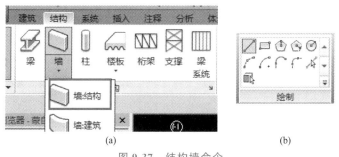

(a)　　　　　　　　　(b)

图9-37　结构墙命令

2）设置结构墙放置方法为"高度"和墙顶延伸到上一层标高；

放置方法同柱，可选择"高度"或"深度"，"高度"指墙底部为当前平面视图标高，往上布置墙；"深度"指墙顶部为当前平面视图标高，往下布置墙（图 9-38）。

图 9-38　墙体布置高度控制

3）如图 9-39，点击"属性"，点击下拉菜单中选择厚度；

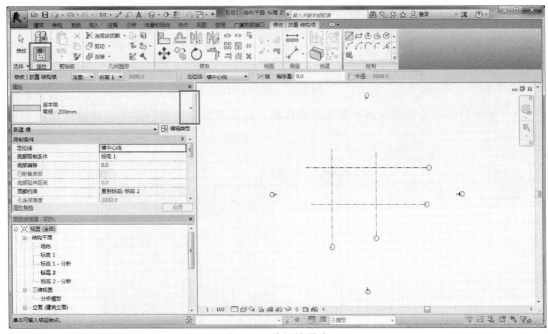

图 9-39　选择墙厚度

若下拉菜单里没有相应的厚度，可以点击图 9-40 "编辑类型"，再点击"复制"，修改尺寸标注即可。

4）在平面视图中选择两点即可布置一片墙。

图 9-40　增加墙厚度

9.4 本章总结

主要学习内容总结如下：

1）Revit 是目前一个主流的 BIM 软件平台，结构计算软件与 Revit 进行数据转换，可以将 Revit 强大的可视化功能、分类过滤功能等应用于结构 BIM。

2）广厦 Revit 转换接口软件可实现广厦结构计算模型转换到 Revit 模型。

3）广厦 Revit 转换接口软件可实现 Revit 模型转换为广厦结构计算模型。

4）为提高 BIM 技术应用能力，尚应掌握在 Revit 中直接建模的方法。对于结构工程师来说，至少应掌握标高、轴线以及梁板柱墙的建模方法。

思考题

1. 基于 Revit 平台的 BIM 模型具有哪些优点？

2. 上机操作，把第 6 章的快算公司框架结构的计算模型转换为 Revit 模型。

3. 在 Revit 中直接建立第 6 章的快算公司框架结构模型。

第10章
课程设计

10.1 课程设计要达到的目标

1）在录入中输入第 2 节的框架-剪力墙结构，了解框架-剪力墙结构的模型内容；
2）GSSAP 计算所输入的模型，查看位移角和位移比是否满足规范要求；
3）在 AutoCAD 中生成结构施工图，"分存 Dwg"生成带钢筋算量的 Dwg 图；
4）在广厦广联达钢筋算量接口软件中生成 GSM 文件；
5）在广联达钢筋算量软件中完成钢筋汇总；
6）在广联达混凝土算量软件中完成混凝土汇总；
7）在广联达翻样软件中生成钢筋下料表；
8）在 Revit 导入所输入的模型。

10.2 框架-剪力墙结构的模型输入

下面是一个框架-剪力墙结构的建模过程。

某 12 层综合办公楼，属丙类建筑。抗震设防烈度为 7 度，场地类别 II 类，设计地震分组为第 1 组，基本风压 $\omega_0 = 0.5 \text{kN/m}^2$，地面粗糙度为 B 类。工程的建筑平、剖面示意图见图 10-1、图 10-2，地下室 1 层，层高 4m，首层 3.6m，2～12 层层高均为 3.3m，楼电梯间层高 3.1m，剪力墙门洞高均取 2.2m，内、外围护墙选用加气混凝土砌块，墙厚 190mm。

10.2.1 结构布置

经过对建筑高度、使用要求、材料用量、抗震要求、造价等因素综合考虑后，采用钢筋混凝土框架-剪力墙结构。

混凝土强度等级选用：梁、板：C25；墙、柱地下室层为 C35，2～14 层为 C30。

按照建筑设计确定的轴线尺寸和结构布置原则进行布置。剪力墙除电梯井及楼梯间布置外，在②、⑥、⑨轴各设一道墙。2～12 层结构布置平面图如图 10-3 所示。

10.2.2 确定柱截面尺寸

本结构框架抗震等级为三级，查《建筑抗震设计规范》表 6.3.6，轴压比限值 $\mu_N = 0.90$；办公楼荷载相对小，取 $q_k = 12 \text{kN/m}^2$；楼层数 $n = 13$（主体结构）；弯矩对中柱影响

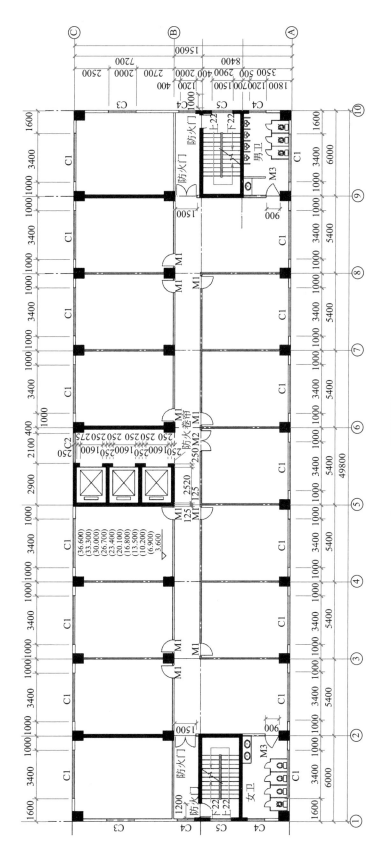

图 10-1 2-12 层平面图 1：100

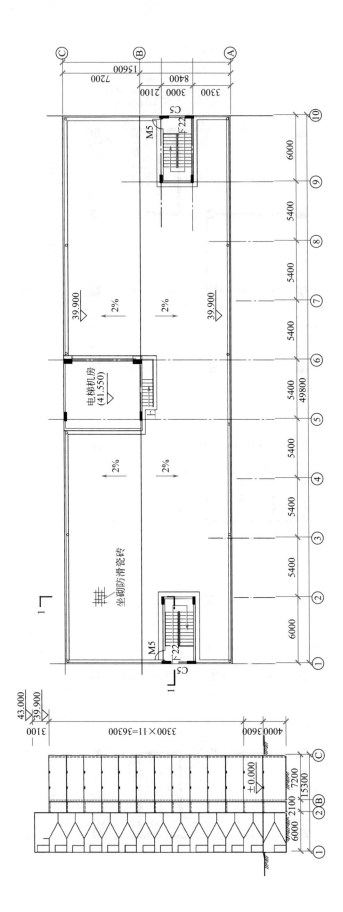

图 10-2　屋面平面图及剖面图 1：100

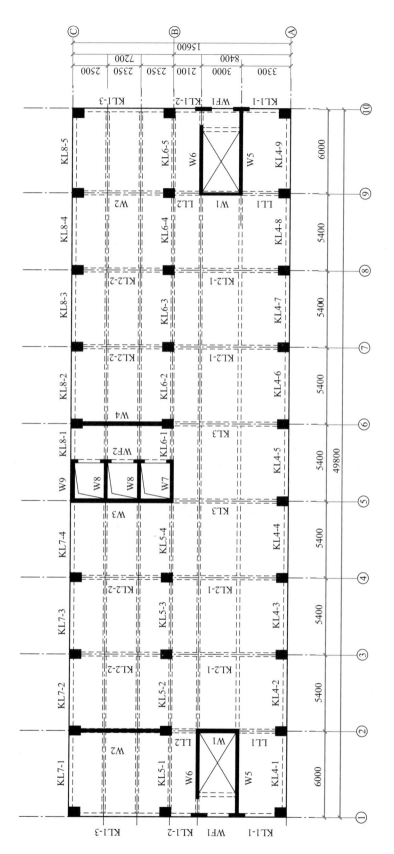

图 10-3 2-12 层结构布置图 1 : 100

较小，取弯矩影响调整系数 $\alpha=1.1$；地下室墙柱采用 C35 混凝土，$f_c=16.7\text{N/mm}^2$，首层墙柱采用 C30 混凝土，$f_c=14.3\text{N/mm}^2$；恒、活载分项系数的加权平均值 $\bar{\gamma}=1.25$。

地下室层中柱负荷面积：

$$A=5.4\times\left(\frac{7.2}{2}+\frac{8.4}{2}\right)=42.12(\text{m}^2)$$

$$=A_c=\frac{\alpha\bar{\gamma}q_kAn}{\mu_Nf_c}=\frac{1.1\times1.25\times12\text{kN/m}^2\times42.12\text{m}^2\times13\times10^3}{0.90\times16.7\text{N/mm}^2}=601113.77\text{mm}^2$$

边长为 0.77m，于是柱边长取 $a=0.8$m。

地下室层边柱负荷面积 $A=5.4\times8.4/2=22.68$（m²），取 $a=1.2$，其余参数与中柱相同。

$A_c=a^2=0.3531\text{m}^2$，于是柱边长取 $a=0.6$m。

用与地下室层类似的做法可得各层柱截面尺寸，考虑到各柱尺寸不宜相差太大以及柱抗侧移刚度应有一定保证，柱子沿竖向变一次截面，因此初选柱截面尺寸为：

第二标准层，即 2～6 层中柱 800mm×800mm，边柱 600mm×600mm；

第三标准层，即 7～12 层中柱 600mm×600mm，边柱 500mm×500mm；剪力墙厚 250mm。

标准层划分：未考虑基础梁层，则地下室 1 层、地面 12 层、出屋面小塔楼 1 层，故结构计算总层数为 14 层，建模时标准层数为 5 个，第一标准层为地下室层；第二标准层为2～6 层；第三标准层为 7～11 层；第四标准层为天面层；第五标准层为出屋面小塔楼层。

10.2.3 布置墙、柱及连梁开洞

选择本设计的柱截面尺寸：

$B\times H$：800mm×800mm（1～6 层中柱）、600mm×600mm（1～6 层边柱、7～14 中柱）、500mm×500mm（7～13 层边柱、14 层柱）加入库，见图 10-4。

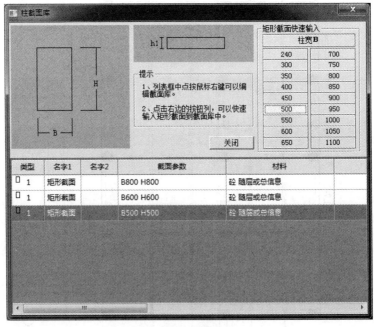

图 10-4 柱截面库

选定 800mm×800mm 柱截面，点按［轴点建柱］，窗选 B 轴线布柱；选定 600mm×600mm 柱截面，点按［轴点建柱］，窗选Ⓐ、Ⓒ轴线布柱，见图 10-5。

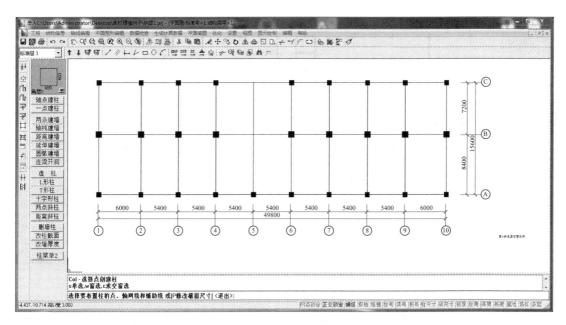

图 10-5　轴点建柱

点按［轴线建墙］，点选墙厚对话框，弹出图 10-6 修改墙体厚度为 250mm，偏心Ⓐ＝0，点选②、⑤、⑥、⑨轴线的Ⓑ-Ⓒ段布置剪力墙（图 10-7）。

点按［距离建墙］，点选①轴Ⓐ-Ⓑ段轴线的下端，提示栏提示：离左/下部距离，输入 3300，将鼠标移到②轴Ⓐ-Ⓑ段轴线的下端，同样按提示输入 3300。完成了一条墙的输入，点选②轴Ⓐ-Ⓑ段轴线的上端，提示栏提示：离右/上部距离，输入 2100，将鼠标移到②轴Ⓐ-Ⓑ段轴线的上端，同样按提示输入 2100（图 10-7）。

点按［两点建墙］，点选①轴两条剪力墙的端点，形成一段新剪力墙，点选②轴两条剪力墙的端点，形成了剪力墙筒体。同理建立右边楼梯间筒体和电梯间筒体。

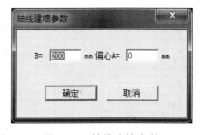

图 10-6　轴线建墙参数

点按［Y 向上平］，提示栏提示：上边线与轴线的距离［mm］，输入 0，窗选Ⓒ轴线上的电梯井墙，该剪力墙外边线与轴线平齐。点按［Y 向下平］，提示栏提示：下边线与轴线的距离［mm］，输入 100，窗选Ⓑ轴线上的电梯井墙，该剪力墙外边线与轴线相距 100mm（轴线通过墙中，墙厚 200mm）。见图 10-8。

点按［连梁开洞］，弹出对话框输入离墙肢端距离：0；连梁长度：1200；连梁高度：（层高 3600－洞口高 2200＝1400）。点选①-②轴线楼梯间剪力墙左端，出现洞口。同理处理另一楼梯间和电梯间的洞口，见图 10-9。

确定梁截面尺寸：

横向框架梁最大计算跨度 $l_b = 8.275\text{m}$，梁高取 $h_b = (1/10 \sim 1/18) l_b = 0.828 \sim 0.460\text{m}$，梁宽度 $b = (1/2 \sim 1/4) h_b$，初选地下室梁高 250mm；梁宽 8000mm；其余各层梁截面 250mm×700mm。

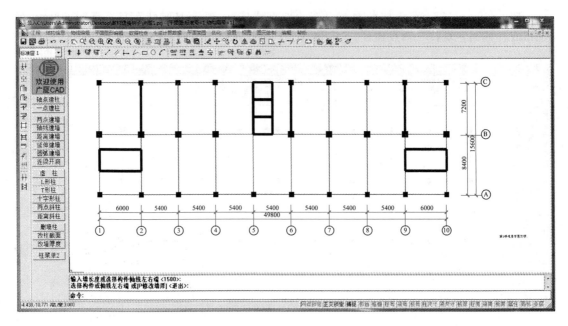

图 10-7 　轴线建墙、距离建墙、两点建墙

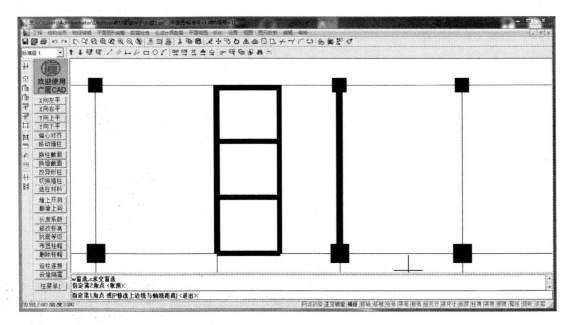

图 10-8 　Y 向上平、Y 向下平

　　对纵向框架梁与横向类似的计算，可取截面尺寸：地下室 250mm×500mm，其余层为 250mm×450mm。LL_1、LL_2 取 250mm×400mm，其他非框架梁取 200mm×400mm。

　　布置主、次梁：

　　进入梁截面菜单，见图 10-10。

　　将选择的梁截面加入梁截面库，见图 10-11。

　　选择需要的截面，点按 [轴线主梁]，选择要布置主梁的轴线，布主梁后显绿色。选择次梁截面，点按 [距离次梁]、[两点次梁] 布置次梁，布次梁后显蓝色。如图 10-12。

结构BIM应用教程

284

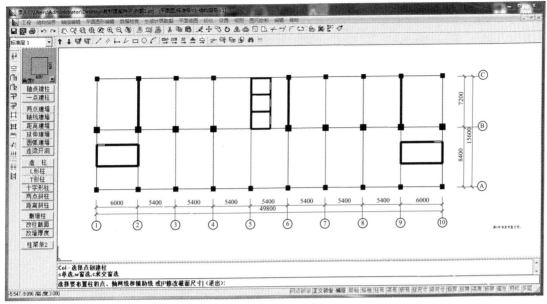

图 10-9　连梁开洞

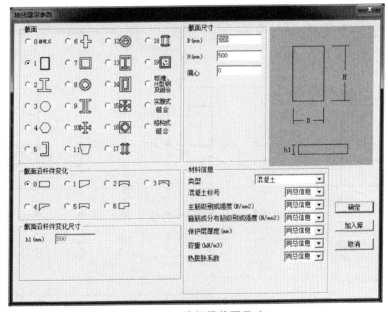

图 10-10　选择梁截面尺寸

10.2.4　确定板厚

根据《高层建筑混凝土结构技术规程》，板的最小厚度不小于 80mm、顶层屋面板板厚取 120mm，地下室顶板厚取 160mm。楼板按双向板短向跨度的 1/50 考虑，板厚 $h \geqslant L/50 = 3300/50 = 66$（mm）；考虑到保证结构的整体性，楼板厚选 $h = 100mm$。

布置现浇板：点按板厚窗，弹出图 10-13 板厚度对话框，输入板厚 100mm，默认板标高为 0mm（相对本层标高）。

点按［布现浇板］，窗选整个结构布现浇板；

点按［删板］删除电梯间、楼梯间的板（图 10-14）。

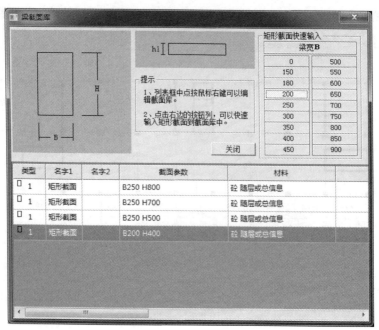

图 10-11　梁截面库

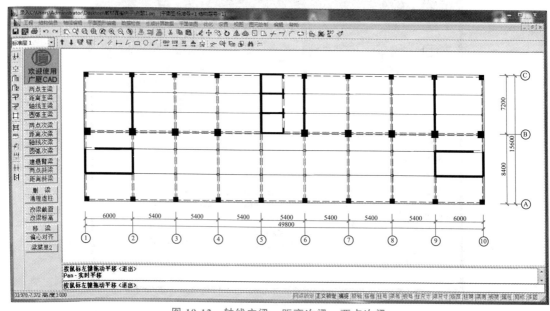

图 10-12　轴线主梁、距离次梁、两点次梁

10.2.5　加板上荷载

楼板荷载计算

1）楼面荷载标准值

活载：　　　　　　　　（按办公楼取值）　　　　　　　　　　　　　　　2.0kN/m²

恒载：20mm 花岗石面层，水泥浆抹缝　　　$0.02 \times 28 = 0.56$（kN/m²）≈0.6（kN/m²）

　　　　　30mm1：3 干硬水泥砂浆　　　　　　$0.03 \times 20 = 0.6$（kN/m²）

　　　　　板底粉刷　　　　　　　　　　　　　　　　　　　　　　　　　0.36（kN/m²）

恒载合计　　　　　　　　　　　　　　　　　　　　　　　　　　　　1.56（kN/m²）

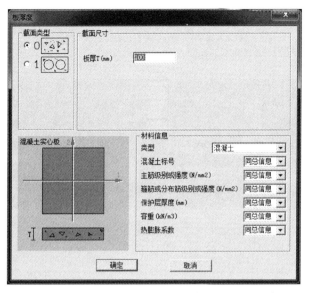

图 10-13　板厚度对话框

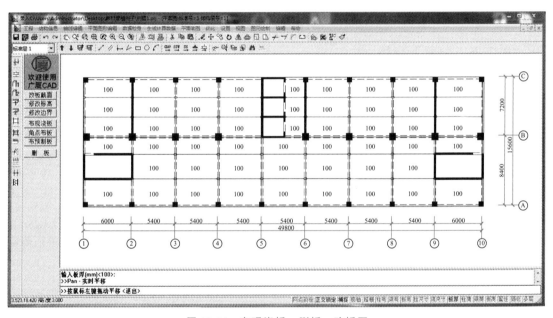

图 10-14　布现浇板、删板、改板厚

2）天面荷载标准值

活载：（上人屋面）   2.0（kN/m²）

恒载：　二毡三油加现浇保温层   2.86（kN/m²）

　　　　板底粉刷   0.36（kN/m²）

恒载合计   3.22（kN/m²）

3）电梯机房地面

活载：（按电梯间荷载取值）   7.0（kN/m²）

恒载：30mm1：3 干硬水泥砂浆   0.03×20＝0.6（kN/m²）

布板荷载（图 10-15）。

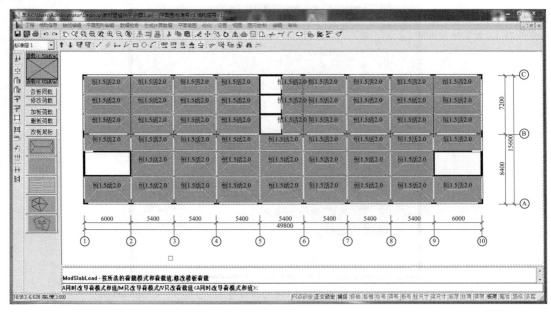

图 10-15　板荷载录入

10.2.6　加梁上荷载

梁上隔墙荷载计算：

内外围护墙自重

1）外围护墙（每单位面积自重）

瓷砖墙面	0.5（kN/m²）
190 厚蒸压粉煤灰加气混凝土砌块	$0.19 \times 8.5 = 1.615$（kN/m²）
石灰粗砂粉刷层	0.36（kN/m²）

合计：	2.475（kN/m²）
首层横墙上	$(3.6 - 0.7) \times 2.475 = 7.177$（kN/m）
首层纵墙上	$(3.6 - 0.45) \times 2.475 = 7.796$（kN/m）
标准层横墙上	$(3.3 - 0.7) \times 2.475 = 6.435$（kN/m）
标准层纵墙上	$(3.3 - 0.45) \times 2.475 = 7.054$（kN/m）

2）内隔墙（每单位面积自重）

石灰粗砂粉刷层	$0.36 \times 2 = 0.720$（kN/m²）
190 厚蒸压粉煤灰加气混凝土砌块	$0.19 \times 8.5 = 1.615$（kN/m²）

合计：	2.335（kN/m²）
首层横墙上	$(3.6 - 0.7) \times 2.335 = 6.77$（kN/m）
首层纵墙上	$(3.6 - 0.45) \times 2.335 = 7.355$（kN/m）
标准层横墙上	$(3.3 - 0.7) \times 2.335 = 6.07$（kN/m）
标准层纵墙上	$(3.3 - 0.45) \times 2.335 = 6.655$（kN/m）
梯梁均布荷载（扣除梯间楼板传递的荷载）	7.17（kN/m）
扶手（0.9m 高）传来集中荷载	3.35kN

10.2.7 加墙柱荷载

该例题没有外加墙、柱荷载。

10.2.8 楼梯编辑

楼梯设计数据如图 10-16 所示。

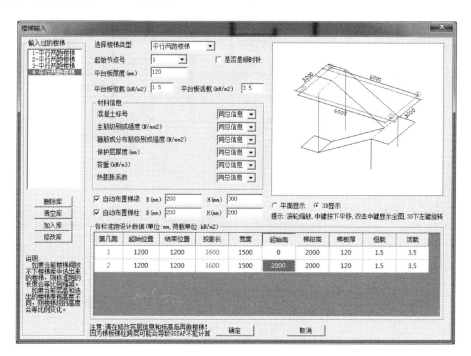

图 10-16 楼梯设计数据

在图 10-17 选择楼梯类型下拉框里面选择"平行两跑楼梯"。

起始节点号下拉框选择楼梯起始位置，图 10-18 数字表示节点号，起始节点号选择 1，旋转方向为逆时针。

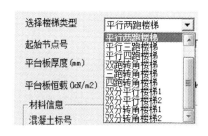

图 10-17 选择楼梯类型

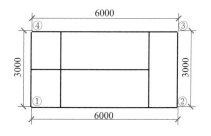

图 10-18 楼梯俯视图

平板台厚度取 120mm，恒载 1.5kN/m²，活载按《建筑结构荷载规范》取 3.5kN/m²（图 10-19）。

保存该层信息，进入第二标准层，程序提示第二标准层与哪层相同，输入 1，即与第一标准层相同。

在第二标准层修改构件尺寸和梁、板上荷载；存盘生成第二标准层。

同理生成其他标准层。

进行"数据检查"通过后保存数据；生成 GSSAP 计算数据；生成基础 CAD 数据。

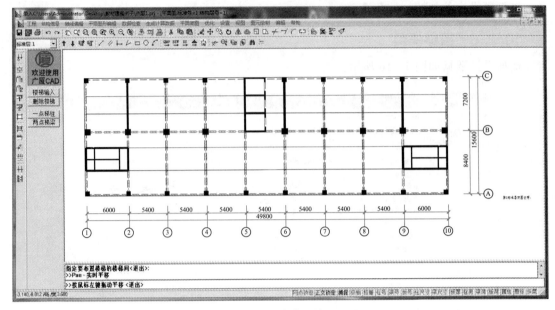

图 10-19　布置楼梯后的平面图

参考文献

［1］ 建筑抗震设计规范. GB 50011—2010.

［2］ 高层建筑混凝土结构技术规程. GB 50011—2010.

［3］ 建筑结构荷载规范. GB 50009—2012.

［4］ 混凝土结构设计规范. GB 50010—2010.

［5］ 建筑地基基础设计规范. GB 50007—2011.

［6］ 砌体结构设计规范. GB 50003—2011.

［7］ 建筑工程抗震设防分类标准. GB 50223—2008.

［8］ 中国地震动参数区划图. GB 18306—2015.

［9］ 沈蒲生. 高层建筑结构设计例题. 北京：中国建筑工业出版社，2004.

［10］ 李国强. 建筑结构抗震设计. 北京：中国建筑工业出版社，2014.

［11］ 谈一评. 广厦建筑结构通用分析与设计程序教程. 北京：中国建筑工业出版社，2016.